高职高专国家示范性院校课改系列教材

★基于工作过程的"教、学、做"一体化教材

★教学质量与教学改革工程项目教材

典型零件数控编程与操作

马松杰　编著

西安电子科技大学出版社

内 容 简 介

　　本书主要介绍了数控车床、数控铣床和加工中心的编程与操作技术，涉及的数控系统有目前学校实训中常用的华中系统和企业生产中使用最广泛的 FANUC 和 SIEMENS 系统。全书内容按照工作过程的教学理念进行了合理的归纳与序化，融"教、学、做"为一体，整合为六大典型学习情境：轴类零件数控编程与操作、套类零件数控编程与操作、盘类零件数控编程与操作、型芯零件数控编程与操作、型腔零件数控编程与操作、孔系零件数控编程与操作。附录部分给出了华中数控、SIEMENS 数控以及 FANUC 数控系统的指令。

　　本书可以作为各类职业院校机电一体化技术、数控技术、机械制造与自动化及相关专业的入门教材，也可作为数控机床加工工艺、编程与操作等相关技术人员的岗位培训教材或参考书。

　　★本书配有电子教案，有需要者可登录出版社网站下载。

图书在版编目(CIP)数据

典型零件数控编程与操作/马松杰编著. —西安：西安电子科技大学出版社，2016.9(2023.7重印)

ISBN 978–7–5606–4240–6

Ⅰ.①典… Ⅱ.①马… Ⅲ.①机械元件—数控机床—程序设计—高等职业教育—教材②机械元件—数控机床—操作—高等职业教育—教材 Ⅳ.①TH13 ②TG659

中国版本图书馆 CIP 数据核字(2016)第 205696 号

策　　划　李惠萍　毛红兵
责任编辑　杨　璠
出版发行　西安电子科技大学出版社(西安市太白南路 2 号)
电　　话　(029)88202421　88201467　　　邮　编　710071
网　　址　www.xduph.com　　　　　电子邮箱　xdupfxb001@163.com
经　　销　新华书店
印刷单位　西安日报社印务中心
版　　次　2016 年 9 月第 1 版　2023 年 7 月第 2 次印刷
开　　本　787 毫米×1092 毫米　1/16　印张 15.375
字　　数　362 千字
定　　价　38.00 元
ISBN 978 – 7 – 5606 – 4240 – 6 / TH
XDUP 4532001-2
*** 如有印装问题可调换 ***

前　言

为了满足职业院校机械制造类专业对数控技术技能人才培养的需求，我们根据相关专业培养目标和国家职业标准编写了这本基于工作过程的"教、学、做"一体化数控技术教材。

在编写时，从职业教育的实际出发，以应用为目的，以必需、够用为原则，借鉴当前盛行的基于工作过程的先进职教理念，充分考虑了工厂中数控加工的特点，围绕数控车床、数控铣床和加工中心的编程与操作，以典型零件的仿真加工为载体整合了六个学习情景：轴类零件数控编程与操作、套类零件数控编程与操作、盘类零件数控编程与操作、型芯零件数控编程与操作、型腔零件数控编程与操作、孔系零件数控编程与操作。每个学习情境由学习目标、学习过程、学习拓展和学习迁移四部分组成。其中，学习目标以行业应用为依托，与工作岗位需求相结合，体现职业性，包含知识技能目标、过程方法目标和职业情感目标；学习过程以典型零件的仿真加工为载体来设计教学活动，按照"资讯、决策、计划、实施、检查、评价"工作过程六步法来编写，有利于增强学生的任务意识，培养学生的工作思维，使学生的关注重点从"知道什么"转向"要做什么、怎么做才更好"；学习拓展是每个学习情境的选学环节，主要涉及相关知识与技能的延伸与扩展，为不同的学生提供相应的发展空间；学习迁移是对应学习情境的课后训练环节，目的是让学习达到举一反三的效果。

在本书的编写中，我们力求：叙述形式上语言精练，图文并茂，全面直观，通俗易懂，使之符合学生的心理特点与认识规律；组织结构上打破原有教材的编写习惯，不追求学科结构的系统性，而注重工作过程的实用性；内容设计上强调手工编程和仿真操作技能，注重增加工艺经验的比重，操作的每一步骤详细明了，突出"教、学、做"一体化，实现理论与实践的有效结合。每个情境的加工实例都是笔者讲过、做过且学生练过的内容，可以说是平时教学经验的总结，相信会对学生有一定的启发与引导。

本书参考学时为96学时，建议采用一体化教学模式。每个情境学时安排见下表(供参考)：

学习情境序号	学习情境名称	学时
学习情境一	轴类零件数控编程与操作	20
学习情境二	套类零件数控编程与操作	18
学习情境三	盘类零件数控编程与操作	14
学习情境四	型芯零件数控编程与操作	18
学习情境五	型腔零件数控编程与操作	14
学习情境六	孔系零件数控编程与操作	12

需要指出的是，由于数控技术的发展日新月异，各单位的教学设备又不尽相同，使用本书时可根据各单位的具体情况对教材内容进行适当调整。

全书由延安职业技术学院马松杰编著。在本书的编写过程中，得到了学院相关领导、老师、企业一线专家和同行的支持与帮助，并参阅了国内同行的相关文献资料和教材，在此一并表示衷心的感谢。

由于时间仓促，加之编者水平有限，书中不当之处在所难免，恳请广大读者批评指正，以便修订时改进。您的宝贵意见和建议可电邮至 fffmmm456@126.com，欢迎交流。

编　者
2016 年 7 月

目　　录

轴类零件数控编程与操作

1-1 学 习 目 标

1．知识技能目标

① 掌握轴类零件的结构特点和工艺规程，能正确制订轴类零件数控加工方案。

② 掌握华中数控车削系统常用指令代码及编程规则，能手工编制简单轴类零件的数控加工程序。

③ 熟悉数控车床操作安全规程和日常维护保养知识，能用华中数控车削系统完成轴类零件的仿真加工。

2．过程方法目标

① 下达学习任务后，能通过多种渠道收集信息，并对收集的信息进行处理、分析和概括。

② 学习制订生产工作计划和实施方案，会应用已学的知识和技能解决具体的问题，能够举一反三，具备知识迁移能力。

③ 学会优选加工方案，能修改并简化数控加工程序，可以高效独立地完成轴类零件加工、质量检测等生产任务。

3．职业情感目标

① 通过参与情境学习活动，培养敬业意识、安全意识和质量意识。

② 养成实事求是、尊重技术的科学态度，勇于钻研，善于总结，不断提高专业技能，并具备良好的工作思维和技术革新意识。

③ 敢于提出与别人不同的意见，也勇于放弃或修正自己的错误观点，对技术精益求精。

④ 遵守规则而不迁腐守旧，善于沟通而不人云亦云，积累提高而不故步自封，树立良好的综合职业素养。

1-2 学 习 过 程

基于工作过程的情境教学一般要经过资讯、决策、计划、实施、检查和评估六个阶段。实际上，数控加工的工作过程是非常灵活的，各阶段的工作内容并非相互独立，而是相互渗透的。本书在后续的几个学习情境中将结合具体实例，按照基于工作过程的课程设计理念，分别介绍典型零件的数控仿真加工。

轴类零件是机械装备的主要零件之一，它通常用于支承传动和传递扭矩。轴类零件的结构特点是其长度大于直径，加工表面通常有圆柱面、圆锥面、圆弧面、螺纹、沟槽等要素。

一、情境资讯

情境资讯并不只限于零件图和材料数据，它也包含工程图中没有涵盖的要求，比如前一工序的加工和后续加工、磨削余量、装配特征和热处理要求，只有采集到这些信息并考虑所有相关因素，才能确定最有效的加工方法。

1．学习任务

如图 1-1 所示，对轴类零件进行工艺分析、程序编制，并运用上海宇龙数控仿真软件加工轴类零件(生产 1500 个零件，材料为 45#钢，无热处理和硬度要求)，注意轴类零件的尺寸公差和精度要求。

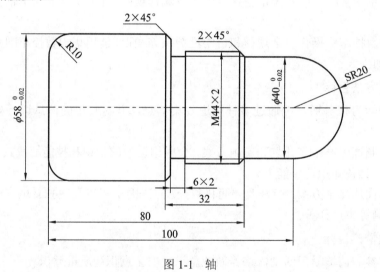

图 1-1　轴

2．工作条件

1) 仿真软件

目前国内主要有上海宇龙、南京宇航和北京斐克等几种仿真软件，本书选用上海宇龙数控仿真软件，本情境数控系统为华中 HNC-21/22T。

2) 参考资料

相关数控系统手册、数控机床操作说明书、数控加工仿真系统使用手册、工艺手册和编程说明书等。

3．图样分析

图样分析主要包括零件的几何要素、尺寸标注和技术要求等项目，只有在分析的基础上才能合理地确定加工工艺，正确地编制数控程序。

如图 1-1 所示的轴类零件需加工 1500 个，属于小批量生产，材料为 45#钢，无热处理和硬度要求。该零件外形包含外圆、端面、倒角(圆锥面)、圆弧、螺纹等要素，外圆直径尺寸和长度尺寸有一定的精度要求，为了满足精度要求，需要采用数控车床加工。

4．相关知识

1) 机床坐标系与工件坐标系

(1) 机床坐标系、机床零点和机床参考点

为简化编程和保证程序的通用性，规定直线进给坐标轴用 X、Y、Z 表示，常称为基本坐标轴。标准坐标系采用标准的右手笛卡儿直角坐标系。X、Y、Z 坐标轴的相互关系用右手定则决定，如图 1-2 所示，图中大拇指的指向为 X 轴的正方向，食指指向为 Y 轴的正方向，中指指向为 Z 轴的正方向。

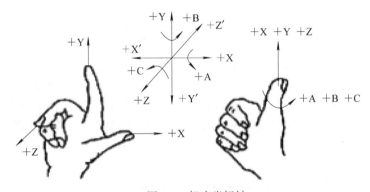

图 1-2　机床坐标轴

围绕 X、Y、Z 轴旋转的圆周进给坐标轴分别用 A、B、C 表示。根据右手螺旋定则，以大拇指指向 +X、+Y、+Z 方向，则食指、中指等的指向是圆周进给运动的 +A、+B、+C 方向。数控机床的进给运动，有的由主轴带动刀具运动来实现，有的由工作台带着工件运动来实现。编程时，不论是刀具移动还是工件移动，都一律假定刀具在动，工件相对静止，并规定刀具远离工件的方向作为坐标轴的正方向。

机床坐标轴的方向取决于机床的类型和各组成部分的布局。对车床如图 1-3 所示，Z轴与主轴轴线重合，沿着 Z 轴正方向移动将增大零件和刀具间的距离；X 轴垂直于 Z 轴，对应于转塔刀架的径向移动，沿着 X 轴正方向移动将增大零件和刀具间的距离。

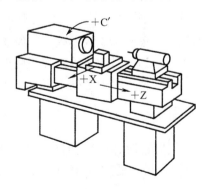

图 1-3　车床坐标轴

机床坐标系是机床固有的坐标系，机床坐标系的原点称为机床原点或机床零点。在机床经过设计、制造和调整后，这个原点便被确定下来，它是固定的点。

数控装置上电时并不知道机床零点，为了正确地在机床工作时建立机床坐标系，通常在每个坐标轴的移动范围内设置一个机床参考点(测量起点)，机床启动时，通常要进行机动或手动回参考点，以建立机床坐标系。机床回到了参考点位置，也就知道了该坐标轴的零点位置，找到所有坐标轴的参考点，CNC 就建立起了机床坐标系。

机床参考点可以与机床零点重合，也可以不重合，通过参数指定机床参考点到机床零点的距离。

机床坐标轴的机械行程是由最大和最小限位开关来限定的。机床坐标轴的有效行程范围是由软限位来界定的，其值由制造商定义。

(2) 工件坐标系、程序原点和对刀点

工件坐标系是编程人员在编程时使用的，编程人员选择工件上的某一已知点为原点(也称为程序原点)，建立一个新的坐标系，称为工件坐标系。工件坐标系一旦建立便一直有效，直到被新的工件坐标系所取代。

工件坐标系的原点选择要尽量满足编程简单，尺寸换算少，引起的加工误差小等条件。一般情况下，程序原点应选在尺寸标注的基准或定位基准上，对于车床，如图 1-4 所示。工件坐标系原点一般选在工件轴线与工件的前端面、后端面或卡爪前端面的交点上。

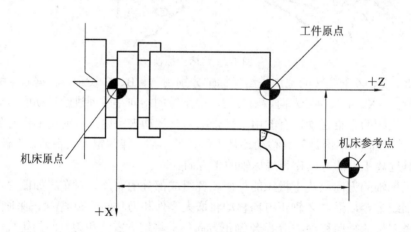

图 1-4　机床原点、参考点与工件原点

数控装置上电时同样也不知道工件坐标系的零点，一般通过对刀以建立工件坐标系。对刀点是零件程序加工的起始点，对刀的目的是确定程序原点在机床坐标系中的位置，对刀点可与程序原点重合，也可在任何便于对刀之处，但该点与程序原点之间必须有确定的坐标联系。

2) 数控加工程序概述

一个零件程序是一组被传送到数控系统中去的指令和数据，是由数控装置专用编程语言书写的一系列指令代码(应用得最广泛的是 ISO 码：国际标准化组织规定的代码)组成的。

(1) 程序格式

程序格式是由遵循一定结构、语法和格式规则的若干程序段组成的，每个程序段是由若干个指令字组成的。如图 1-5 所示，一个零件程序必须包括起始符和结束符及其中间程序段。

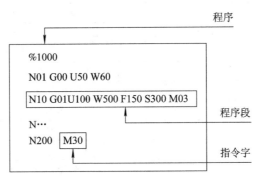

图 1-5　程序的结构

· 程序起始符：华中数控用字符%或字母 O 后跟数字，FANUC 数控用字母 O 后跟数字，SIEMENS 数控系统无起始符。

· 程序结束符：华中、SIEMEN S802S 与 FANUC 数控用 M02 或 M30，SIEMENS 802D 用 M02。

· 注释符：括号内或分号后的内容为注释文字。

(2) 程序段

一个程序段定义一个将由数控装置执行的指令行。

程序段的格式定义了每个程序段中功能字的句法，如图 1-6 所示。

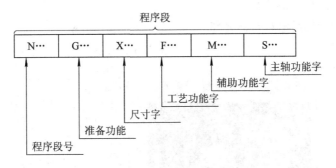

图 1-6　程序段格式

一个零件程序是按程序段的输入顺序执行的，而不是按程序段号的顺序执行的，但书写程序时，建议按升序书写程序段号。

(3) 指令字

一个指令字是由地址符(指令字符)和带符号(如定义尺寸的字)或不带符号(如准备功能字 G 代码)的数字数据组成的。

程序段中不同的指令字符及其后续数值确定了每个指令字的含义。在数控程序段中包含的主要指令字符如表 1-1 所示。

表 1-1　指令字符一览表

机　能	地　址	意　义 及 值　域	
零件程序号	%	程序编号	%1～4 294 967 295
程序段号	N	程序段编号	N0～4 294 967 295
准备机能	G	指令动作方式(直线、圆弧等) G00～99	
尺寸字	X、Y、Z、A、B、C、U、V、W	坐标轴的移动命令	±99 999.999
	R	圆弧的半径，固定循环的参数	
	I、J、K	圆心相对于起点的坐标，固定循环的参数	
进给速度	F	进给速度的指定	F0～24 000
主轴机能	S	主轴旋转速度的指定	S0～9999
刀具机能	T	刀具编号的指定	T0～99
辅助机能	M	机床侧开/关控制的指定	M0～99
补偿号	D	刀具半径补偿号的指定	00～99
暂停	P、X	暂停时间的指定	秒
程序号指定	P	子程序号的指定	P1～4 294 967 295
重复次数	L	子程序的重复次数，固定循环的重复次数	
参数	P、Q、R、U、W、I、K、C、A	车削复合循环参数	
倒角控制	C、R		

(4) 指令功能分类

① 模态与非模态功能：模态功能是一组相互注销的功能，在被同一组的另一个功能注销前一直有效；非模态功能只在书写该代码的程序段中有效。

② 前作用与后作用功能：前作用功能在程序段编制的轴运动之前执行；后作用功能在程序段编制的轴运动之后执行。

3) 华中数控世纪星机床面板介绍

数控机床面板一般包括 CRT 显示器、软键、操作面板和操作键盘四部分，华中数控世纪星标准机床面板如图 1-7 所示。

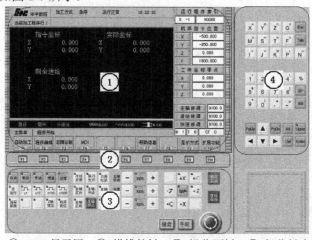

① CRT 显示屏；② 横排软键；③ 操作面板；④ 操作键盘

图 1-7　华中数控世纪星标准机床面板

二、方案决策

1．机床选用

虽然数控机床有很多优点，但初期投资大，维修费用高，对管理及操作人员的素质要求也高。因此，应合理地选择及使用数控机床，使企业获得最好的经济效益。根据零件精度要求，结合数控机床的类型、规格与精度，可选用普通精度、中等功率的卧式数控车床进行加工。

2．刀具选用

根据零件图加工要求，需要加工外圆柱面、圆弧面、螺纹、倒角(圆锥面)及退刀槽等要素，共需三把刀具，如表 1-2 所示。

表 1-2　数控加工刀具卡片

产品名称		零件名称	轴	零件图号	
序号	刀具号	刀具			加工表面	备注
		规格名称	数量	刀尖半径/mm		
1	T01	90°外圆左偏刀	1	0.2	外轮廓	
2	T02	外圆切槽刀	1	0.2	切退刀槽	刀宽 6 mm
3	T03	60°外螺纹刀	1	0	车 M36 螺纹	
编制		审核		批准		年　月　日	共　页	第　页

注：实际加工中，任何刀具的刀尖半径不可能为零。

3．夹具选用

工件在切削加工时，必须可靠地定位和夹紧才能保证工件在承受切削力时不产生任何移动，始终保持在正确的位置上。定位是让工件有一个正确的加工位置，而夹紧是固定工件始终保持在正确的位置，这种定位与夹紧的过程称为工件的装夹，简称工装。用于工装的设备就是机床夹具。

选用夹具时，一是要优先考虑使用通用夹具，避免采用费工费时的专用夹具，以充分发挥数控机床的效能；二是要考虑尽量减少装夹次数，为保证定位后零件 Z 轴与机床主轴同轴，应尽可能做到一次装夹即可完成零件的加工。当需要二次装夹时，以车好的外圆柱面和端面作为定位基准。由于零件的长度与直径比值小于 5，属于短轴，可以选用三爪自定心卡盘，它适用于装夹圆棒料和六角棒料，车削所得同轴度一般为 0.05～0.15 mm。

注意： 在仿真车床系统中，数控车床夹具均采用三爪卡盘外圆装夹，以后不再提醒。

4．毛坯选用

轴类零件最常用的毛坯是圆棒和锻料。对于截面差异不大及力学性能要求不高的轴，可选用圆棒料，毛坯的准备工作比较简单。对于用于支承传动和传递扭矩的轴类零件，要求选用锻料。因为坯料在经过锻压后，金属的组织致密、均匀，并且形成沿表面呈流线型的内部纤维组织，能有效提高零件的多项力学性能。毛坯直径尺寸留有合理的加工余量，加工余量大，加工所需的时间就多。如果加工余量小，则零件所要求的精度和表面质量有可能达不到，毛坯长度尺寸要留有装夹余量。

本学习情境选用 45# 钢圆棒料，毛坯直径为 60 mm，长度为 125 mm。需要指出的是，不能在材料类型、大小、形状和状态未知的情况下编制数控程序。

三、制定计划

制定加工计划的主要任务是确定数控加工工序中的工步顺序和加工路径，选择切削用量、编制加工程序等。

工序是指操作者用一台设备对一个零件所连续完成的那一部分工艺过程。由于数控机床适用于单件小批量生产，工序多数按工序集中的原则划分，并且划分方法有多种(如按刀具划分，按装夹次数划分，按加工部位划分，按粗、精加工划分等)，所以数控机床的加工工序一般都包含多个加工步骤，每一个加工步骤称为工步。

1．编制加工工艺

工序卡是操作人员进行数控加工的主要指导性工艺资料，包含各工步的加工内容、所用刀具和切削用量等，它是编程员进行数值计算、程序编制的主要依据。编制工序卡时，必须确定工步顺序和加工路线，选择好切削用量。

1) 确定工步顺序和加工路线

安排工步顺序时，不但要考虑零件的结构特点和工序的加工要求，而且还要熟悉所用数控系统的循环指令功能，这样才能确定最佳的工步顺序。

工步顺序确定后，就要确定各工步的加工路线，确定加工路线的工作重点是确定粗加工和空行程的加工路线。确定时，必须保证零件的加工精度和表面粗糙度要求，精加工余量为 0.2～0.5 mm，选择最短的加工路线，减少刀具空行程，尽量减少数值计算的工作量，充分利用循环指令、子程序和宏程序优化加工程序。

2) 选择切削用量

编程之前必须确定每道工序的切削用量，即切削三要素：背吃刀量 a_p(又称为切削深度)、进给速度 V_f 或进给量 f、主轴转速 n 或切削速度 V_c(用于恒线速度切削)。切削用量的大小对机床功率、加工质量和加工成本均有显著影响。

粗车时，尽量保证较高的金属切除率和必要的刀具耐用度。选取尽可能大的背吃刀量，以减少走刀次数；根据机床动力和刚性的限制条件，选取尽可能大的进给量，利于断屑；最后根据刀具耐用度，确定合适的切削速度。

精加工时，对加工精度和表面粗糙度要求较高，加工余量不大且较均匀。选择精车的切削用量时，应着重考虑如何保证加工质量，并在此基础上尽量提高生产率。因此，精车时应选用较小的背吃刀量和进给量，并选用性能高的刀具材料和合理的几何参数，以尽可能提高切削速度。

(1) 背吃刀量 a_p 的选择

粗加工时，除留下精加工余量外，一次走刀尽可能切除全部余量，也可分多次走刀。精加工的加工余量一般较小，可一次切除。在中等功率机床上，粗加工的背吃刀量可达 8～10 mm，半精加工的背吃刀量取 0.5～5 mm，精加工的背吃刀量取 0.2～0.5 mm。

(2) 切削速度 V_c(m/min)或主轴转速 n(r/min)的确定

切削速度 V_c 可根据已经选定的背吃刀量、进给量及刀具耐用度进行选取。在实际加工过程中，一般根据生产实践经验和查表的方法来选取切削速度。当粗加工或工件材料的加工性能较差时，宜选用较低的切削速度。当精加工或刀具材料、工件材料的切削性能较好时，宜选用较高的切削速度。

切削速度 V_c 确定后，可按公式 n=1000V_c/(πD)来确定主轴转速 n。在工厂的实际生产过程中，切削用量一般根据经验并通过查表的方式进行选取。如表 1-3 和表 1-4 分别为高速钢车刀与硬质合金车刀常用切削用量。

表 1-3 高速钢车刀常用切削用量

工件材料及其抗拉强度		进给量 f/(mm/r)	切削速度 V_c / (m/min)
碳钢	$\sigma_b \leqslant 0.5$ GPa	0.2	30～50
		0.4	20～40
		0.8	15～25
	$\sigma_b \leqslant 0.7$ GPa	0.2	20～30
		0.4	15～25
		0.8	10～15
灰铸铁 $\sigma_b = 0.18～0.28$ GPa		0.2	15～30
		0.4	10～15
		0.8	18～10
铝合金 $\sigma_b = 0.10～0.3$ GPa		0.2	55～130
		0.4	35～80
		0.8	25～55

注：刀具寿命 T≥60 min；粗加工时，最大被吃刀量 α_p≤5 mm；精加工时，f 取小值，V_c 取大值。切断刀的切削速度约取表中平均值的 60%，进给量 f=0.02～0.08 mm/r，刀具宽度越小取值越小。

表 1-4 硬质合金车刀常用切削用量 V_c(m/min)

工件材料	材料硬度 HBS	刀具材料	粗车 f=0.5～1 mm/r α_p=2.5～6 mm	精车 f=0.1～0.4 mm/r α_p=0.3～2 mm
碳钢	150～200 MPa	YT	60～75	90～120
	200～250 MPa		50～65	80～100
灰铸铁	150～200 MPa	YG	45～65	70～100
	200～250 MPa		35～55	50～80
铝合金			150～300	200～500

注：刀具寿命 T≥60 min；α_p 与 f 选大值时，V_c 选小值，反之，V_c 选大值。切断刀的切削速度可取表中粗加工栏中的数值，进给量 f=0.04～0.15 mm/r。

数控车床加工螺纹时，因其传动链的改变，原则上其转速只要能保证主轴每转一周时，刀具沿主进给轴方向位移一个螺距即可。

在车削螺纹时，车床的主轴转速将受到螺纹导程 P(单头螺纹时 P 为螺距)的大小、驱动电机的升降频特性以及螺纹插补运算速度等多种因素影响，转速不能过高。推荐车螺纹时的主轴转速 n≤(1200/P)−K，其中 K 为保险系数，一般取为 80。

(3) 进给速度 V_f(mm/min)或进给量 f(mm/r)的确定

粗加工时，由于对工件的表面质量没有太高的要求，这时主要根据机床进给机构的强度和刚性、刀杆的强度和刚性、刀具材料、刀杆和工件尺寸以及已选定的背吃刀量等因素来选取进给速度。精加工时，则按表面粗糙度要求、刀具及工件材料等因素来选取进给速度。进给速度 V_f 可以按公式 $V_f = f \times S$ 计算，式中 S 表示主轴转速(r/min)，f 表示每转进给量，粗车时一般取 0.3～0.8 mm/r；精车时常取 0.1～0.3 mm/r；切断时常取 0.05～0.2 mm/r。

3) 填写工序卡片

将各工步的加工内容、所用刀具和切削用量填入如表 1-5 所示的数控加工工艺卡中。

表 1-5　数控加工工艺卡

单位			车间名称		设备名称	HNC21T 数控车
夹具	三爪卡盘		产品名称		零件名称	轴
时间定额	基本	120 min	材料名称	45#钢	零件图号	
	准备	60 min	工序名称		工序序号	

工步序号	工步名称	刀具号	切削用量		
			被吃刀量/mm	进给速度/(mm/min)	主轴转速/(r/min)
1	粗车左端面及外轮廓	T01	3	200	400
2	精车左端面及外轮廓	T01	0.3	60	600
3	粗车右端面及外轮廓	T01	3	400	800
4	精车右端面及外轮廓	T01	0.3	100	1100
5	切槽	T02		60	600
6	加工螺纹	T03			520
编制		审核		批准		
加工		日期		共 1 页		第 1 页

2．编制数控程序

工艺编制完成以后，即可编制零件加工程序。编程的方法有两种：手工编程和计算机辅助编程。对于形状复杂的零件，计算相当困难，一般采用 CAD/CAM 软件编程，本书中各学习情境给出的零件几何形状简单，计算量小，主要采用手工编程的方法。手工编程首先要确定工件坐标系，计算出各个主要节点的坐标值，然后编程员根据所用数控系统规定的指令代码，按规定的程序结构和程序段格式逐段编写加工程序表。

1）计算零件图主要节点

计算零件图的主要节点，是手工编程的一个关键性环节。该零件轮廓主要由直线和圆弧等要素组成，结构简单，计算比较方便。数控车削零件一般将工件坐标系的原点设立在工件右端面，编程原点与工件坐标系原点重合，便于编程计算。计算零件图主要节点时，应考虑切削刃磨损对加工尺寸的影响，有公差要求的尺寸还应按公差带的中间值计算节点坐标值，在本书仿真加工编程中未做考虑。

本学习情境的零件两端都要加工，故需计算出零件左、右两端的主要节点坐标，如图 1-8 所示。

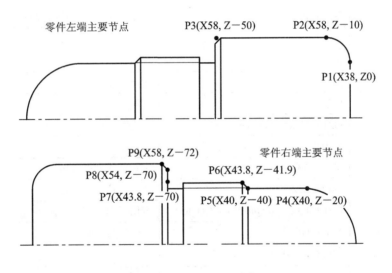

图 1-8　零件图主要节点

加工普通外螺纹时，由于刀具对工件有较大的挤压力，容易使工件螺纹膨胀、牙顶高度增大，所以加工螺纹前的工件直径一般比公称直径要小 13%左右的螺距，该点取 0.1P，故 P6 点 X 方向坐标为 43.8 mm。

2）编写程序表

程序表也称为程序单，它是记录数控加工工艺过程、工艺参数和位移数据的清单列表，是手动数据输入(MDI)、实现数控加工的重要依据。本零件分两次装夹，先加工左端外轮廓，然后掉头加工右端外轮廓，所以要编制两个程序，如表 1-6 所示。

表 1-6　轴的数控加工程序

工　步	程　序	注　释
1. 粗车左端面及外轮廓	%1	程序名
	G21 G36 G54 G90 G94 G97	安全程序段
	T0101	调用 1 号刀具 1 号刀补
	M04 S400	主轴反转 400 r/min
	G00 X62 Z2	快速定位至起刀点
	G71 U4 R1 P10 Q20 X0.3 Z0 F200	调用径向粗车复合循环
2. 精车左端面及外轮廓	M04 S600 F60	精车反转进给
	N10 G42 G01 X0	加刀补，车零件左端面
	Z0	
	X38	直线插补至 P1 点
	G03 X58 Z-10 R10	圆弧插补至 P2 点
	G01 Z-50	直线插补至 P3 点
	N20 G40 G00 X62	取消刀补，X 向快速退刀至安全点
	Z50	Z 向快速退刀至安全点
	M05	主轴停转
	M30	程序结束
3. 粗车右端面及外轮廓	%2	程序名
	G21 G36 G54 G90 G94 G97	安全程序段
	T0101	调用 1 号刀具 1 号刀补
	M04 S800	主轴反转 800 r/min
	G00 X62 Z2	快速定位至起刀点
	G71 U4 R1 P30 Q40 X0.3 Z0 F400	调用径向粗车符合循环
4. 精车右端面及外轮廓	M04 S1100 F100	精车反转进给
	N30 G42 G01 X0	加刀补，车零件右端面
	Z0	
	G03 X40 Z-20 R20	圆弧插补至 P4 点
	G01 Z-40	直线插补至 P5 点
	X43.8 Z-42	直线插补至 P6 点
	Z-70	直线插补至 P7 点
	X54	直线插补至 P8 点
	X58 Z-72	直线插补至 P9 点
	N40 G40 G00 X62	取消刀补，X 向快速退刀至安全点
	Z50	Z 向快速退刀至安全点

续表

工　步	程　序	注　释
5. 切槽	T02	调用 2 号刀具(切削槽不加刀补)
	M04 S600	主轴反转 600 r/min
	G00 X62 Z-70	快速定位至起刀点
	G01 X40 F60	切槽至φ40
	G04 P2	暂停 2 s
	G00 X62	X 向快速退刀至安全点
	Z50	Z 向快速退刀至安全点
6. 加工螺纹	T03	调用 3 号刀具(切削螺纹不加刀补)
	M04 S520	主轴反转 520 r/min
	G00 X62 Z-64	快速定位至起刀点
	G82 X43.1 Z2 F2	螺纹循环第一刀切深 0.9 mm
	X42.5 Z2	螺纹循环第二刀切深 0.6 mm
	X41.9 Z2	螺纹循环第三刀切深 0.6 mm
	X41.5 Z2	螺纹循环第四刀切深 0.4 mm
	X41.4 Z2	螺纹循环第五刀切深 0.1 mm
	G00 X50	X 向快速退刀至安全点
	Z50	Z 向快速退刀至安全点
	M05	主轴停转
	M30	程序结束

　　虽然数控系统是多种多样的，所用机床的型号更是种类繁多，但其编程方法和使用的指令却大同小异，只要掌握了最基本的指令和编程方法，无论何种机床的编程都不难理解。对于编程中所用的指令代码、格式，ISO 组织和我国有关部门都已制定了相关标准，还有个别指令与标准不符，编程人员可通过生产厂家提供的编程手册进行了解，以便数控机床能够正确加工。编制程序内容时，顺序要合理以确保程序的安全性和科学性。首先，在安全程序段要确认系统的缺省值，然后是选择刀具、设定主轴旋转等辅助动作指令的程序段，最后按照工步顺序运行坐标轴移动 G 功能指令，完成机械零件的数控加工。下面结合程序表，详细介绍各程序段的功能及其相应指令的应用。

　　(1) 安全程序段

　　编制数控程序时，安全段的作用非常重要。在刀具、主轴动作之前，为保证加工的安全，要在起始段设定所需的初始或缺省状态。虽然安全段一般为缺省指令，但程序员不能有任何侥幸心理，因为它们很有可能在加工前已经被改变。所以，要养成使用安全程序段设置系统初始状态的良好习惯，这样做不但能保证编程的绝对安全，而且可以使得在调试、刀具路径校验及尺寸调整等操作中更为方便。

　　在车削编程时，安全程序段最常见的有公/英制尺寸、绝对/相对编程、半径/直径编程、坐标系选择以及主轴速度和进给速度单位的默认值选择等。

FANUC 0i 系统和华中系统 HNC21/22T 公/英制尺寸单位的选择：G20 为英制单位"英寸(in)"，G21 为公制单位"毫米(mm)"，其中 G21 为缺省值。SINUMERIK 802C/S 系统以 G70/G71 来区分。

数控车削加工时，由于被加工零件的径向尺寸在图纸上多以直径标注，测量时一般也是测量直径，所以用直径编程可以简化编程的计算，并使程序易懂。一般数控系统缺省为直径编程，但在需要时也可以转换为半径编程。两者都是模态指令，彼此可相互取消。

直径与半径编程指令如表 1-7 所示，FANUC 0i 系统和华中系统 HNC21/22T 以 G36/G37 来区分，SINUMERIK 802C/S 系统以 G22/G23 来区分。

表 1-7　直径与半径编程指令

数控系统	HNC21/22T	FANUC 0i	SINUMERIK 802C/S
直径编程	G36	由内部参数设定	G23
半径编程	G37		G22

坐标系选择：G54～G59 是系统预定的 6 个坐标系，可根据需要任意选用。这 6 个预定工件坐标系的原点在机床坐标系中的值(工件零点偏置值)可用 MDI 方式输入，系统自动记忆。G54～G59 为模态功能，可相互注销，G54 为缺省值。工件坐标系一旦选定，后续程序段中绝对值编程时的指令值均为相对此工件坐标系原点的值。加工时其坐标系的原点，必须设为工件坐标系的原点在机床坐标系中的坐标值，否则加工出的产品就有误差或报废，甚至出现危险。

绝对编程是指程序段中输入的尺寸字是以工件坐标系的原点为参考基准的绝对坐标值，相对编程是指程序段中输入的尺寸字是以刀具前一个位置作为参考基准的相对坐标值，即增量编程。两者都是模态指令，彼此可相互取消，数控系统一般缺省为绝对编程。

绝对与相对编程指令如表 1-8 所示。FANUC 0i 系统中以尺寸字的地址来区分绝对编程和相对编程。当尺寸字为 X、Z 时，表示绝对尺寸编程；当尺寸字为 U、W 时，表示增量尺寸编程。SINUMERIK 802C/S 系统中，用 G90/G91 或者 AC/IC 来区分，而华中系统既能以尺寸字也能以 G90/G91 来区分。

表 1-8　绝对与相对编程指令

数控系统	FANUC 0i	HNC21/22T	SINUMERIK 802C/S
绝对编程	G00/G01 X_Z_	G90 G00/G01 X_Z_或 G00/G01 X_Z_	G90 G00/G01 X_Z_或 G00/G01 X/Z=AC(_)
相对编程	G00/G01 U_W_	G91 G00/G01 X_Z_或 G00/G01 U_W_	G91 G00/G01 X_Z_或 G00/G01 X/Z=IC(_)

在一个程序段中，根据图样上标注的尺寸，可以采用绝对编程或相对编程，也可以采用二者混合编程。编程时具体采用何种模式，还要从简便计算的角度考虑，要尽量直接利用图样上标注的尺寸。

进给速度 F 单位的选择：G94 为每分钟进给量，F 后的数据指定的单位是 mm/min；G95 为每转进给量，F 后的数据指定的单位是 mm/r。其中，G94 为缺省值，G95 只有在主轴装有编码器时才有效。

主轴速度 S 单位的选择：G96 为恒线速度切削，S 后的数据指定的单位是 m/min；G97 为取消恒线速切削，S 后的数据指定的单位为 r/min。其中，G97 为缺省值。S 是模态指令，S 功能只有在主轴速度可调节时有效。S 所编程的主轴转速可以借助机床控制面板上的主轴倍率开关进行修调。

(2) 刀具功能(T 机能)

【格式】

　　TXXXX

【说明】　T 代码用于选刀，T 代码与刀具的关系是由机床制造厂规定的，请参考机床厂家的说明书。华中系统 T 代码后的 4 位数字中，前两位表示选择的刀具号，后两位表示刀具补偿号。执行 T 指令，转动转塔刀架，选用指定的刀具。当一个程序段同时包含 T 代码与刀具移动指令时，先执行 T 代码指令，而后执行刀具移动指令。

【注意】　T 指令同时调入刀补寄存器中的补偿值。刀具补偿号是刀具偏置补偿寄存器的地址号，该寄存器存放刀具的 X 轴和 Z 轴偏置补偿值、刀具的 X 轴和 Z 轴磨损补偿值。补偿号为 00 表示补偿量为 0，即取消补偿功能。系统对刀具的补偿或取消都是通过拖板的移动来实现的。

补偿号可以和刀具号相同，也可以不同，即一把刀具可以对应多个补偿号(值)。

(3) 主轴控制指令 M03、M04、M05

M03 启动主轴以程序中编制的主轴速度正方向旋转。M04 启动主轴以程序中编制的主轴速度反方向旋转。M05 使主轴停止旋转。M03、M04、M05 可相互注销。需要指出的是：若车刀正装，则前置刀架机床一般用右偏刀，主轴正转(M03)，后置刀架机床一般用左偏刀，主轴反转(M04)；若车刀反装，则反之。

(4) 快速定位 G00

【格式】

　　G00 X(U)_ Z(W)_

【说明】

X、Z：绝对编程时，快速定位终点在工件坐标系中的坐标。

U、W：增量编程时，快速定位终点相对于起点的位移量。

【注意】　G00 指令刀具相对于工件以各轴预先设定的速度，从当前位置快速移动到程序段指令的定位目标点。G00 指令中的快移速度由机床参数"快移进给速度"对各轴分别设定，不能用 F 规定。G00 一般用于加工前快速定位或加工后快速退刀。快移速度可由面板上的快速修调按钮修正。G00 为模态功能，可由 G01、G02、G03 等功能注销。在执行 G00 指令时，由于各轴以各自速度移动，不能保证各轴同时到达终点，因而联动直线轴的合成轨迹不一定是直线。操作者必须格外小心，以免刀具与工件发生碰撞。常见的做法是：先将 X 轴移动到安全位置，再放心地执行 G00 指令。

(5) 线性进给 G01

【格式】

　　G01 X(U)_ Z(W)_ F_

【说明】

X、Z：绝对编程时终点在工件坐标系中的坐标。

U、W：增量编程时终点相对于起点的位移量。

F_：工件被加工时刀具相对于工件的合成进给速度，F 的单位取决于 G94(每分钟进给量 mm/min)或 G95(主轴每转一转刀具的进给量 mm/r)。

【注意】 当工作在 G01、G02 或 G03 方式下时，编程的 F 值一直有效，直到被新的 F 值所取代；而工作在 G00 方式下时，快速定位的速度是各轴的最高速度，与所编 F 无关。借助机床控制面板上的倍率按键，F 值可在一定范围内进行倍率修调。当执行螺纹切削指令 G76、G82、G32 时，倍率开关失效，进给倍率固定在 100%。

G01 指令刀具以联动的方式，按 F 规定的合成进给速度，从当前位置按线性路线(联动直线轴的合成轨迹为直线)移动到程序段指令的终点。

G01 是模态代码，可由 G00、G02、G03 或 G32 功能注销。

(6) 圆弧进给 G02/G03

【格式】

$$\begin{Bmatrix} G02 \\ G03 \end{Bmatrix} X(U) \_ Z(W) \_ \begin{Bmatrix} I \_ K \_ \\ R \_ \end{Bmatrix} F \_$$

【说明】 G02/G03 指令刀具，按顺时针/逆时针进行圆弧加工。

圆弧插补 G02/G03 的判断，是在加工平面内根据其插补时的旋转方向为顺时针、逆时针来区分的。加工平面为观察者迎着 Y 轴的指向所面对的平面。G02/G03 插补方向如图 1-9 所示。

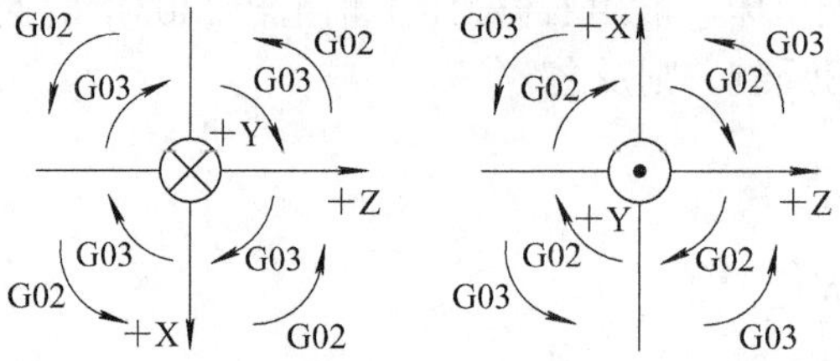

图 1-9　G02/G03 插补方向

G02：顺时针圆弧插补。

G03：逆时针圆弧插补。

X、Z：绝对编程时，圆弧终点在工件坐标系中的坐标。

U、W：增量编程时，圆弧终点相对于圆弧起点的位移量。

I、K：圆心相对于圆弧起点的增加量(等于圆心的坐标减去圆弧起点的坐标，如图 1-10 所示)。需要注意的是：无论绝对编程还是相对编程，I、K 均为增量方式；无论直径编程还是半径编程，I 都是半径值。

R：圆弧半径。

F：被编程的两个轴的合成进给速度。

G02/G03 的参数示意如图 1-10 所示。

【注意】 顺时针或逆时针是从垂直于圆弧所在平面的坐标轴的正方向看到的回转方向。当同时输入 R 与 I、K 时，R 有效。

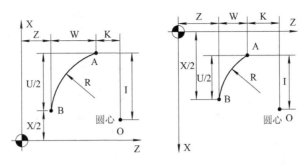

图 1-10　G02/G03 参数示意

(7) 刀尖圆弧半径补偿 G40、G41、G42

【格式】

$$
\begin{Bmatrix} \text{G40} \\ \text{G41} \\ \text{G42} \end{Bmatrix} \begin{Bmatrix} \text{G00} \\ \text{G01} \end{Bmatrix} \text{X\_Z\_}
$$

【说明】　数控程序一般是针对刀具上的某一点(即刀位点)，按工件轮廓尺寸编制的。车刀的刀位点一般为理想状态下的假想刀尖 A 点或刀尖圆弧圆心 O 点。但实际加工中的车刀，由于工艺或其他要求，刀尖往往不是一个理想点，而是一段圆弧。当切削加工时刀具切削点在刀尖圆弧上变动，造成实际切削点与刀位点之间的位置有偏差，故造成过切或少切。这种由于刀尖不是理想点而是一段圆弧所造成的加工误差，可用刀尖圆弧半径补偿功能来消除。

刀尖圆弧半径补偿是通过 G40、G41、G42 代码及 T 代码指定的刀尖圆弧半径补偿号，加入或取消半径补偿实现的。

G40：取消刀尖半径补偿。

G41：左刀补。

G42：右刀补。

X、Z：G00/G01 的参数，即建立刀补或取消刀补的终点。

【注意】　G41/G42 不带参数，其判别方法如图 1-11 所示。刀尖圆弧补偿号(代表所用刀具对应的刀尖半径补偿值)由 T 代码指定，与刀具偏置补偿号对应。G40、G41、G42 都是模态代码，可相互注销。刀尖半径补偿的建立与取消只能用 G00 或 G01 指令，不能用 G02 或 G03 指令。刀尖圆弧半径补偿寄存器中，定义了车刀圆弧半径及刀尖的方向号。

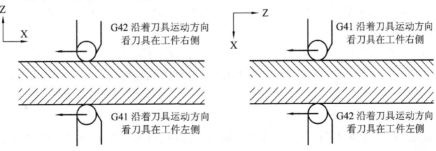

图 1-11　左刀补和右刀补

车刀刀尖的方位号定义了刀具刀位点与刀尖圆弧中心的位置关系，其从 0~9 共有 10 个方向，如图 1-12 所示。操作时把刀尖半径和方位号输入到对应的刀补表中，刀补才能起作用。

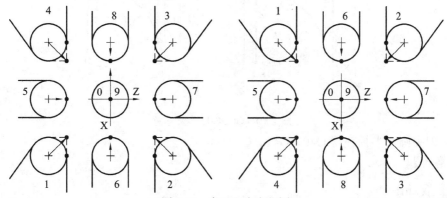

图 1-12　车刀刀尖方位图

(8) 内(外)径粗车复合循环 G71

① 无凹槽加工时。

【格式】

G71 U(Δd) R(r) P(ns) Q(nf) X(Δx) Z(Δz) F(f) S(s) T(t)

【说明】　在无凹槽加工时，G71 指令执行如图 1-13 所示的粗加工和精加工，其中精加工路径轨迹为 A→A'→B'→B。

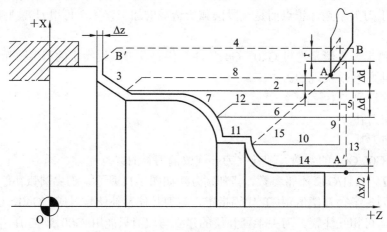

图 1-13　无凹槽内(外)径粗切复合循环

Δd：切削深度(每次切削量)，指定时不加符号，方向由矢量 $\overrightarrow{AA'}$ 决定。

r：每次退刀量。

ns：精加工路径第一程序段(即图 1-13 中的 AA')的顺序号。

nf：精加工路径最后一程序段(即图 1-13 中的 B'B)的顺序号。

Δx：X 方向精加工余量。

Δz：Z 方向精加工余量。

f、s、t：粗加工时 G71 中指定的 F、S、T 有效；精加工时 G71 中指定的 F、S、T 无效，而处于 ns 到 nf 程序段内的 F、S、T 有效。

G71 切削循环下，切削进给方向平行于 Z 轴，X(Δx)和 Z(Δz)的符号如图 1-14 所示，其中(+)表示沿轴正方向移动，(−)表示沿轴负方向移动。

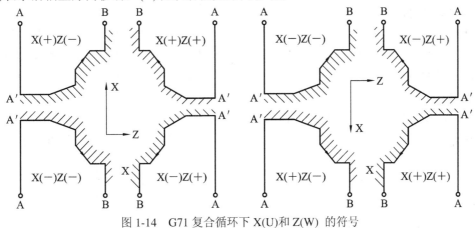

图 1-14　G71 复合循环下 X(U)和 Z(W) 的符号

② 有凹槽加工时。

【格式】

　　G71 U(Δd) R(r) P(ns) Q(nf) E(e) F(f) S(s) T(t)

【说明】　在有凹槽加工时，G71 指令执行如图 1-15 所示的粗加工和精加工，其中精加工路径轨迹为 A→A'→B'→B。

e：精加工余量，其为 X 方向的等高距离；外径切削时为正，内径切削时为负。其他参数与无凹槽加工时意义相同。

G71 指令必须带有 P、Q 地址 ns、nf，且与精加工路径起、止顺序号对应，否则不能进行该循环加工。地址 ns、nf 的程序段必须为 G00/G01 指令，且该程序段中不应编有 Z 向移动指令。在顺序号为 ns 到顺序号为 nf 的程序段中，不应包含子程序。

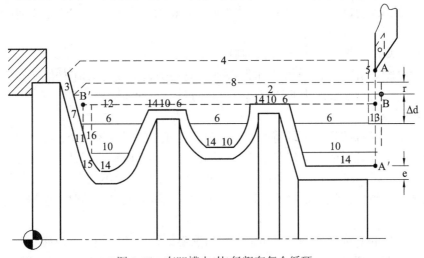

图 1-15　有凹槽内(外)径粗车复合循环

(9) 进给暂停指令 G04

【格式】

　　G04　P_

【说明】　G04 可使刀具作短暂停留，以获得圆整而光滑的表面。该指令除用于切槽、钻镗孔外，还可用于拐角轨迹控制。

P：暂停时间，单位为 s。

【注意】　G04 在前一程序段的进给速度降到零之后才开始暂停动作。在执行含 G04 指令的程序段时，优先执行暂停功能。G04 为非模态指令，仅在其被规定的程序段中有效。

(10) 直螺纹切削循环

【格式】

G82 X(U)__Z(W)__R__E__C__P__F__

【说明】　G82 指令执行的路径轨迹为 A→B→C→D→E→A，如图 1-16 所示。

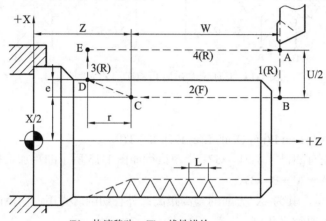

(R)：快速移动；(F)：线性进给

图 1-16　直螺纹切削循环

X、Z：绝对值编程时，为螺纹终点 C 在工件坐标系下的坐标；增量值编程时，为螺纹终点 C 相对于循环起点 A 的有向距离，用 U、W 表示，其符号由轨迹 1 和 2 的方向确定。

R、E：螺纹切削的退尾量；R、E 均为向量，R 为 Z 向回退量，E 为 X 向回退量；R、E 可以省略，表示不用回退功能。

C：螺纹头数，当 C 为 0 或 1 时切削单头螺纹。

P：单头螺纹切削时，为主轴基准脉冲处距离切削起始点的主轴转角(缺省值为 0)；多头螺纹切削时，为相邻螺纹头的切削起始点之间对应的主轴转角。

F：螺纹导程。

【注意】　从螺纹粗加工到精加工，主轴的转速必须保持为一个常数；在没有停止主轴的情况下，停止螺纹的切削将非常危险，因此螺纹切削时进给保持功能无效；如果按下进给保持按键，刀具在加工完螺纹后停止运动。在螺纹加工中不使用恒定线速度控制功能，且在螺纹加工轨迹中应设置足够的升速进刀段和降速退刀段，以消除伺服滞后造成的螺距误差。

螺纹有左旋和右旋之分。实际加工中，后置刀架机床一般加工左旋螺纹，刀具正装且主轴反转；前置刀架机床一般加工右旋螺纹，刀具正装且主轴正转。若用后置刀架机床加工右旋螺纹、前置刀架机床加工左旋螺纹，加工轨迹方向必须相反，亦可刀具反装且主轴转向与原来方向相反。仿真软件中刀具无法反装，只能采取与加工轨迹方向相反的办法进行模拟。

螺纹车削加工为成型车削，且切削进给量较大，刀具强度较差，一般要求分数次进给加工，如表 1-9 所示。

表 1-9　常用螺纹切削的进给次数与吃刀量/mm

米 制 螺 纹							
螺　距	1.0	1.5	2	2.5	3	3.5	4
牙深(半径量)	0.649	0.974	1.299	1.624	1.949	2.273	2.598
切削次数及吃刀量 1 次	0.7	0.8	0.9	1.0	1.2	1.5	1.50
2 次	0.4	0.6	0.6	0.7	0.7	0.7	0.8
3 次	0.2	0.4	0.6	0.6	0.6	0.6	0.6
4 次		0.16	0.4	0.4	0.4	0.6	0.6
5 次（直径量）			0.1	0.4	0.4	0.4	0.4
6 次				0.15	0.4	0.4	0.4
7 次					0.2	0.2	0.4
8 次						0.15	0.3
9 次							0.2

(11) 程序暂停与结束

① 程序暂停 M00。

当 CNC 执行到 M00 指令时，将暂停执行当前的程序，以方便操作者进行刀具和工件的尺寸测量、工件调头、手动变速等操作。暂停时，机床的进给停止，而全部现存的模态信息保持不变，欲继续执行后续程序，重按操作面板上的"循环启动"键即可。M00 为非模态后作用 M 功能。

② 程序结束 M02。

M02 一般放在主程序的最后一个程序段中。当 CNC 执行到 M02 指令时，机床的主轴、进给、冷却液全部停止，加工结束。使用 M02 的程序结束后，若要重新执行该程序，就得重新调用该程序，或在自动加工子菜单下按子菜单 F4 键，然后再按操作面板上的"循环启动"键。M02 为非模态后作用 M 功能。

③ 程序结束并返回到零件程序头 M30。

M30 和 M02 功能基本相同，只是 M30 指令还兼有控制返回到零件程序头(%)的作用。使用 M30 的程序结束后，若要重新执行该程序，则需要再次按操作面板上的"循环启动"键。

四、加工实施

1. 选择机床

打开菜单"机床/选择机床…"，或者点击工具条上的小图标 ，弹出选择机床对话框(如图 1-17 所示)。

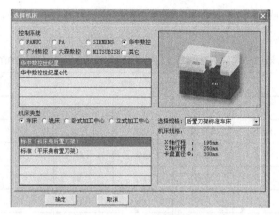

图 1-17　选择机床对话框

选择控制系统为华中数控世纪星系列，机床类型选择标准车床(斜床身后置刀架)，按
"确定"按钮，此时界面如图 1-18 所示。

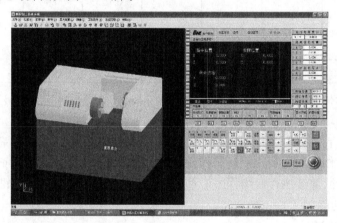

图 1-18　华中数控世纪星仿真车床界面

2．启动系统

检查急停按钮是否松开至  状态，若未松开，则点击急停
按钮 ，将其松开。

3．装夹工件

1) 定义毛坯

打开菜单"零件/定义毛坯"或在工具条上选择 ，系统打
开定义毛坯对话框(如图 1-19 所示)；在毛坯名字输入框内可以
输入缺省值，也可以输入毛坯名。在"材料"下拉列表中选择
低碳钢材料，形状选择圆柱形。将零件尺寸改为 $\phi 60 \times 125$ mm，
然后单击"确定"按钮。

图 1-19　定义毛坯对话框

2) 装夹毛坯

打开菜单"零件/放置零件"命令或者在工具条上选择图标 ，系统弹出选择零件对
话框(如图 1-20 所示)。在列表中点击所需的零件，选中的零件信息加亮显示，按下"安装

零件"按钮，系统自动关闭对话框，并出现一个小键盘如图 1-21 所示。通过按动键盘上的方向按钮，使毛坯移动至合适位置，单击"退出"按钮，零件已经被安装在卡盘上，如图 1-22 所示。

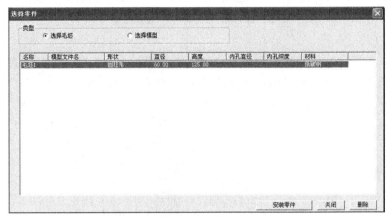

图 1-20　选择零件对话框

图 1-21　零件移动键盘

图 1-22　卡盘

4. 装夹刀具

打开菜单"机床/选择刀具"或者在工具条中选择 ，系统弹出如图 1-23 所示的对话框。在后置刀架数控车床系统中允许同时安装 8 把刀具，一般后置刀架为 4 把。

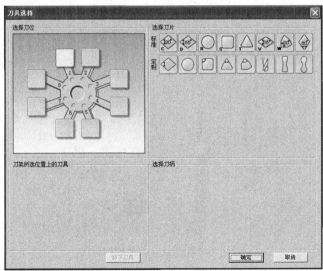

图 1-23　刀具选择对话框

1) 选择刀位编号

刀位编号即为刀具在车床刀架上的位置编号，在对话框左侧排列的编号 1～8 中，选择所需的刀位编号。该刀位编号对应程序中的 T01～T08。本情境共需 3 把刀，首先单击 1 号刀位编号(缺省为 1 号刀位)，被选中的刀位号的背景颜色变为浅黄色。

2) 选择刀具

按照机床类型和加工方式在选择刀片和选择刀柄区域内选择所用刀具的刀片形状和刀柄类型。如图 1-24 所示，1 号刀具选择标准 D 型刀片 DCMT070204：刃长 7 mm、刀尖半径 0.2 mm，外圆右向横柄：主偏角 90°。

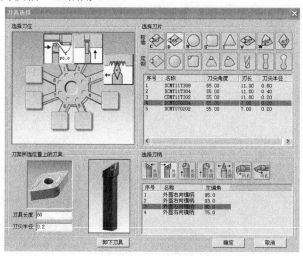

图 1-24　1 号刀具选择

如图 1-25 所示，2 号刀具选择定制方头切槽刀片：宽度 6 mm、刀尖半径 0.2 mm，外圆切槽刀柄：切槽深度 8 mm。

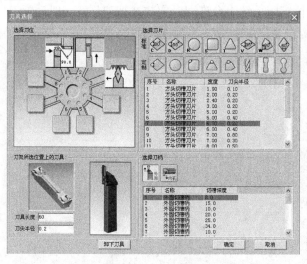

图 1-25　2 号刀具选择

如图 1-26 所示，3 号刀具选择 60°螺纹刀片(标准螺纹刀片)：刃长 7 mm、刀尖半径 0 mm，外螺纹刀柄。

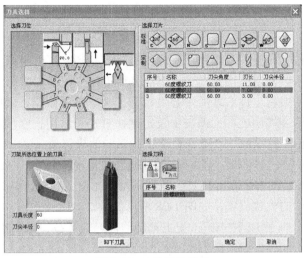

图 1-26　3 号刀具选择

3) 修改刀具参数

当刀片和刀柄都选择完毕后，可以根据需要修改刀具参数，例如刀具长度(仿真软件中该数值只能往大修改)、刀尖半径和钻头直径等。

4) 拆除刀具

对于在当前选中的刀位号中的刀具，可以通过单击"卸下刀具"键拆除。

5) 完成选刀

选好刀具，完成刀尖半径(钻头直径)、刀具长度的修改后，按"确认"键完成选刀。刀具按所选刀位安装在刀架上，按"取消"键退出选刀操作。

5. 回参考点

检查操作面板上回零指示灯是否亮着(回零)，若指示灯亮，则已进入回零模式；若指示灯不亮，则点击 回零 按钮，使回零指示灯亮起，转入回零模式，此时 CRT 屏幕上方的"加工方式"为"回零"状态。在回零模式下，点击控制面板上的 +x 按钮将 X 轴回零，CRT 上的 X 坐标变为"0.000"。同样，再点击 +z 按钮，可以将 Z 轴回零。此时，CRT 界面如图 1-27 所示。

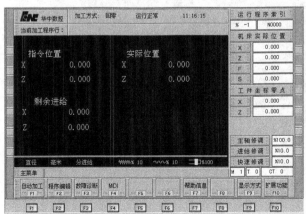

图 1-27　回参考点后的 CRT 界面

6. 加工左端

1) 对刀

数控程序一般按工件坐标系编程，对刀的过程就是建立工件坐标系与机床坐标系之间关系的过程。对刀一般常用试切偏置法，下面具体说明数控车床试切对刀的方法。

数控车削时，一般将工件右端面中心点设为工件坐标系原点。试切法对刀是用所选的刀具试切零件的外圆和端面，在刀偏表中设定试切直径和试切长度，选择需要的工件坐标系，机床自动计算出工件端面中心点在机床坐标系中的坐标值。

装好刀具后，点击操作面板中的 手动 按钮切换到"手动"方式，借助"视图"菜单中的动态旋转、动态放缩、动态平移等工具，并利用操作面板上的按钮 快进 -X +X 、 -Z +Z ，使刀具移动到可切削零件的大致位置，如图 1-28 所示。

点击操作面板上的 主轴反转 或 主轴正转 按钮，使主轴转动，点击 -X 按钮，试切工件端面，如图 1-29 所示，然后点击 +X 沿 X 轴方向退刀。

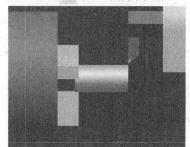

图 1-28 X 轴方向对刀准备

图 1-29 X 轴方向对刀

按 MDI F4 软键，在弹出的下级子菜单中按软键 刀偏表 F2 ，进入刀偏数据设置页面(刀偏表)，如图 1-30 所示。用方位键 ▲ ▼ 将亮条移动到需要对刀的行(列)，按 Enter 键后，此栏可以输入字符，可通过控制面板上的 MDI 键盘输入参数值。

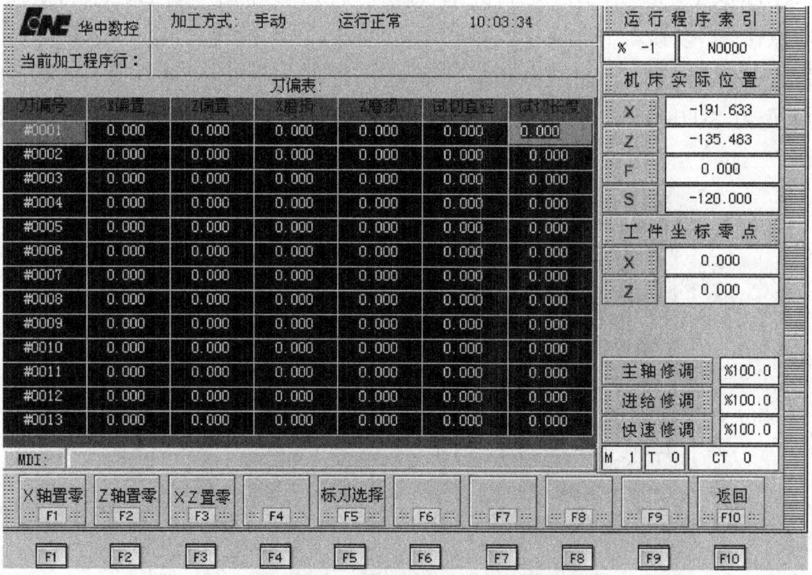

图 1-30 试切长度输入刀偏表

在刀偏表中"试切长度"栏输入工件坐标系 Z 轴零点到试切端面的有向距离(一般输入0)，按 Enter 键确认，机床自动计算出"Z 偏置"为 −135.483，即工件端面中心点在机床坐标系中 Z 轴的坐标值。

利用操作面板上的按钮 快进 -X +X 、 -Z +Z ，使刀具移动到可切削零件的大致位置，如图 1-31 所示。

点击 -Z 按钮，移动 Z 轴，用所选刀具试切工件外圆，如图 1-32 所示。然后沿 Z 轴方向退刀，主轴停止转动后，点击菜单"工艺分析/测量"，在弹出的对话框中点击刀具所切线段，线段由红色变为黄色，如图 1-33 所示。记下对话框中对应的 X 值(29.201 mm)，此为试切后工件的半径值。

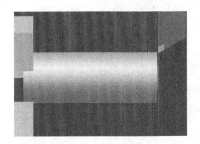
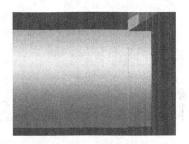

图 1-31　Z 轴方向对刀准备　　　　　　图 1-32　Z 轴方向对刀

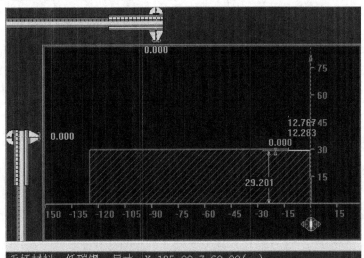
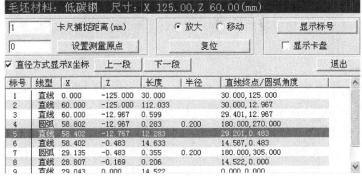

图 1-33　测量试切直径

图 1-33 中 29.201 为试切后工件的半径值，其单位为 mm。图下方对话框中 X 对应的 58.402 为直径值，记下该数值并将其填入刀偏表中"试切直径"栏，按 Enter 键确认，机床自动计算出"X 偏置"为 −220.369(如图 1-34 所示)，即工件端面中心点在机床坐标系中 X 轴的坐标值。至此，第一把对刀设置结束。

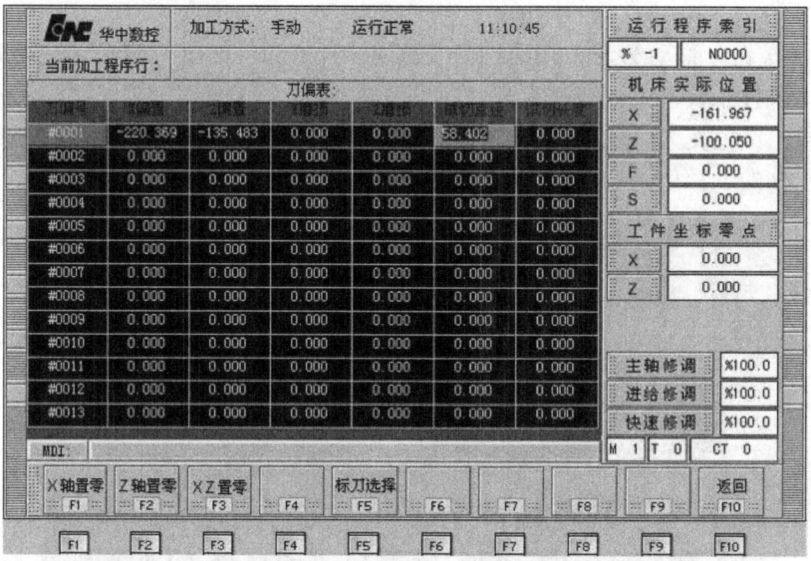

图 1-34　试切直径输入刀偏表

采用自动设置坐标系对刀前，机床必须先回机械零点。试切时，试切量不要过大，以免造成零件报废。试切外圆后，未输入试切直径时，不得移动 X 轴；试切工件端面后，未输入试切长度时，不得移动 Z 轴。试切直径和试切长度都需输入确认。打开刀偏表试切长度和试切直径均显示为"0.000"，即使实际的试切长度或试切直径也为零，仍然必须手动输入 0，按 Enter 键确认。

2) 刀具参数补偿

车床的刀具参数补偿包括在刀偏表中设定的刀具的磨损量补偿和在刀补表里设定的刀尖半径补偿，可在数控程序中调用。

(1) 磨损补偿

刀具使用一段时间后都会磨损，使产品尺寸产生误差，因此需要对刀具设定磨损量补偿。在刀偏表中，用 ▲ ▼ ◄ ► 以及 PgUp PgDn 将光标移到对应刀偏号的磨损栏中，按 Enter 键后，此栏可以输入字符，可通过控制面板上的 MDI 键盘输入磨损量补偿值。修改完毕，按 Enter 键确认，或按 Esc 键取消。

(2) 半径补偿

先按软键 返回 F10 进入 MDI 参数设置界面，再按软键 刀补表 F3 进入参数设定页面；用 ▲ ▼ ◄ ► 以及 PgUp PgDn 将光标移到对应刀补号的半径栏中，按 Enter 键后，此栏可以输入字符，可通过控制面板上的 MDI 键盘输入刀尖半径值。修改完毕，按 Enter 键确认。

车床中刀尖共有九个方位，刀尖方位参数值根据所选刀具的刀尖方位参照图 1-12 得到。数控程序中调用刀具补偿命令时，需在刀补表中设定所选刀具的刀尖方位参数值。输入方法同输入刀尖半径补偿参数，如图 1-35 所示。

刀补表:		
刀补号	半径	刀尖方位
#0001	0.200	3
#0002	0.000	0
#0003	0.000	0
#0004	0.000	0
#0005	0.000	0
#0006	0.000	0
#0007	0.000	0
#0008	0.000	0
#0009	0.000	0
#0010	0.000	0
#0011	0.000	0
#0012	0.000	0
#0013	0.000	0

图 1-35　刀补表参数输入

3) 对刀校验

对刀校验：在 MDI 方式下选刀，并通过键盘输入相关程序自动运行，观察刀具与工件间的实际相对位置，对照屏幕显示的绝对坐标，判断刀具偏置参数设定是否正确。

操作方法：检查控制面板上 按钮指示灯是否变亮，若未变亮，点击 按钮，使其指示灯变亮，进入自动加工模式。起始状态下按软键 MDI F4 ，进入 MDI 编辑状态。在下级子菜单中按软键 MDI运行 F6 ，进入 MDI 运行界面。点击 MDI 键盘将所需内容输入到输入域中，输入指令字信息后按 Enter 键，对应数据显示在窗口内，如图 1-36 所示。

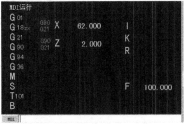

图 1-36　MDI 运行界面

输入完成，按"循环启动"键，系统开始运行输入的 MDI 指令，其中显示区根据选择的显示模式不同显示出不同的内容。在运行完毕后(或在运行指令过程中)按软键 MDI清除 F7 ，可以中止运行，返回到原始界面，且清空数据。然后，按软键 返回 F10 可退回到 MDI 主菜单。

值得注意的是：可重复输入多个指令字，若重复输入同一指令字，后输入的数据将覆盖前面输入的数据，重复输入 M 指令也会覆盖以前的输入。若输入无效指令，系统会显示警告对话框，可按回车键或 Esc 键取消警告。

4) 程序调入

数控程序可以通过记事本(txt 文件)或写字板(rtf 文件)等编辑软件输入并保存为文本格式调入仿真数控系统，也可以直接用 MDI 键盘输入。

(1) 文本格式调入

文本格式调入方法如下：

使用计算机键盘在记事本中编辑程序并保存为"1.txt"在 D 盘根目录下。

按软键 显示方式 F9 ，根据弹出的菜单再按软键 F1，选择"显示模式"，根据弹出的下一级子菜单再按软键 F1，选择"正文"。然后按软键 程序选择 F1 ，在弹出的下级子菜单"磁盘程序/正在编辑的程序"中，按软键 F1，弹出如图 1-37 所示的对话框。

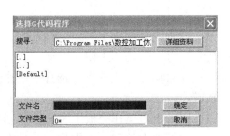

图 1-37　程序选择对话框

点击控制面板上的 <kbd>Tab</kbd> 键，使光标在各 text 框和命令按钮间切换。光标聚焦在"文件类型"text 框中，点击 ▼ 按钮，可在弹出的下拉框中通过 ▲ ▼ 选择所需的文件类型，也可按 <kbd>Enter</kbd> 键输入所需的文件类型。光标聚焦在"搜寻"text 框中，点击 ▼ 按钮，可在弹出的下拉框中通过 ▲ ▼ ◄ ► 选择所需搜寻的磁盘及程序范围，选择好所需程序再按 <kbd>Enter</kbd> 键确认，CRT 程序正文显示模式如图 1-38 所示。

图 1-38　CRT 程序正文显示模式

　　(2) MDI 键盘调入

　　MDI 键盘调入方法如下：

　　按软键 <kbd>显示方式 F9</kbd>，根据弹出的菜单按软键 F1，选择"显示模式"，根据弹出的下一级子菜单再按软键 F1，选择"正文"。

　　若要创建一个新的程序，则在"选择编辑程序"的菜单中选择"磁盘程序"，在文件名栏输入新程序名(不能与已有程序名重复)，按 <kbd>Enter</kbd> 键即可。此时 CRT 界面上显示一个空文件，可通过 MDI 键盘输入所需程序，也可在"正文"显示模式下，根据需要点击方位键 ▲ ▼ ◄ ►，使光标移动到所需的位置插入字符，也可在光标停留处，点击 <kbd>BS</kbd> 按钮，删除光标前的一个字符(或点击 <kbd>Del</kbd> 按钮，删除光标后的一个字符；或按软键 <kbd>删除一行 F6</kbd>，删除当前光标所在行)。

　　编辑好的程序需要进行保存或另存为操作，以便再次调用。对数控程序作了修改后，软键"保存文件"变亮，按软键 <kbd>保存文件 F4</kbd>，将程序按原文件名、原文件类型、原路径保存。

　　5) 程序校验

　　在选择了一个数控程序后，若要查看程序是否正确，可以通过查看程序轨迹是否正确来进行判定。

　　检查控制面板上的 <kbd>自动</kbd> 或 <kbd>单段</kbd> 指示灯是否亮着，若未亮，点击 <kbd>自动</kbd> 或 <kbd>单段</kbd> 按钮，使其指示灯变亮，进入自动加工模式。

　　在自动加工模式下，选择了一个数控程序后，<kbd>程序校验 F3</kbd> 软键变亮，点击控制面板上的 <kbd>程序校验 F3</kbd> 软键。

　　此时点击操作面板上的运行控制按钮 <kbd>循环启动</kbd>，可观察程序的运行轨迹，还可通过"视图"菜单中的动态旋转、动态放缩、动态平移等方式对运行轨迹进行全方位的动态观察。如图 1-39 所示为本情境零件左端的加工运行轨迹。

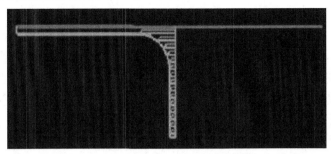

图 1-39　零件左端的加工运行轨迹

注意：轨迹图中，红线代表刀具快速移动的轨迹，绿线代表刀具正常移动的轨迹。

6）自动加工

检查机床是否回零，若未回零，先将机床回零。

检查控制面板上 自动 按钮指示灯是否变亮，若未变亮，点击 自动 按钮，使其指示灯变亮，进入自动加工模式。

按软键 自动加工 F1 ，切换到自动加工状态。在弹出的下级子单中按软键 程序选择 F1 ，可选择磁盘程序或正在编辑的程序，在弹出的对话框中选择需要的数控程序。点击 循环启动 按钮，则开始进行自动加工。本情境零件左端加工完成后如图 1-40 所示。

图 1-40　零件左端仿真加工

7. 加工右端

左端加工完之后，按下急停按钮 ，零件调头加工，打开菜单"零件/移动零件…"，系统弹出零件移动键盘(见图 1-21)，点击键盘上的掉头按钮 ，再通过按动方向按钮，使毛坯移动至合适位置，如图 1-41 所示。最后单击"退出"按钮。

点击急停按钮 至松开状态，点击操作面板中的按钮 手动 切换到"手动"方式。用第一次装夹时的刀具 T01 试切，点击操作面板上的 主轴反转 或 主轴正转 按钮，使主轴转动，点击 -X 按钮车削端面，然后按 +X 按钮，Z 轴方向保持不动，刀具退出。

图 1-41　零件调头加工

按下操作面板上的 主轴停止 按钮，使主轴停止转动，此时 CRT 界面显示刀具在机床坐标系 Z 轴的实际位置为 –166.529 mm，如图 1-42 所示。测量零件的实际长度为 123.471 mm，如图 1-43 所示。

机床实际位置	
X	-141.601
Z	-166.529
F	0.000
S	0.000

图 1-42　机床实际位置

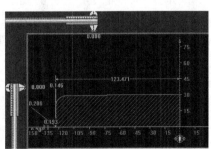

图 1-43　测量零件的实际长度

用实际长度 123.471 mm 减去理论长度 120 mm 等于 3.471 mm，采用增量方式，可以用点动方式精确控制机床移动，使刀具在 Z 轴负方向移动 3.471 mm 至机床坐标系 Z-170(-166.529-3.471=-170)。点击增量按钮，将机床切换至增量模式， 表示点动的倍率，分别代表 0.001 mm、0.01 mm、0.1 mm、1 mm，可以配合移动按钮 -X +X、-Z +Z 用来移动机床。也可采用手轮方式精确控制机床移动，点击 按钮显示手轮 (选择旋钮 和手轮移动量旋钮 、调节手轮)，通过微调手轮使机床移动达到精确。点击 可隐藏手轮。需要注意的是使用点动方式移动机床时，手轮的选择旋钮 需置于 OFF 挡。

点击操作面板中的 按钮切换到"手动"方式，点击操作面板上 或 按钮，使主轴转动。点击 -X 按钮再次车削端面，然后按 +X 按钮，Z 轴方向保持不动，刀具退出。在刀偏表中的"试切长度"栏输入 0，按 键确认，完成 Z 轴方向对刀。

X 轴方向对刀与加工左端时方法相同。

切槽刀 T02 与螺纹刀 T03 的对刀操作与外圆车刀 T01 类似，注意要将刀尖点与外圆车刀对刀点重合。对刀时，点击操作面板中的 或在 MDI 方式下选择刀具，采用手动方式并配合手轮增量方式使刀尖靠近零件，直至轻擦出切屑为止，即可输入刀偏参数。对于螺纹刀 Z 轴方向对刀，由于切削不易掌握，可凭眼睛观察，使刀尖点对准工件右端面即可。

刀具参数补偿、对刀校验、程序输入、程序校验和自动加工与工件左端加工时类似，在此不再赘述，完成的加工零件如图 1-44 所示。

图 1-44　轴的仿真加工图

五、质量检查

轴类零件的测量主要有尺寸精度检测、形状精度检测及表面粗糙度检测。在实际生产中，尺寸精度主要有外圆直径、端面和台阶及螺纹的测量，位置精度检测主要有同轴度和端面对轴线的垂直度检测，表面粗糙度主要是将被测工件表面与工艺样板进行比较大致判断粗糙度等级。需要强调的是质量检测不仅指零件在加工完成后的测量，还包括零件在加工过程中进行的测量。

数控加工仿真系统提供了卡尺以完成对零件的测量。如果当前机床上有零件且零件不处于正在被加工的状态，则选择菜单"测量/坐标测量…"，弹出工件测量对话框。

如图 1-45 所示，对话框上半部分的视图为当前机床上零件的剖面图。坐标系水平方向上以零件轴心为 Z 轴，向右为正方向，默认零件最右端中心为原点，拖动 可以改变 Z 轴的原点位置，垂直方向上为 X 轴，显示零件的半径刻度。Z 方向、X 方向各有一把卡尺，用来测量两个方向上的投影距离。

图 1-45 下半部分所显示的列表与上半部分的零件剖面图对应，显示了零件剖面图中各条线段的数据。其中，每条线段包含以下信息：

标号：每条线段的编号。点击"显示标号"按钮，视图中将用黄色标注出每一条线段在此列表中对应的标号。

线型：包括直线和圆弧。若要加工螺纹可用小段的直线组成。

X：显示此线段自左向右的起点 X 值，即直径/半径值。若选中"直径方式显示 X 坐标"，则列表中"X"列显示直径，否则显示半径。

Z：显示此线段自左向右的起点距零件最右端的距离。

长度：线型若为直线，则显示直线的长度；若为圆弧，则显示圆弧的弧长。

半径：线型若为直线，则没有任何显示；若为圆弧，则显示圆弧的半径。

直线终点/圆弧角度：线型若为直线，则显示直线终点坐标；若为圆弧，则显示圆弧的角度。

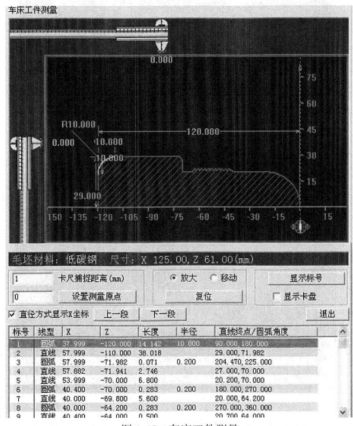

图 1-45　车床工件测量

选择一条线段有下述三种方法：

方法一：在列表中点击选择一条线段或圆弧，当前行变蓝，视图中将用黄色标记出此线段在零件剖面图上的详细位置。

方法二：在视图中点击一条线段，该线段变为黄色，且标注出线段的尺寸。同时，对应列表中此线段显示变蓝。

方法三：点击"上一段"或"下一段"可以在相邻线段间切换。视图和列表中相应变为选中状态。

设置测量原点有下述两种方法：

方法一：在按钮前的编辑框中填入所需坐标原点距零件最右端的位置，点击"设置测量原点"按钮即可。

方法二：拖动 ，改变测量原点。拖动时在虚线上有一黄色圆圈在 Z 轴上滑动，遇到线段端点时，跳到线段端点处，如图1-46所示。

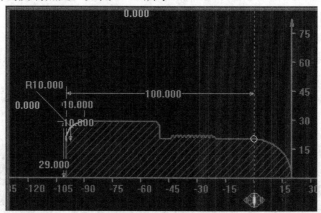

图1-46 设置测量原点

● 视图操作：用鼠标选择对话框中"放大"或者"移动"可以使鼠标在视图上拖动时做相应的操作，实现视图的放大或者移动；点击"复位"按钮视图恢复到初始状态。

选中"显示卡盘"，视图中用红色显示卡盘位置，如图1-47所示。

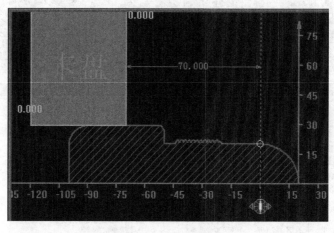

图1-47 显示卡盘测量

● 卡尺测量：在视图的X、Z方向各有一把卡尺，可以拖动卡尺的两个卡爪测量任意两位置间的水平距离和垂直距离。移动卡爪时，若延长线与零件交点由 ⊙ 变为 ⊡ ，则卡尺位置为线段的一个端点，用同样的方法使另一个卡爪处于端点位置，就能测出两端点间的投影距离。通过设置"游标卡尺捕捉距离"，可以改变卡尺移动端查找线段端点的范围。

点击"退出"按钮，即可退出此对话框。

六、总结评价

根据规范化技术文件，即评分标准，填写数控加工考核表(如表1-10所示)，组织学生自评与互评。根据本次实训内容，总结数控车床加工轴类零件的全过程，并完成实训报告。重点分析零件不合格的原因，对生产过程与产品质量进行优化，提出改进措施。教师重点评估项目完成质量，关注学生团队合作、安全生产、文明操作、环保意识等，突出过程考核。

表 1-10　数控加工考核表

班级					姓名		
工号					总分		
序号	项目	配分	等级		评 分 细 则		得分
1	加工工艺	15	15		加工工艺完全合理		
			8～14		工艺分析、加工工序、刀具选择、切削用量 1～2 处不合理		
			1～7		工艺分析、加工工序、刀具选择、切削用量 3～4 处不合理		
			0		加工工艺完全不合理		
2	程序输入	25	25		程序编制、输入步骤完全正确		
			17～24		不符合程序输入规范 1～2 处		
			9～16		不符合程序输入规范 3～4 处		
			0～8		程序编制完全错误或多处不规范		
3	文明操作	30	30		安全文明生产，加工操作规程完全正确		
			11～29		操作过程 1～3 处不合理，但未发生撞车事故		
			1～10		操作过程多处不合理，加工过程中发生 1～2 次撞车事故		
			0		操作过程完全不符合文明操作规程		
4	零件质量	30	30		加工零件完全符合图样要求		
			21～29		加工零件不符合图样要求 1～3 处		
			11～20		加工零件不符合图样要求 4～6 处		
			0～10		加工零件完全或多处不符合图样要求		

1-3　学 习 拓 展

一、数控车床安全操作规程和日常维护

1. 数控车床安全操作规程

数控车床的操作者除了应掌握好数控车床的性能特点、精心操作外，还要管理好、使用好和维护好数控车床，养成文明生产的良好职业习惯和严谨的工作作风，具有良好的职业素质、责任心，做到准备充分，安全文明生产，并严格遵守以下数控车床安全操作规程。

① 数控系统的编程、操作和维修人员必须经过专门的技术培训，熟悉所用数控车床的使用环境、条件和工作参数等，严格按照机床和系统使用说明书的要求正确、合理地操作机床。

② 数控车床的使用环境要避免光的直接照射和其他热辐射，避免较潮湿或粉尘过多的场所，特别要避免有腐蚀气体的场所。

③ 为避免电压不稳定给电子元件造成损坏，数控车床应采取专线供电或增设稳压装置。

④ 数控车床的开机、关机顺序一定要按照机床说明书的规定操作。机床在正常运行时不允许打开电气柜的门。

⑤ 在主轴启动并开始切削之前一定要关好防护罩门，程序正常运行中也严禁开启防护罩门。操作者使用的工量具、刃具要放在指定位置。

⑥ 有回零要求的数控车床，在每次电源接通后，必须先完成各轴的返回参考点操作，然后再进入其他运行方式，以确保各轴坐标的正确性。数控车床的机械锁定解除后必须进行回零操作。

⑦ 加工程序必须经过严格检验方可进行操作运行。操作中不得离开岗位，应该密切注意数控车床的运行情况。

⑧ 手动对刀时，应注意选择合适的进给速度；手动换刀时，刀架距工件要有足够的转位距离防止发生碰撞。

⑨ 加工过程中，如出现异常危急情况，可按下"急停"按钮，以确保人身和设备的安全。

⑩ 如果机床发生故障，操作者要注意保留现场，并向维修人员如实说明故障发生前后的情况，以利于分析问题，查找原因。

⑪ 数控车床的使用一定要有专人负责，严禁其他人员随意动用数控设备。

⑫ 要认真填写数控车床的工作日志，做好交接工作，消除事故隐患。

⑬ 不得随意更改数控系统内部制造厂设定的参数，并且要及时做好备份。

⑭ 严禁酒后或服用其他有碍行为能力的药物后操作数控车床，不要在数控车床附近做与操作无关的事情，不得在工作场地嬉戏，以防止发生意外。

⑮ 要经常润滑机床导轨，防止导轨生锈，并认真做好数控车床的清洁保养工作。

2. 数控车床的维护保养常识

数控车床是集机、电子一体的自动化先进加工设备。为了充分发挥其效益，减少故障的发生，必须做好维护保养工作，使数控车床少出故障，以延长系统的平均无故障时间。所以要求数控车床维护人员不仅要有机械、加工工艺以及液压、气动方面的知识，还要具备电子、计算机、自动控制、驱动及测量技术等方面的知识和专业素养，这样才能全面了解、掌握数控车床，及时搞好维护工作。

① 严格遵守操作规程和日常维护制度。数控系统的编程、操作和维修人员必须经过专门的技术培训，严格按照机床和系统使用说明书的要求正确、合理地操作机床，尽量避免因操作不当引起的故障。

② 操作人员在操作机床前必须确认主轴润滑油与导轨润滑油是否符合要求。如果润滑

油不足，应按说明书的要求加入牌号、型号等合适的润滑油并确认油位是否正常。

③ 防止灰尘进入数控装置内。应每天检查数控装置上各个冷却风扇工作是否正常，如数控柜空气过滤器灰尘积累太多，会使柜内冷却空气流通不畅，从而引起柜内温度过高使数控系统工作不稳定。因此，应根据周围环境温度的状况，定期检查打扫。电气柜内电路板和元器件上积有灰尘时，也要及时打扫。

可以视工作环境的状况，每季度或半年检查一次过滤通风道是否有堵塞现象。如过滤网上灰尘积聚过多，应及时清理，否则将导致数控装置内温度过高(一般温度为55~60 ℃)，致使 CNC 系统不能可靠地工作，其至发生过热报警。

④ 伺服电动机的保养。对于数控车床伺服电动机，要在10~12个月进行一次维护保养，加速或者减速变化频繁的机床要在两个月进行一次维护保养。

维护保养的主要内容有：用干燥的压缩空气吹除电刷的粉尘，检查电刷的磨损情况，如需更换，需选用规格相同的电刷，更换后要空载运行一定时间使其与换向器表面吻合；检查清扫电枢整流子以防止短路；如装有测速电机和脉冲编码器时，也要对其进行检查和清扫。

⑤ 及时做好清洁保养工作。每次操作结束后要认真打扫机床，如扫清切屑，清洁托板、导轨、刀架，做好运动部件的润滑防锈工作；必要时还要清扫空气过滤网、电气柜、印制电路板等。

⑥ 经常监视数控系统的电网电压，定期检查电气部件。数控系统允许的电网电压范围在额定值的85%~110%，如果超出此范围，轻则使数控系统不能稳定工作，重则会造成重要的电子元件损坏。因此，要经常注意电网电压的波动。对于电网质量比较差的地区，应配置数控系统用的交流稳压装置。

检查各插头、插座、电缆及各继电器的触点是否出现接触不良、断线和短路等故障。检查各印制电路板是否干净。检查主电源变压器、各电动机的绝缘电阻是否在 1 MΩ以上。平时尽量少开电气柜门，以保持电气柜内清洁。

⑦ 定期更换存储器用电池，数控系统中部分 CMOS 存储器的存储内容在关机时靠电池供电保持。当电池电压降到一定值时就会造成参数丢失。因此，要定期检查电池电压，更换电池时一定要在数控系统通电状态下进行，这样才不会造成存储参数丢失，并及时做好数据备份。

⑧ 备用印制电路板必须妥善保管。备用印制电路板长期不用容易出现故障，因此对所购数控机床中的备用电路板，应定期将其安装到数控系统中通电运行一段时间，以防止出现损坏。

⑨ 定期进行机床水平和机械精度检查并校正，机械精度的校正方法有软方法和硬方法两种。软方法主要是通过系统参数补偿，如丝杠反向间隙补偿、各坐标定位精度定点补偿、机床回参考点位置校正等；硬方法一般要在机床进行大修时进行，如进行导轨修刮、滚珠丝杠螺母预紧调整反向间隙等，并适时对各坐标轴进行超程限位检验。

⑩ 长期不用的数控车床要认真做好保养工作。在数控车床闲置不用时，除了做好数控车床的防锈防腐蚀工作外，还应经常给数控系统通电，在机床锁住的情况下，使其空运行。在空气湿度较大的梅雨季节应该天天通电，利用电器元件本身发热驱走数控柜内的潮气，以保证电子元器件的性能稳定可靠。

二、华中 HNC-21/22T 数控车床指令拓展

1. 冷却液控制

M07、M08 指令将打开冷却液管道。

M09 指令将关闭冷却液管道。

M07、M08 为模态前作用 M 功能，M09 为模态后作用 M 功能。其中，M09 为缺省功能。

2. 倒角加工

1) 倒直角

【格式】

　　　G01 X(U)__ Z(W)__ C__

【说明】　该指令用于直线后倒直角，指令刀具从 A 点到 B 点，然后到 C 点，如图 1-48(a)所示。

X、Z：绝对编程时为未倒角前两相邻程序段轨迹的交点 G 的坐标值。

U、W：增量编程时为 G 点相对于起始直线轨迹的始点 A 点的移动距离。

C：倒角终点 C 相对于相邻两直线的交点 G 的距离。

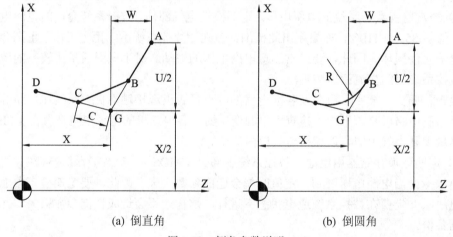

(a) 倒直角　　　　　　　　　　　(b) 倒圆角

图 1-48　倒角参数说明

2) 倒圆角

【格式】

　　　G01 X(U)__ Z(W)__ R__

【说明】　该指令用于直线后倒圆角，指令刀具从 A 点到 B 点，然后到 C 点，如图 1-48(b)所示。

X、Z、U、W 同倒直角。

R：倒角圆弧的半径值。

【注意】　在螺纹切削程序段中不得出现倒角控制指令；当 X、Z 轴指定的移动量比指定的 R 或 C 小时，系统将报警，即 GA 长度必须大于 GB 长度。

例1 如图1-49所示，用倒角指令编程。

%3310

N10 G00 X70 Z10　　　　　　(定义对刀点的位置)

N20 G00 U-70 W-10　　　　　 (从编程规划起点，移到工件前端面中心处)

N30 G01 U26 C3 F100　　　　　(倒3×45°直角)

N40 W-22 R3　　　　　　　　　(倒R3圆角)

N50 U39 W-14 C3　　　　　　　(倒边长为3的等腰直角)

N60 W-34　　　　　　　　　　　(加工φ65外圆)

N70 G00 U5 W80　　　　　　　　(回到编程规划起点)

N80 M30　　　　　　　　　　　 (主轴停、主程序结束并复位)

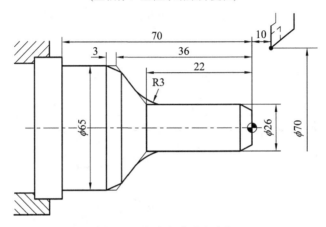

图1-49　倒角指令编程实例

3. 参考点指令

1) 自动返回参考点G28

【格式】

　　G28 X_Z_

【说明】

X、Z：绝对编程时为中间点在工件坐标系中的坐标。

U、W：增量编程时为中间点相对于起点的位移量。

G28指令首先使所有的编程轴都快速定位到中间点，然后再从中间点返回到参考点。

一般地，G28指令用于刀具自动更换或者消除机械误差时，在执行该指令之前应取消刀尖半径补偿。在G28的程序段中不仅产生坐标轴移动指令，而且记忆了中间点坐标值，以供G29使用。电源接通后，在没有手动返回参考点的状态下，指定G28时，从中间点自动返回参考点，与手动返回参考点相同。这时从中间点到参考点的方向就是机床参数"回参考点方向"设定的方向。G28指令仅在其被规定的程序段中有效。

2) 自动从参考点返回G29

【格式】

　　G29 X_Z_

【说明】

X、Z：绝对编程时为定位终点在工件坐标系中的坐标。

U、W：增量编程时为定位终点相对于 G28 中间点的位移量。

G29 可使所有编程轴以快速进给经过由 G28 指令定义的中间点，然后再到达指定点。通常该指令紧跟在 G28 指令之后。G29 指令仅在其被规定的程序段中有效。

例 2　用 G28、G29 对图 1-50 所示的路径进行编程。要求：刀具由 A 经过中间点 B 并返回参考点，然后从参考点经由中间点 B 返回到 C。

```
%3313
N1 G00 X50 Z100          (定义对刀点 A 的位置)
N2 G28 X80 Z200          (从 A 点到达 B 点再快速移动到参考点)
N3 G29 X40 Z250          (从参考点 R 经中间点 B 到达目标点 C)
N4 G00 X50Z100           (回对刀点)
N5 M30                   (主轴停、主程序结束并复位)
```

本例表明，编程员不必计算从中间点到参考点的实际距离。

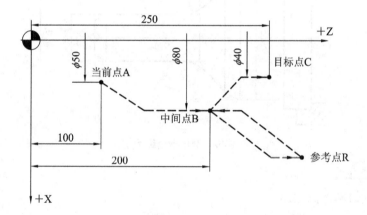

图 1-50　G28/G29 编程实例

4．简单循环

简单循环分别有以下三类：

G80：内(外)径切削循环。

G81：端面切削循环。

G82：螺纹切削循环。

切削循环通常是用一个含 G 代码的程序段完成用多个程序段指令的加工操作，使程序得以简化。

【注意】　图形中 U、W 表示程序段中 X、Z 字符的相对值，X、Z 表示绝对坐标值，R 表示快速移动，F 表示以指定速度 F 移动。

1) 内(外)径切削循环 G80

(1) 圆柱面内(外)径切削循环

【格式】

　　G80 X__ Z__ F__

【说明】　X、Z：绝对值编程时为切削终点 C 在工件坐标系下的坐标；增量值编程时为切削终点 C 相对于循环起点 A 的有向距离，图形中用 U、W 表示，其符号由轨迹 1 和 2 的方向确定。

该指令执行如图 1-51 所示 A→B→C→D→A 的轨迹动作。

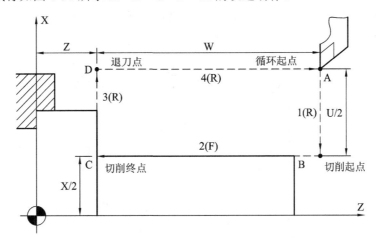

图 1-51　圆柱面内(外)径切削循环

(2) 圆锥面内(外)径切削循环

【格式】

G80 X__Z__ I___F__

【说明】

X、Z：绝对值编程时为切削终点 C 在工件坐标系下的坐标；增量值编程时为切削终点 C 相对于循环起点 A 的有向距离，图形中用 U、W 表示。

I：切削起点 B 与切削终点 C 的半径差，其符号为差的符号(无论是绝对值编程还是增量值编程)。

该指令执行如图 1-52 所示 A→B→C→D→A 的轨迹动作。

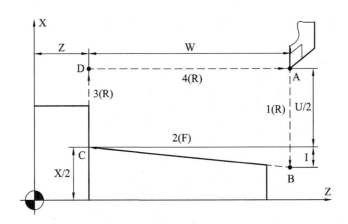

图 1-52　圆锥面内(外)径切削循环

例 3　如图 1-53 所示，用 G80 指令编程，点画线代表毛坯。

%3317

M03 S400	(主轴以 400 r/min 旋转)
G91 G80 X-10 Z-33 I-5.5 F100	(加工第一次循环，吃刀深 3 mm)
X-13 Z-33 I-5.5	(加工第二次循环，吃刀深 3 mm)
X-16 Z-33 I-5.5	(加工第三次循环，吃刀深 3 mm)
M30	(主轴停、主程序结束并复位)

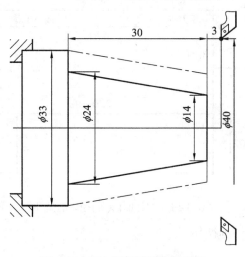

图 1-53 G80 切削循环编程实例

2) 端面切削循环 G81

(1) 端平面切削循环

【格式】

G81 X__Z__F__

【说明】 X、Z：绝对值编程时为切削终点 C 在工件坐标系下的坐标；增量值编程时为切削终点 C 相对于循环起点 A 的有向距离，图形中用 U、W 表示，其符号由轨迹 1 和 2 的方向确定。

该指令执行如图 1-54 所示 A→B→C→D→A 的轨迹动作。

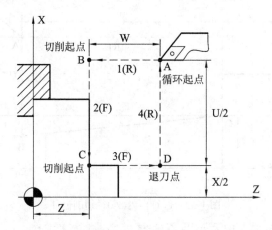

图 1-54 端平面切削循环

(2) 圆锥端面切削循环

【格式】

　　G81 X__Z__ K__F__

【说明】

　　X、Z：绝对值编程时为切削终点 C 在工件坐标系下的坐标；增量值编程时为切削终点 C 相对于循环起点 A 的有向距离，图形中用 U、W 表示。

　　K：切削起点 B 相对于切削终点 C 的 Z 轴有向距离。

　　该指令执行如图 1-55 所示 A→B→C→D→A 的轨迹动作。

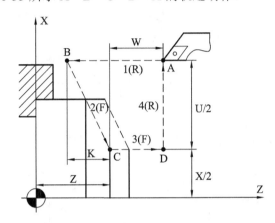

图 1-55　圆锥端面切削循环

　　例 4　如图 1-56 所示，用 G81 指令编程，点画线代表毛坯。

```
%3320
N1 G54 G90 G00 X60 Z45 M03      (选定坐标系，主轴正转，到循环起点)
N2 G81 X25 Z31.5 K-3.5 F100     (加工第一次循环，吃刀深 2 mm)
N3 X25 Z29.5 K-3.5              (每次吃刀均为 2 mm)
N4 X25 Z27.5 K-3.5             (每次切削起点位，距工件外圆面 5 mm，故 K 值为 -3.5)
N5 X25 Z25.5 K-3.5             (加工第四次循环，吃刀深 2 mm)
N6 M05                         (主轴停)
N7 M30                         (主程序结束并复位)
```

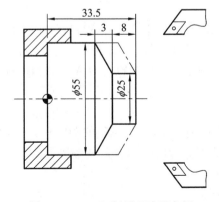

图 1-56　G81 切削循环编程实例

3) 锥螺纹切削循环

【格式】

G82 X__Z__I__R__E__C__P__F__

【说明】

X、Z：绝对值编程时为螺纹终点 C 在工件坐标系下的坐标；增量值编程时为螺纹终点 C 相对于循环起点 A 的有向距离，图形中用 U、W 表示。

I：螺纹起点 B 与螺纹终点 C 的半径差，其符号为差的符号(无论是绝对值编程还是增量值编程)。

R、E：螺纹切削的退尾量。R、E 均为向量，R 为 Z 轴方向回退量；E 为 X 轴方向回退量。R、E 可以省略，表示不用回退功能。

C：螺纹头数。当 C 为 0 或 1 时(可省略)表示切削单头螺纹。

P：单头螺纹切削时，为主轴基准脉冲处距离切削起始点的主轴转角(缺省值为 0)；多头螺纹切削时，为相邻螺纹头的切削起始点之间对应的主轴转角。

F：螺纹导程。

该指令执行图 1-57 所示 A→B→C→D→A 的轨迹动作。

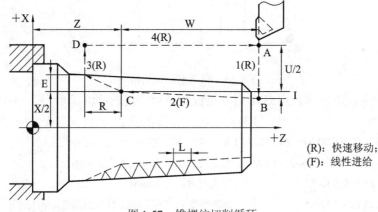

图 1-57　锥螺纹切削循环

5. 复合循环指令

1) 端面粗车复合循环 G72

【格式】

G72 W(Δd) R(r) P(ns) Q(nf) X(Δx) Z(Δz) F(f) S(s) T(t)

【说明】　该循环与 G71 的区别仅在于切削方向平行于 X 轴。该指令执行如图 1-58 所示的粗加工和精加工，其中精加工路径轨迹为 A→A'→B'→B。

Δd：切削深度(每次切削量)，指定时不加符号，方向由矢量 $\overrightarrow{AA'}$ 决定。

r：每次退刀量。

ns：精加工路径第一程序段(即图中的 AA')的顺序号。

nf：精加工路径最后程序段(即图中的 B'B)的顺序号。

Δx：X 轴方向精加工余量。

Δz：Z 轴方向精加工余量。

f、s、t：粗加工时 G71 中指定的 F、S、T 有效，而精加工时处于 ns 到 nf 程序段之间的 F、S、T 有效。

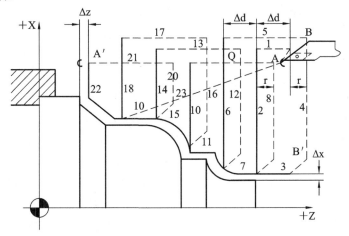

图 1-58　端面粗车复合循环 G72

【注意】　　G72 指令必须带有 P、Q 地址，否则不能进行该循环加工。在 ns、nf 的程序段中应包含 G00/G01 指令，且该程序段中不应编有 X 轴方向的移动指令。在顺序号为 ns 到顺序号为 nf 的程序段中，可以有 G02/G03 指令，但不应包含子程序。

G72 切削循环下，切削进给方向平行于 X 轴，X(Δx)和 Z(Δz)的符号如图 1-59 所示。其中(+)表示沿轴的正方向移动，(−)表示沿轴的负方向移动。

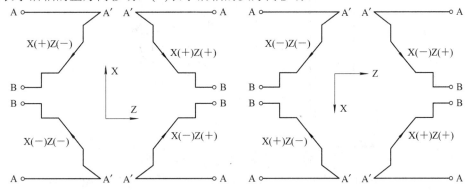

图 1-59　G72 复合循环下 X(Δx)和 Z(Δz)的符号

例 5　编制图 1-60 所示零件的加工程序。要求：循环起始点在 A(80，1)，切削深度为 1.2 mm。退刀量为 1 mm，X 轴方向精加工余量为 0.2 mm，Z 轴方向精加工余量为 0.5 mm，其中点画线部分为工件毛坯。

%3331	
N1 T0101	(换 1 号刀，确定其坐标系)
N2 G00 X100 Z80	(到程序起点或换刀点位置)
N3 M03 S400	(主轴以 400 r/min 正转)
N4 X80 Z1	(到循环起点位置)
N5 G72 W1.2 R1 P8 Q17 X0.2 Z0.5 F100	(外端面粗切循环加工)
N6 G00 X100 Z80	(粗加工后，到换刀点位置)

N7 G42 X80 Z1　　　　　　　　　　　　（加入刀尖圆弧半径补偿）

N8 G00 Z-56　　　　　　　　　　　　　（精加工轮廓开始，到锥面延长线处）

N9 G01 X54 Z-40 F80　　　　　　　　　（精加工锥面）

N10 Z-30　　　　　　　　　　　　　　（精加工 ϕ54 外圆）

N11 G02 U-8 W4 R4　　　　　　　　　　（精加工 R4 圆弧）

N12 G01 X30　　　　　　　　　　　　　（精加工 Z26 处端面）

N13 Z-15　　　　　　　　　　　　　　（精加工 ϕ30 外圆）

N14 U-16　　　　　　　　　　　　　　（精加工 Z15 处端面）

N15 G03 U-4 W2 R2　　　　　　　　　　（精加工 R2 圆弧）

N16 Z-2　　　　　　　　　　　　　　　（精加工 ϕ10 外圆）

N17 U-6 W3　　　　　　　　　　　　　（精加工倒 2×45°角，精加工轮廓结束）

N18 G00 X50　　　　　　　　　　　　　（退出已加工表面）

N19 G40 X100 Z80　　　　　　　　　　（取消半径补偿，返回程序起点位置）

N20 M30　　　　　　　　　　　　　　（主轴停、主程序结束并复位）

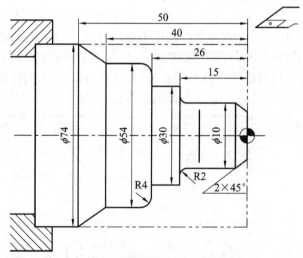

图 1-60　G72 外径粗切复合循环编程实例

例 6　编制图 1-61 所示零件的加工程序。要求：循环起始点在 A(6，3)，切削深度为 1.2 mm。退刀量为 1 mm，X 轴方向精加工余量为 0.2 mm，Z 轴方向精加工余量为 0.5 mm，其中点画线部分为工件毛坯。

%3333

N1 T0101　　　　　　　　　　　　　　（换刀）

N2 M03 S400　　　　　　　　　　　　　（主轴以 400 r/min 正转）

N3 G00 X6 Z3　　　　　　　　　　　　（到循环起点位置）

N4 G72 W1.2 R1 P5 Q15 X-0.2 Z0.5 F100　　（内端面粗切循环加工）

N5 G00 Z-61　　　　　　　　　　　　　（精加工轮廓开始，到倒角延长线处）

N6 G01 U6 W3 F80　　　　　　　　　　（精加工倒 2×45°角）

N7 W10　　　　　　　　　　　　　　　（精加工 ϕ10 外圆）

N8 G03 U4 W2 R2　　　　　　　　　　　（精加工 R2 圆弧）

N9 G01 X30	(精加工 Z45 处端面)
N10 Z-34	(精加工φ30 外圆)
N11 X46	(精加工 Z34 处端面)
N12 G02 U8 W4 R4	(精加工 R4 圆弧)
N13 G01 Z-20	(精加工φ54 外圆)
N14 U20 W10	(精加工锥面)
N15 Z3	(精加工φ74 外圆，精加工轮廓结束)
N16 G00 X100 Z80	(返回对刀点位置)
N17 M30	(主轴停、主程序结束并复位)

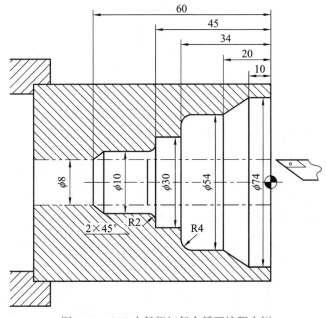

图 1-61 G72 内径粗切复合循环编程实例

2) 闭环车削复合循环 G73

【格式】

G73 U(ΔI) W(ΔK) R(r) P(ns) Q(nf) X(Δx) Z(Δz) F(f) S(s) T(t)

【说明】 该功能在切削工件时刀具轨迹为如图 1-62 所示的封闭回路，刀具逐渐进给，使封闭切削回路逐渐向零件最终形状靠近，最终切削成工件的形状，其精加工路径为 A→A'→B'→B。这种指令能对铸造、锻造等粗加工中已初步成形的工件进行高效率切削。

ΔI：X 轴方向的粗加工总余量。

ΔK：Z 轴方向的粗加工总余量。

r：粗切削次数。

ns：精加工路径第一程序段(即图中的 AA')的顺序号。

nf：精加工路径最后程序段(即图中的 B'B)的顺序号。

Δx：X 轴方向精加工余量。

Δz：Z 轴方向精加工余量。

f、s、t：粗加工时 G71 中指定的 F、S、T 有效，而精加工时处于 ns 到 nf 程序段之间的 F、S、T 有效。

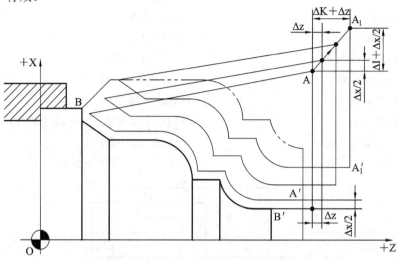

图 1-62 闭环车削复合循环 G73

【注意】 ΔI 和ΔK 表示粗加工时总的切削量，粗加工次数为 r，则每次 X 轴、Z 轴方向的切削量为ΔI/r、ΔK/r，按 G73 段中的 P 和 Q 指令值实现循环加工，要注意Δx 和Δz、ΔI 和ΔK 的正负号。

例 7 编制图 1-63 所示零件的加工程序：设切削起始点在 A(60，5)，X 轴、Z 轴方向粗加工余量分别为 3 mm、0.9 mm，粗加工次数为 3，X 轴、Z 轴方向精加工余量分别为 0.6 mm、0.1 mm。其中点画线部分为工件毛坯。

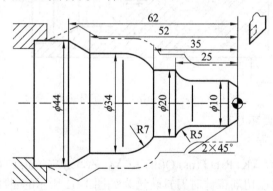

图 1-63 G73 编程实例

N1 G58 G00 X80 Z80	（选定坐标系，到程序起点位置）
N2 M03 S400	（主轴以 400 r/min 正转）
N3 G00 X60 Z5	（到循环起点位置）
N4 G73 U3 W0.9 R3 P5 Q13 X0.6 Z0.1 F120	（闭环粗切循环加工）
N5 G00 X0 Z3	（精加工轮廓开始，到倒角延长线处）
N6 G01 U10 Z-2 F80	（精加工倒 2×45°角）
N7 Z-20	（精加工 φ10 外圆）
N8 G02 U10 W-5 R5	（精加工 R5 圆弧）
N9 G01 Z-35	（精加工 φ20 外圆）

N10 G03 U14 W-7 R7	(精加工 R7 圆弧)
N11 G01 Z-52	(精加工 ϕ 34 外圆)
N12 U10 W-10	(精加工锥面)
N13 U10	(退出已加工表面，精加工轮廓结束)
N14 G00 X80 Z80	(返回程序起点位置)
N15 M30	(主轴停、主程序结束并复位)

(3) 螺纹切削复合循环 G76

【格式】

G76 C(c)R(r)E(e)A(a)X(x)Z(z)I(i)K(k)U(d)V(Δdmin)Q(Δd)P(p)F(L)

【说明】　螺纹切削复合循环 G76 执行如图 1-64 所示的加工轨迹，其单边切削及参数如图 1-65 所示。

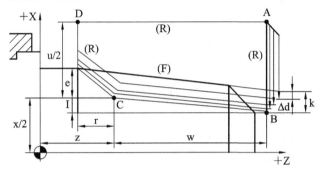

图 1-64　螺纹切削复合循环 G76

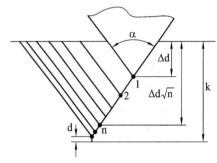

图 1-65　单边切削及其参数

c：精整次数(1～99)，为模态值。

r：螺纹 Z 轴方向退尾长度(00～99)，为模态值。

e：螺纹 X 轴方向退尾长度(00～99)，为模态值。

a：刀尖角度(二位数字)，为模态值。可取值为 80°、60°、55°、30°、29° 和 0°。

x、z：绝对值编程时为有效螺纹终点 C 的坐标；增量值编程时为有效螺纹终点 C 相对于循环起点 A 的有向距离。

i：螺纹两端的半径差，如 i=0，为直螺纹(圆柱螺纹)切削方式。

k：螺纹高度，该值由 X 轴方向上的半径值指定。

d：精加工余量(半径值)。

Δdmin：最小切削深度(半径值)。当第 n 次切削深度($\Delta d\sqrt{n} - \Delta d\sqrt{n-1}$)小于Δdmin 时，切削深度设定为Δdmin。

Δd：第一次切削深度(半径值)。

p：主轴基准脉冲处距离切削起始点的主轴转角。

L：螺纹导程。

【注意】　按 G76 段中的 X(x)和 Z(z)指令实现循环加工，增量编程时，要注意 u 和 w 的正负号(由刀具轨迹 AB 和 BC 段的方向决定)。

G76 循环进行单边切削，减小了刀尖的受力。第一次切削时切削深度为Δd，第 n 次的切削总深度为$\Delta d\sqrt{n}$，每次循环的背吃刀量为$\Delta d(\sqrt{n} - \sqrt{n-1})$。

图 1-64 中，B 到 C 点的切削速度由 F 代码指定，而其他轨迹均为快速进给。

例 8 用螺纹切削复合循环 G76 指令编程，加工螺纹为 ZM60×2，工件尺寸见图 1-66，其中括弧内尺寸是根据标准得到的。

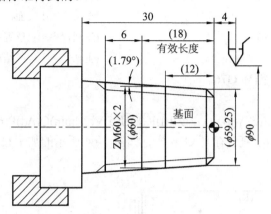

图 1-66   G76 循环切削编程实例

%3338	
N1 T0101	(换 1 号刀，确定其坐标系)
N2 G00 X100 Z100	(到程序起点或换刀点位置)
N3 M03 S400	(主轴以 400 r/min 正转)
N4 G00 X90 Z4	(到简单循环起点位置)
N5 G80 X61.125 Z-30 I-1.063 F80	(加工锥螺纹外表面)
N6 G00 X100 Z100 M05	(到程序起点或换刀点位置)
N7 T0202	(换 2 号刀，确定其坐标系)
N8 M03 S300	(主轴以 300 r/min 正转)
N9 G00 X90 Z4	(到螺纹循环起点位置)
N10 G76 C2 R-3 E1.3 A60 X58.15 Z-24 I-0.875 K1.299 U0.1 V0.1 Q0.9 F2	
N11 G00 X100 Z100	(返回程序起点位置或换刀点位置)
N12 M05	(主轴停)
N13 M30	(主程序结束并复位)

4) 复合循环指令注意事项

G71、G72、G73 复合循环中地址 P 指定的程序段，应有准备机能 01 组的 G00 或 G01 指令，否则会发生报警。

在 MDI 方式下，不能运行 G71、G72、G73 指令，可以运行 G76 指令。

在复合循环 G71、G72、G73 中由 P、Q 指定顺序号的程序段之间，不应包含 M98 子程序调用及 M99 子程序返回指令。

6. 子程序调用 M98 及从子程序返回 M99

M98 用来调用子程序。M99 表示子程序结束，执行 M99 使控制返回到主程序。

【调用子程序格式】

　　M98 P_ L_

P：被调用的子程序号。

L：重复调用次数。

可以带参数调用子程序，G65 指令的功能和参数与 M98 相同。

【子程序格式】

%****

......

M99

在子程序开头，必须规定子程序号，以作为调用入口地址。在子程序的结尾用 M99，以控制执行完该子程序后返回主程序。华中系统可把子程序写在主程序后，其他系统必须单独另建。

例9　如图 1-67，利用子程序编程。已知毛坯直径为 32 mm，长度为 50 mm，1 号刀为外圆车刀，3 号刀为切断刀，其宽度为 2 mm。

%0309　　　　　　　　　　　　　（主程序）

N100 M03 S500

N110 M08

N120 T0101

N130 G00 X35.0 Z0

N140 G01 X0 F0.3

N150 G00 Z2

N160 X30

N170 G01 Z-40 F0.3

N180 X35

N190 G00 X150 Z100

N200 T0301

N210 X32 Z0

N220 M98 P0319 L3

N230 G00 W-10

N240 G01 X0 F0.12

N250 G04 P2

N260 G00 X150 Z100

N270 M09

N280 M05

N290 M30

%0319；　　　　　　　　　　　（子程序）

N300 G00 W-10　F0.15

N310 G01 U-12

N320 G04 P1

N330 G01 U12

N340 M99

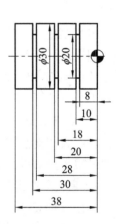

图 1-67　子程序编程实例

三、华中 HNC-21/22T 数控仿真车床操作技能拓展

1. 项目管理

项目的作用是保存操作结果，但不包括过程。

1）项目的内容

项目内容包括：机床、毛坯、经过加工的零件、选用的刀具和夹具、在机床上的安装位置和方式，输入的工件坐标系、刀具长度和半径补偿数据等参数，输入的数控程序。

2）对项目的操作

（1）新建项目文件

打开菜单"文件\新建项目"，选择新建项目后，就相当于回到重新选择后机床的状态。

（2）打开项目文件

打开选中的项目文件夹，在文件夹中选中并打开后缀名为".MAC"的文件。

（3）保存项目文件

打开菜单"文件\保存项目"或"另存项目"，选择需要保存的内容，按下"确认"按钮。如果保存一个新的项目或者需要以新的项目名保存，选择"另存项目"，当内容选择完后，还需要输入项目名。保存项目时，系统自动以用户给予的文件名建立一个文件夹，内容都放在该文件夹之中，默认保存在用户工作目录相应的机床系统文件夹内。

2. 零件模型

如果仅想对加工的零件进行操作，可以选择"导入/导出零件模型"，零件模型的文件以".PRT"为后缀。

1）导出零件模型

导出零件模型相当于保存零件模型，利用这个功能，可以把经过部分加工的零件作为成型毛坯予以存放。若经过部分加工的成型毛坯希望作为零件模型予以保存，打开菜单"文件/导出零件模型"，系统弹出 "另存为"对话框，在对话框中输入文件名，按保存按钮，此零件模型即被保存，可在以后放置零件时调用。

2）导入零件模型

机床在加工零件时，除了可以使用完整的毛坯，还可以对经过部分加工的毛坯进行再加工。经过部分加工的毛坯称为零件模型，可以通过导入零件模型的功能调用零件模型。

打开菜单"文件/导入零件模型"，系统将弹出"打开"对话框，在此对话框中选择并且打开所需的后缀名为".PRT"的零件文件，则选中的零件模型被放置在工作台面上。此类文件为已通过"文件/导出零件模型"所保存的成型毛坯。

车床零件模型只能供车床导入和加工，铣床和加工中心的零件模型只能供铣床和加工中心导入与加工。为了保证导入零件模型的可加工性，在导出零件模型时，最好在起文件名时合理标示机床类型。

3. 视图变换的选择

在工具栏中选 ⬛⬛⬛⬛⬛⬛⬛⬛⬛⬛⬛⬛ 之一，它们分别对应于菜单"视图"下拉菜单的"复位""局部放大""动态缩放""动态平移""动态旋转""绕 X 轴旋转"

"绕 Y 轴旋转""绕 Z 轴旋转""左侧视图""右侧视图""俯视图""前视图"。或者可以将光标置于机床显示区域内，点击鼠标右键，弹出浮动菜单进行相应选择。将鼠标移至机床显示区，拖动鼠标，进行相应操作。

4. 控制面板切换

在"视图"菜单或浮动菜单中选择"控制面板切换"，或在工具条中点击 ，即可完成控制面板的切换。

5. 视图选项对话框

在"视图"菜单或浮动菜单中选择"选项"，或在工具条中选择 图标，在对话框中进行设置，如图 1-68 所示。其中透明显示方式可方便观察内部加工状态。"仿真加速倍率"中的速度值可以调节仿真速度，其有效数值范围从 1 到 100。如果选中"对话框显示出错信息"，出错信息提示将出现在对话框中。否则，出错信息将出现在屏幕的右下角。

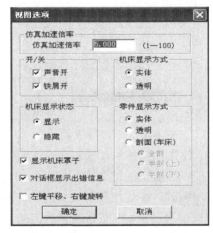

图 1-68 视图选项对话框

6. 坐标系参数设置

按软键 进入 MDI 参数设置界面，在弹出的下级子菜单中按软键 ，进入自动坐标系设置界面，如图 1-69 所示。

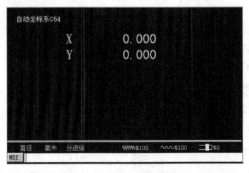

图 1-69 坐标系设置界面

用按键 PgUp 或 PgDn 选择自动坐标系 G54～G59、当前工件坐标系、当前相对值零点；在控制面板的 MDI 键盘上按字母和数字键，输入地址字(X，Z)和通过对刀得到的工件坐标系原点在机床坐标系中的坐标值。设通过对刀得到的工件坐标系原点在机床坐标系中的坐标值为(−100，−300)，需采用 G54 编程，在自动坐标系 G54 下按"X−100 Z−300"格式输入。

按 Enter 键可将输入域中的内容输入到指定坐标系中。此时 CRT 界面上的坐标值发生变化，对应显示输入域中的内容；按 BS 键可逐字删除输入域中的内容。

7. 程序管理

1) 保存程序

编辑好的程序需要进行保存或另存为操作，以便再次调用。

(1) 保存文件

对数控程序作了修改后，软键"保存文件"变亮，按软键 保存文件 F4，将程序按原文件名、原文件类型、原路径保存。

(2) 文件另存为

按软键 文件另存为 F5，弹出如图 1-70 所示的对话框。

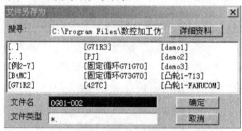

图 1-70　文件另存为对话框

点击控制面板上的 Tab 键，使光标在各 text 框和命令按钮间切换。光标聚焦在"文件名"的 text 框中，按 Enter 键后通过控制面板上的键盘输入另存为的文件名。再切换使光标聚焦在"文件类型"的 text 框中，按 Enter 键后通过控制面板上的键盘输入另存为的文件类型；或者点击 ▼ 按钮，在弹出的下拉框中通过 ▲ ▼ 按钮选择所需的文件类型，然后使光标聚焦在"搜寻"的 text 框中，点击 ▼ 按钮，在弹出的下拉框中通过 ▲ ▼ 按钮选择另存为的路径。按 Enter 键确定后，此程序按输入的文件名、文件类型、路径进行保存。

2) 文件管理

按软键 文件管理 F1，可在弹出的菜单中进行新建目录、更改文件名、删除文件、拷贝文件等操作。

(1) 新建目录

按软键 文件管理 F1，根据弹出的菜单，按软键 F1 选择"新建目录"，如图 1-71 所示，在弹出的对话框中输入新建的目录名。

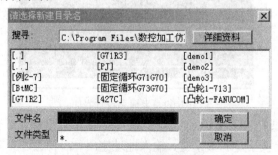

图 1-71　新建目录对话框

(2) 更改文件名

按软键[文件管理 F1]，根据弹出的菜单，按软键 F2 选择"更改文件名"，弹出如图 1-72 所示的对话框。

图 1-72 更改文件名对话框

点击控制面板上的[Tab]键，使光标在各 text 框和命令按钮间切换，光标聚焦在文件名列表框中时，可通过[▲] [▼] [◀] [▶]选定所需改名的程序。再按[Tab]键，使光标聚焦在"文件名" text 框中，按[Enter]键可输入需要更改的文件名，输入完成后再按[Enter]键确认。

接着弹出一个对话框，在控制面板上按[Tab]键，使光标在各 text 框和命令按钮间切换，当光标聚焦在"文件名"text 框中后，按[Enter]键，通过控制面板上的键盘输入更改后的文件名，再按[Enter]键确认，即完成更改文件名的操作。

(3) 删除文件

按软键[文件管理 F1]，根据弹出的菜单，按软键 F4 选择"删除文件"，在弹出的对话框中输入所需删除的文件名，按[Enter]键确认，弹出如图 1-73 所示的确认对话框，按[Y^B]确认、按[N°]取消。

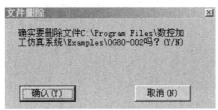

图 1-73 文件删除对话框

(4) 拷贝文件

按软键[文件管理 F1]，根据弹出的菜单，按软键 F3 选择"拷贝文件"，在弹出的对话框中输入所需拷贝的源文件名，按[Enter]键确认。在接着弹出的对话框中，输入要拷贝的目标文件名，按[Enter]键确认，即完成拷贝文件操作(类似更改文件名的操作)。

8. 程序中断运行与急停

1) 中断运行

按软键[停止运行 F7]可使数控程序暂停运行，同时弹出如图 1-74 所示的对话框。按[Y^B]按钮表示确认取消当前运行的程序，即退出当前运行的程序；按[N°]按钮表示当前运行的程序不被取消，即当前程序仍可运行，若点击[循环 启动]按钮，则数控程序从当前行接着运行。需要注意的是，停止运行在程序校验状态下无效。

退出了当前运行的程序后，需按软键[重新运行 F4]，根据弹出的对话框，如图 1-75 所示，按[Y^B]或[N°]按钮(确认或取消)。确认后，点击[循环 启动]按钮，数控程序从开始重新运行。

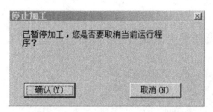

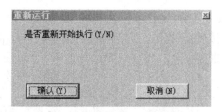

图 1-74　停止加工对话框　　　　　　图 1-75　重新运行对话框

2) 急停

在调用子程序的数控程序中，程序运行到子程序时按下急停按钮⭕，数控程序中断运行，主程序运行环境被取消。继续运行时，先将急停按钮松开，再按🔲按钮，数控程序从中断行开始执行，执行到子程序结束处停止。相当于将子程序视为独立的数控程序。

9. 自动单段方式

跟踪数控程序的运行过程可以通过单段执行来实现，其操作方法如下：

① 检查机床是否回零，若未回零，先将机床回零。

② 检查控制面板上🔲按钮指示灯是否变亮，若未变亮，点击🔲按钮，使其指示灯变亮，进入自动加工模式。

③ 按软键🔲，切换到自动加工状态。在弹出的下级子菜单中按软键🔲，可选择磁盘程序或正在编辑的程序，在弹出的对话框中选择需要的数控程序。点击🔲按钮，则开始进行自动单段加工。自动单段方式每执行一行程序需要点击🔲按钮一次。

1-4　学 习 迁 移

1. 知识迁移

① 简述轴类零件的结构特点。

② 数控车削加工三要素有哪些？分别表示什么含义？

2. 技能迁移

① 怎样选择切削用量？

② 试对图 1-76 所示的轴类零件进行工艺分析，并编程进行仿真加工。

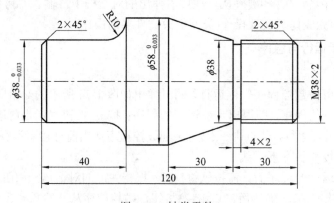

图 1-76　轴类零件

套类零件数控编程与操作

2-1　学习目标

1．知识技能目标

① 掌握套类零件的结构特点和工艺规程，能正确制订套类零件数控加工方案。

② 掌握 SIEMENS 802S/C 数控车削系统常用指令代码及编程规则，能手工编制简单套类零件的数控加工程序。

③ 熟悉数控车床刀具的材料、类型和选用，能用 SIEMENS 802S/C 数控车削系统完成套类零件的仿真加工。

2．过程方法目标

① 下达学习任务后，能通过多种渠道收集信息，并对收集的信息进行处理、分析和概括。

② 学习制订生产工作计划和实施方案，应用已学的知识和技能去解决具体的问题，能够举一反三，具备知识迁移能力。

③ 学会优选加工方案，能修改并简化数控加工程序，可以高效独立地完成套类零件加工、质量检测等生产任务。

3．职业情感目标

① 通过参与情境学习活动，培养敬业意识、安全意识和质量意识。

② 养成实事求是、尊重技术的科学态度，勇于钻研，善于总结，不断提高专业技能，并具备良好的工作思维和技术革新意识。

③ 敢于提出与别人不同的意见，也勇于放弃或修正自己的错误观点，对技术精益求精。

④ 遵守规则而不迂腐守旧，善于沟通而不人云亦云，积累提高而不故步自封，树立良好的综合职业素养。

2-2　学习过程

一、情境资讯

套类零件是数控加工中常见的一种类型，由于加工内孔的刀具尺寸受到孔径大小的限制，且刚性相对较差，因此对加工条件、工艺和程序的合理性要求较高。学习和实践本情境的时候尤其要注意套类零件的特殊性，选用合适且高效的方法完成任务。

1．学习任务

如图 2-1 所示套类零件，单件生产，材料为黄铜，对该零件进行工艺分析、程序编制，运用上海宇龙数控仿真软件加工，注意其尺寸公差和精度要求。

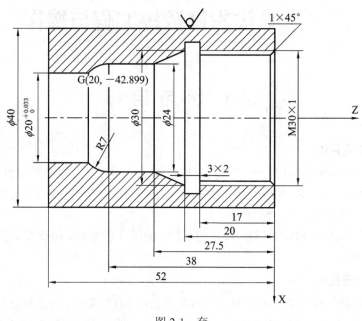

图 2-1 套

2．工作条件

1）仿真软件

上海宇龙数控仿真软件，数控系统为 SIEMENS 802S/C。

2）参考资料

相关数控系统手册、数控机床操作说明书、数控加工仿真系统使用手册、工艺手册和编程说明书等。

3．图样分析

本情境选用的零件为转套零件，材料为 H80，生产纲领为单件；零件所选材料黄铜的切削性能良好，属耐磨材料，无热处理要求。

零件表面由圆柱面、端面、倒角、内圆锥面、内圆弧、内螺纹及退刀槽等几何要素组成，其中 $\phi 20$ 内圆柱面有公差要求，且轴线作为形位公差的基准。零件的内表面均有较高的表面粗糙度要求，而外圆柱面不用加工，说明该零件加工的重点在内表面。另外，零件的右端面作为尺寸基准，加工的时候可以考虑在零件内孔要素还未加工、整个零件还不是很薄的时候加工成。

4．相关知识

1）套类零件简介

套类零件是机械加工中常见的一种空心薄壁回转体零件。套类零件使用广泛，其主要作用是支承和导向。根据使用要求的不同，套类零件的结构形状和尺寸有较大差异，常见的套类零件主要有支承回转轴的各种轴承套、轴套，工装夹具上的钻套、导套，内燃机中的汽缸套和液压系统中的液压缸、电液伺服阀的阀套等。

套类零件的结构与尺寸因用途不同而异，其结构特点有：大部分套类零件的外圆直径小于其长度，长径比一般小于 5；内孔与外圆直径相差较小，壁厚薄、容易变形；内外圆的同轴度要求较高。

(1) 套类零件的技术要求

套类零件的外圆表面多数采用过盈或过渡配合的形式与机架或箱体孔配合，并起支承作用。内孔主要起导向作用，常与运动轴、主轴、活塞、滑阀相配合。有些套类零件的端面或凸缘端面有定位或承受轴向载荷的作用。套类零件的外圆、内孔和轴向定位端面是套类零件的重要加工表面，其主要技术要求有以下几个方面：

① 外圆与内孔的尺寸精度要求。

内孔是套类零件起支承作用或导向作用的最重要表面，它通常与运动着的轴、刀具或活塞等配合。内孔直径的尺寸精度一般为 IT7，精密轴套有时取 IT6，油缸(由于与其配合的活塞上有密封圈，要求较低)一般取 IT9。外圆表面一般是套类零件本身的支承面，常以过盈配合或过渡配合同箱体或机架上的孔连接。外径的尺寸精度通常为 IT6～IT7，也有一些套类零件外圆表面不需要加工。

② 几何形状精度要求。

内孔的形状精度应控制在孔径公差以内，有些精密轴套控制在孔径公差的 1/2～1/3，甚至更严。对于较长的套件除了圆度要求外，还应注意孔的圆柱度。外圆表面的形状精度控制在外径公差以内。

③ 位置精度要求。

当内孔的最终加工是在装配后进行时，套类零件本身的内外圆之间的同轴度要求较低；若最终加工是在装配前完成则要求较高，一般为 0.01～0.05 mm。当套类零件的外圆表面不需加工时，内外圆之间的同轴度要求很低。套筒孔轴线与端面垂直度精度，当套筒端面在工作中承受载荷或不承受载荷但加工中作为定位基准面时，其要求较高，一般为 0.01～0.05 mm。

④ 表面粗糙度要求。

为保证套类零件的功用和提高其耐磨性，内孔表面粗糙度 Ra=0.16～2.5 μm，有的要求更高达 Ra=0.04 μm。外径的表面粗糙度 Ra=0.63～5 μm。

(2) 套类零件的材料、毛坯及热处理

套类零件一般选用钢、铸铁、青铜或者黄铜等材料制成。有些有特殊要求的套类零件可以采用双层金属结构或者选用优质合金钢，如有些滑动轴承采用在钢或者铸铁套的内壁上浇注巴氏合金等轴承合金材料。虽然这种方法在制造成本上增加了工时，但能节省有色金属材料，降低材料成本，同时提高轴承的使用寿命。

套类零件的毛坯选择与其材料、结构和尺寸等因素有关。孔径较小(D<20 mm)的套类零件一般选择热轧或者冷拉棒料，也可采用实心铸铁。孔径较大时，常采用无缝钢管或带孔的空心铸件和锻件。大量生产时可采用冷挤压和粉末冶金等先进的毛坯制造工艺。

套类零件的功能和结构特点决定其必须具有一定的耐磨性。因此，热处理就是提高套材料性能必不可少的手段。常用的热处理方式有渗碳淬火、表面淬火、调质、高温时效等。渗碳的表面层经过淬火和低温回火后，能获得较高的硬度、耐磨性和疲劳强度，而工件心部仍有高塑性和韧性。套类零件在工作时，内孔与运动轴因相对转动而产生摩擦，内孔表面层比较容易产生疲劳磨损，因此对套类零件的表面层提出高强度、高硬度、高耐磨性和抗疲劳等要求，通过进行表面淬火，可以强化表面的耐磨性能和抗疲劳磨损，提高零件的使用寿命。

　　2) 套类零件的加工方法

　　套类零件的加工表面按表面位置分为外表面和内表面。用于外表面加工的刀具不受空间限制，而位于工件内部的内加工刀具受到空间限制，刀具的形状和刚性差，因此，套类零件的内表面加工是套类零件加工的重点和难点。内表面主要有内孔、内螺纹和内沟槽等，在数控车床上加工内表面的方法主要有钻孔、扩孔、镗孔和铰孔等。

　　(1) 钻孔

　　钻孔是用钻头在实体材料上加工出内孔的一种孔加工方法，在车床上可以通过尾座钻夹的中心钻、麻花钻在工件上分别加工出中心孔和圆柱孔。在数控车床上加工中心孔和钻直径小于$\phi 20$的孔时，可以把专用的钻孔夹具装在刀架上进行钻孔加工。

　　在钻直径较小的孔时，一般首先进行钻中心孔加工。钻中心孔的作用是为后续钻孔引导、定位，防止钻孔加工时钻头钻偏。

　　由于钻孔加工是在几乎封闭的空间中进行的，钻削加工时的切削条件很差，排屑困难、切削液不易注入、钻头刚性不好，因此加工出孔的精度和表面粗糙度质量较低，一般为IT11～IT13 级，表面粗糙度 Ra=12.5～50 μm。钻孔加工一般用作孔加工的粗加工，或者用作未注公差孔的最后工序。

　　(2) 扩孔

　　扩孔是用扩孔刀具对已钻的孔作进一步加工，以扩大孔径并提高精度和降低粗糙度。扩孔加工精度为 IT10～IT13，表面粗糙度 Ra=3.2～6.3 μm，一般作为直径小于$\phi 50$(中小孔)的铰孔前的预加工，也可以作为一般精度要求孔的最终加工。

　　扩孔加工通常采用扩孔钻或者麻花钻进行，扩孔钻与麻花钻相比，由于扩孔钻无横刃，因此加工时切削平稳、容屑槽小，加工刚性好，对孔的位置误差有一定的校正能力。

　　扩孔切削用量一般根据孔径大小、刀具材料等因素综合决定。扩孔余量可按经验公式$\Delta = D - d = D/8$ 计算选取。其中，Δ 为扩孔余量，D 为扩孔钻直径，d 为底孔直径。使用高速钢扩孔钻加工碳钢材料时，切削速度一般在 15～40 m/min，进给量为 0.2～1 mm/r。

　　(3) 镗孔

　　镗孔是使用镗刀对已经钻出、铸出或锻出的孔作进一步的加工。镗孔加工既可以在镗床上进行，也可以在车床、铣床上进行；既可以进行粗加工，也可以进行精加工，加工孔径尺寸范围较大，是孔加工最为常用的方法。镗孔加工的精度可以达到 IT6～IT10，表面粗糙度可以达到 Ra=0.8～6.3 μm。

　　镗孔加工时，由于镗刀杆受到孔的尺寸限制，因此刚性相对较差，当加工细长孔时，会产生振动。使用硬质合金刀头进行镗孔加工时，其切削用量可按表 2-1 选取。

表2-1　硬质合金刀头镗孔加工切削用量

材料	切削用量	粗　镗	半精镗	精　镗
铸铁	V_c/(m/min)	40～80	50～80	60～100
	f/(mm/r)	0.2～1	0.1～0.8	0.1～0.4
	α_p/mm	1～3	0.5～1	0.2～0.5
碳钢	V_c/(m/min)	40～60	60～100	80～120
	f/(mm/r)	0.2～1	0.1～0.8	0.1～0.4
	α_p/mm	1～3	0.5～1	0.2～0.5
铜、铝	V_c/(m/min)	200～250	230～275	250～300
	f/(mm/r)	0.3～1.5	0.2～0.8	0.1～0.4
	α_p/mm	1～3	0.5～1	0.2～0.5

(4) 铰孔

铰孔是用铰刀对未淬火孔进行精加工的一种孔加工方法。铰孔加工后，孔径尺寸精度一般为IT6～IT10，表面粗糙度最高达到 Ra=0.2～0.4 μm。由于铰刀有切削和校正结构，而且刀齿多、刚性好，因此铰孔后孔的质量比较高，一般用于小直径孔的最终加工工序。但是由于铰孔加工是以加工孔本身作为导向的，因此不能纠正加工孔本身的位置误差，孔的位置精度应由铰孔前的预加工保证。

铰削速度应该合理选择，能有效减少积屑瘤的产生，防止表面质量下降，因此铰削加工铸铁时，铰削速度一般为8～10 m/min；铰削加工碳钢材料时，粗铰的铰削速度一般为4～10 m/min；精铰的铰削速度为1.5～5 m/min。

铰孔加工按加工精度分为粗铰和精铰两种。最终工序为精铰时，一般先安排粗铰加工。影响铰孔加工精度和表面粗糙度的因素有：铰削用量、铰刀选择、切削液、工件材料等。加工直径为5～80 mm 的孔径时，铰削加工余量可以按表2-2选取。

表2-2　铰孔加工的孔径与加工余量

孔径	12～18 mm	18～30 mm	30～50 mm	50～75 mm
粗铰加工余量	0.10	0.14	0.18	0.20
精铰加工余量	0.05	0.06	0.07	0.10
总余量	0.15	0.20	0.25	0.30

3) SIEMENS 802S/C 编程基础

(1) 程序名称

每个程序均有一个程序名，在编制程序时开始的两个字符必须是字母，其后可使用字母、数字或下划线，最多可使用 8 个字符。

(2) 程序结构和内容

NC 程序由各个程序段组成。每一个程序段执行一个加工步骤，程序段由若干个字组成，处理顺序中的最后一个程序段包含程序结束符：M2。

(3) 字

字是组成程序段的一个元素，主要用于显示控制指令。字由地址符和数值两部分组成。地址符一般是字母。数值是一个数字串，它可以带正负号和小数点，一般正号可省略不写。

一个字可以包含多个字母。数值与字母之间用符号"="隔开。例如，CR=5.23。此外，G 功能也可以通过一个符号名进行调用。例如，SCALE 表示打开比例系数。

对于地址 R(计算参数)、H(H 功能)、I、J、K(插补参数/中间点)、M(附加功能 M，仅针对主轴)、S(主轴转速)而言，地址将增加 1 至 4 位数，以获得更多数量的地址。在这种情况下，其数值可以通过"="进行赋值。例如，R10=6.234，H5=12.1，I1=32.67，M2=5，S2=400。

(4) 程序段

一个程序段中含有执行一个工序所需的全部数据。程序段一般由若干个字组成并总是以程序段结束符"LF"(新一行)结束。在程序编写过程中进行换行时或按输入键时可以自动产生段结束符。有必要注释时，用分号";"把程序段和后面的注释分开，需要说明的是中文注释只能通过 PC 输入，操作面板无法输入中文注释。

"/"表示跳跃程序段，它是指那些在运行中不必每次都执行的程序段可以被跳跃过去，为此应在这样的程序段的段号字之前输入斜线符"/"。程序段抑制通过控制(程序控制："SKP")或通过匹配控制激活(信号)。几个连续的程序段可以通过在其所有的程序段段号之前输入斜线符"/"被跳跃过。在程序运行过程中，一旦跳跃程序段功能生效，则所有带"/"符的程序段都不予执行。当然这些程序段中的指令也不予考虑。程序从下一个没带斜线符的程序段开始执行。

(5) 字顺序

程序段中有很多指令时建议按如下顺序：

    N_ G_ X_ Z_ I_ K_ F_ S_ T_ M_

N：程序段号。以 5 或 10 为间隔选择程序段号，以便以后插入程序段时不会改变程序段号的顺序。

G：准备功能字。

X、Z：尺寸字。

I、K：插补参数。

F：进给功能字(SIEMENS 802C/S 系统默认的是 mm/r)。

S：主轴转速字(SIEMENS 802C/S 系统默认的是 r/min)。

T：刀具功能字。

M：辅助功能字。

(6) 字符集

在编程中可以使用数字、字母(大写字母和小写字母没有区别)和特殊字符，它们按一定的规则进行编译。其中，不可打印的特殊字符有程序段结束符 LF 与空格。

4) SIEMENS 802S/C 面板介绍

SIEMENS 802S/C 操作面板和系统面板如图 2-2 所示，其面板按钮简介见表 2-3。

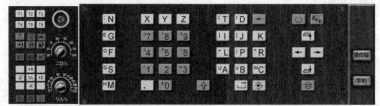

图 2-2　SIEMENS 802S/C 操作面板和系统面板

表 2-3　SIEMENS 802S/C 面板按钮简介

按　钮	名　称	功　能　简　介
	紧急停止	按下急停按钮，使机床移动立即停止，并且所有的输出(如主轴的转动等)都会关闭
	点动距离选择按钮	在单步或手轮方式下，用于选择移动距离
	手动方式	手动方式，连续移动
	回零方式	机床回零；机床必须首先执行回零操作，然后才可以运行
	自动方式	进入自动加工模式
	单段	当此按钮被按下时，运行程序时每次执行一条数控指令
	手动数据输入(MDA)	单程序段执行模式
	主轴正转	按下此按钮，主轴开始正转
	主轴停止	按下此按钮，主轴停止转动
	主轴反转	按下此按钮，主轴开始反转
	快速按钮	在手动方式下，按下此按钮后，再按下移动按钮则可以快速移动机床
+Z -Z +Y -Y +X -X	移动按钮	在手动方式下，按下移动按钮则可以移动机床
	复位	按下此键，复位 CNC 系统，包括取消报警、主轴故障复位、中途退出自动操作循环和输入、输出过程等
	循环保持	程序运行暂停，在程序运行过程中，按下此按钮运行暂停。按 □ 恢复运行
	运行开始	程序运行开始
	主轴倍率修调	将光标移至此旋钮上后，通过点击鼠标的左键或右键来调节主轴倍率
	进给倍率修调	调节数控程序自动运行时的进给速度倍率，调节范围为 0~120%。置光标于旋钮上，点击鼠标左键，旋钮逆时针转动；点击鼠标右键，旋钮顺时针转动
	报警应答键	
	上档键	对键上的两种功能进行转换。用了上档键，当按下字符键时，该键上行的字符(除了光标键)就被输出
	空格键	
	删除键(退格键)	自右向左删除字符
	回车/输入键	① 接受一个编辑值。② 打开、关闭一个文件目录。③ 打开文件
	加工操作区域键	按此键，进入机床操作区域
	选择转换键	一般用于单选、多选框

二、方案决策

1. 机床选用

SIEMENS 802C/S 数控车床。

2. 刀具选用

根据分析，选用的刀具及其参数见表 2-4。钻中心孔的 $\phi5$ 中心钻和钻底孔的 $\phi25$ 钻头可在机床上手动加工，所以在表中没有列出。

表 2-4　数控加工刀具卡片

产品名称			零件名称	套		零件图号	
序号	刀具号	刀具			加工表面		备　注
		规格名称	数量	刀尖半径/mm			
1	T01	95°左偏刀	1	0.2	平右端面		
2	T02	镗刀	1	0.2	粗、精车内孔		
3	T03	内切槽刀	1	0.2	切退刀槽		刃宽 3 mm
4	T04	60°内螺纹刀	1	0	车 M30 螺纹		
编制		审核		批准	年　月　日	共　页	第　页

3. 夹具选用

为保证零件加工的尺寸公差及形位公差要求，应该慎重选择套类零件的夹具。该零件的壁厚最薄为 3 mm，且在退刀槽处，零件刚性尚可，用三爪卡盘就可以满足夹紧需求，主要应该考虑零件装夹时的夹紧变形，必须提前采取相应的预防和纠正措施。由于工件的材料是黄铜，为防止夹伤工件，在夹外径的时候必须于表面包一层铜皮。由于垫铜皮夹紧会产生夹歪误差，为保证夹正，必须提前用百分表找正，径向定位基准为外圆。

也可以采用圆弧软爪装夹法，在数控车床上装刀要根据工件内孔大小和外圆大小自车外圆弧软爪和内圆弧软爪，分别用于涨紧工件内孔和夹紧工件外径，用自车软爪加工出的软爪轴向台阶面实现轴向定位装夹。

在仿真加工中，不涉及此部分内容。

4. 毛坯选用

根据零件图纸，仿真过程选择 U 形毛坯，外径为 $\phi40$，内径为 $\phi18$，通孔长度与毛坯长度相同，长度为 55(本书默认直径或长度单位为 mm)。

三、制定计划

1. 编制加工工艺

工艺制定时粗、精加工分开进行，零件的内外表面及端面应尽量在一次装夹中加工出来；在安排孔和外圆加工顺序时，应尽量采用先加工内孔，然后以内孔定位加工外圆的加工顺序；车削零件时，车削刀具应选择较大的主偏角，以减少背向力，防止加工工件变形。

如果零件有热处理要求，应该将热处理工序安排在粗、精加工之间进行。本情境待加工零件的整个工艺过程可以分为三个工序：下料—车—数控车。对于工序一是为获得$\phi40\times60$的棒料；工序二主要是外表面去毛刺，钻孔$\phi18$。这两个工序实际工作的时候工艺过程是必不可少的，对于实际加工来说，可以很容易完成，所以此处只描述第三工序，其数控加工工艺卡如表 2-5 所示。

表 2-5　数控加工工艺卡

单位			车间名称		设备名称	SIEMENS 802C/S 数车
夹具		三爪卡盘、铜皮	产品名称		零件名称	套
时间定额	基本	60 min	材料名称	H80	零件图号	
	准备	120 min	工序名称		工序序号	

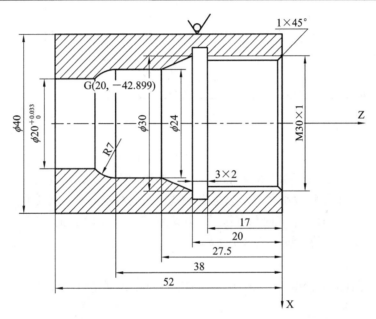

工步序号	工步名称	刀具号	切削用量		
			背吃刀量 /mm	进给量 /(mm/r)	主轴转速 /(r/min)
1	平右端面，保证总长 52 mm	T01	3	0.2	1600
2	以左端面定位，粗镗内孔	T02	4	0.3	2200
3	以左端面定位，精镗内孔	T02	0.3	0.1	2700
4	切 3 mm 内孔槽	T03		0.1	1900
5	车内孔螺纹	T04			1120
编制		审核		批准		
加工		日期	年　月　日	共 1 页		第 1 页

2. 编制数控程序

1) 计算零件图主要节点

机床刀具轨迹节点坐标如图 2-3 所示。

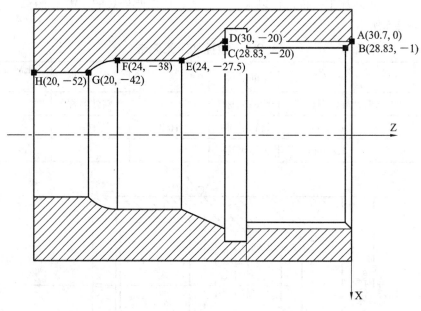

图 2-3　零件图主要节点坐标

查表 1-9 得知：螺纹牙深 0.649 mm(单边)，切削次数 3 次，背吃刀量分配为 0.7 mm、0.4 mm、0.2 mm，所以螺纹小径等于公称直径减去三次背吃刀量，螺纹内径理论值为 28.7。由于普通内螺纹加工前，车削内孔直径一般比螺纹小径大 0.13 倍的螺距，故 B、C 点的 X 轴方向坐标为 28.83，仿真过程中可不考虑。

2) 编写程序表

本情境中零件的数控编程与操作以 SIEMENS 802S/C 车削系统为主，加工程序如表 2-6 所示。

表 2-6　套的数控加工程序

工步	程　序	注　释
1. 平端面	%_N_ZHCX01_MPF	主程序名 ZHCX01.MPF，SIEMENS 802S/C 仿真系统要求的数控程序传送文件开头
	;$PATH=/_N_MPF_DIR	
	G23 G71 G90 G94 G97 G500	安全程序段
	T1 D1	调用 1 号刀具 1 号刀补
	M4 S1600	主轴反转，转速 500 r/min
	G0 X42 Z0	快速定位至起刀点
	G1 X16 F0.2	平端面
	G0 Z100	Z 轴方向退刀
	X80	X 轴方向退刀

续表

工步	程　序	注　释
2. 粗镗内孔	T2 D1 M4 S2200	换 2 号刀，主轴反转，转速 600 r/min
	G0 X16 Z2	快速定位至起刀点
	_CNAME="ZCX01"	循环子程序名称设置
	R105=3 R106=0.3 R108=3 R109=0 R110=1 R111=0.3 R112=0.1	循环参数设置
	LCYC95	轮廓循环加工
3. 精镗内孔	M4 S2700	主轴反转，转速 800 r/min
	R105=7 R106=0	循环参数设置
	LCYC95	精车内孔
	G0 X20	X 轴方向退刀
	Z50	Z 轴方向退刀
4. 切内槽	T3 D1 M4 S1900	换 3 号刀，主轴反转，转速 500 r/min
	G0 X24	快速定位至起刀点
	Z-20	快速定位至切槽起刀点
	G1 X34 F0.1	切槽
	G4 F2	槽底暂停 2 s
	G0 X20	X 轴方向退刀
	G0 Z50	Z 轴方向退刀
5. 切内螺纹	T4 M4 S1120	换 4 号刀，主轴反转，转速 300 r/min
	G0 X24	快速定位至 X 轴方向起刀点
	Z-17	快速定位至 Z 轴方向起刀点
	R100=28.7 R101=-17 R102=28.7 R103=2 R104=1 R105=2 R106=0.2 R109=0 R110=0 R111=0.649 R112=0 R113=2 R114=1	螺纹参数设置
	LCYC97	螺纹循环加工
	G0 X24	X 轴方向退刀
	Z50	Z 轴方向退刀
	M30	程序结束
6. 子程序	%_N_ZCX01_SPF	子程序名 ZCX01.SPF
	;$PATH=/_N_MPF_DIR	
	G41 G0 X30.7	加入刀尖半径补偿，快速定位至倒角起点
	G1 Z0	从工件端面开始加工
	X28.83 Z-1	倒角
	Z-20	车内孔(螺纹预钻孔)
	X30	车内孔台阶面
	X24 Z-27.5	车内锥面
	Z-38	车内圆 $\phi24$
	G3 X20 Z-42 CR=7	车内圆角 R7
	Z-52	车内圆 $\phi20$
	G40 X16	取消刀补，退刀
	RET	子程序结束

结合程序表，详细介绍各程序段的功能及其相应指令的应用。

(1) 刀具补偿号 D

功能：一个刀具可以匹配从 1 到 9 几个不同补偿的数据组(用于多个切削刃)。用 D 及其相应的序号可以编程一个专门的刀沿。

如果没有编写 D 指令，则 D1 自动生效。如果编程 D0，则刀具补偿值无效。

先编程的长度补偿先执行，对应的坐标轴也先运行。刀具半径补偿必须另外由 G41/G42 激活。

(2) 毛坯切削循环指令 LCYC95

利用毛坯切削循环，可以从毛坯开始，通过与轴平行的毛坯切削制造出一个在子程序中所编程的轮廓。调用循环之前，必须在所调用的子程序中运用刀具补偿。轮廓循环子程序中不允许含有退刀槽切削，且编程圆弧段最大可以为四分之一圆。

毛坯切削循环指令的格式如下：

    _CNAME="？" (子程序名称设置)

    R105=？ R106=？ R108=？ R109=？ R110=？ R111=？ R112=？ (循环参数设置)

    LCYC95(轮廓循环加工)

其中，R105 表示加工类型，其数值范围是 1～12，具体含义如表 2-7 所示。R106 表示精加工余量，无符号；R108 表示进刀深度，无符号；R109 表示粗加工切入角，在端面加工时该参数必须为零；R110 表示每次循环退刀量，无符号；R111 表示粗加工进给率；R112 表示精加工进给率。

表 2-7　LCYC95 加工类型

加工方式	径向循环			轴向循环		
	粗加工	精加工	综合	粗加工	精加工	综合
外部加工	1	5	9	2	6	10
内部加工	3	7	11	4	8	12

(3) 螺纹加工循环指令 LCYC97

利用螺纹加工循环指令可以用纵向和横向的加工方式，以恒定的螺距加工圆柱形和锥形的外部和内部螺纹。螺纹可以是单头的，也可以是多头的。如果是多头螺纹，则各个螺纹导程依次加工。进刀位移自动进行，可以在各种方式之间选择每次进刀均以恒定进给，或者采用恒定的切削断面。右旋螺纹或左旋螺纹可通过在循环调用之前所编入的主轴旋转方向来确定。在带螺纹的运行程序段中进给和主轴修调都不起作用，其格式如下：

    R100=？ R101=？ R102=？ R103=？ R104=？ R105=？ R106=？ R109=？

    R110=？ R111=？ R112=？ R113=？ R114=？　　(循环参数设置)

    LCYC97　(螺纹循环加工)

其中，R100 表示螺纹起点直径(X 坐标值)；R101 表示纵向轴螺纹起点(Z 坐标值)；R102 表示螺纹终点直径(X 坐标值)；R103 表示纵向轴螺纹终点(Z 坐标值)；R104 表示螺纹导程值，无符号；R105 表示加工类型：1(外螺纹)、2(内螺纹)；R106 表示精加工余量，无符号；R109 表示空刀导入量，无符号；R110 表示空刀退出量，无符号；R111 表示螺纹单边深度，无符号；R112 表示起始点偏移角度，无符号；R113 表示粗切削次数，无符号；R114 表示螺纹头数，无符号。具体参数含义如图 2-4 所示。

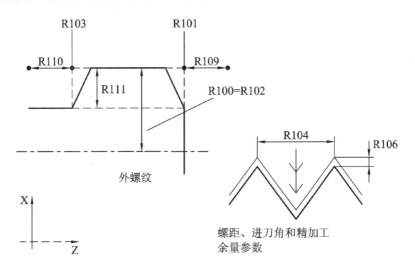

外螺纹

螺距、进刀角和精加工余量参数

图 2-4　CYCLE 97 参数示意图

四、加工实施

1．选择机床

打开菜单"机床/选择机床…"，或者点击工具条上的小图标，弹出选择机床对话框，选择控制系统为 SIEMENS 802S/C 系列，机床类型选择标准车床(斜床身后置刀架)，按"确定"按钮，此时界面如图 2-5 所示。

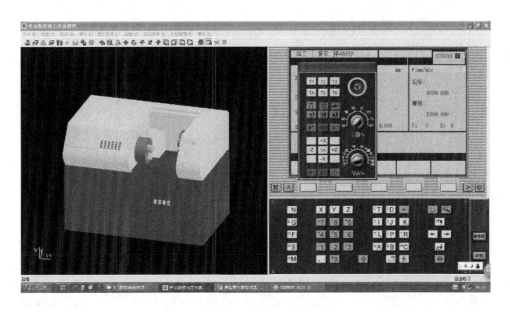

图 2-5　SIEMENS 802S/C 仿真车床界面

2. 启动系统

检查急停按钮是否松开至 状态，若未松开，点击急停按钮 ，将其松开。

点击操作面板上的"复位"按钮 ，使得右上角的 003000 标志消失，此时机床完成加工前的准备。

3. 装夹工件

1) 定义毛坯

打开菜单"零件/定义毛坯"或在工具条上选择 ，系统打开定义毛坯对话框如图 2-6 所示，在毛坯名字输入框内可以输入缺省值，也可以输入毛坯名。在"材料"下拉列表中选择铝代替任务中的铜，形状选择 U 形。将零件尺寸改为 $\phi40\times55$ mm，通孔直径为 $\phi18$，通孔长度与毛坯长度相同，然后单击"确定"按钮。

2) 装夹毛坯

打开菜单"零件/放置零件"命令或者在工具条上选择图标 ，系统弹出操作对话框。在列表中点击所需的零件，选中的零件信息加亮显示，按下"安装零件"按钮(如图 2-7 所示)，系统自动关闭对话框，并出现一个小键盘，通过按动键盘上的方向按钮，使毛坯移动至合适位置，单击"退出"按钮，零件已经被安装在卡盘上。

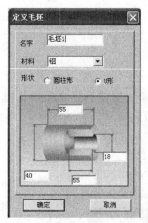

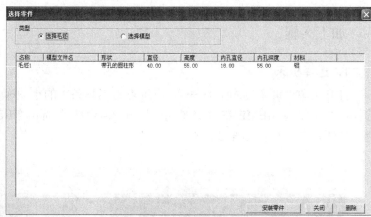

图 2-6 定义毛坯对话框　　　　　　图 2-7 选择零件对话框

4. 装夹刀具

打开菜单"机床/选择刀具"或者在工具条中选择 ，系统弹出刀具选择对话框(如图 2-8 所示)。本情境选择 4 把刀具，它们的参数分别如下：

1 号端面车刀选择标准 D 型刀片 DCMT070204：刃长 7 mm、刀尖半径 0.2 mm；外圆右向横柄：95° 主偏角。

2 号内孔镗刀选择标准 D 型刀片 DCMT070204：刃长 7 mm、刀尖半径 0.2 mm；内孔刀柄：加工深度 70 mm、最小直径 16 mm、90° 主偏角。

3 号内切槽刀选择方头切槽刀片：宽度 3 mm，刀尖半径 0.2 mm；内孔刀柄：加工深度 60 mm、切槽深度 5mm、最小直径 15 mm。

4 号刀具选择标准螺纹刀片：刃长 7 mm、刀尖半径 0 mm；内螺纹刀柄：加工深度 60 mm、最小直径 16 mm。

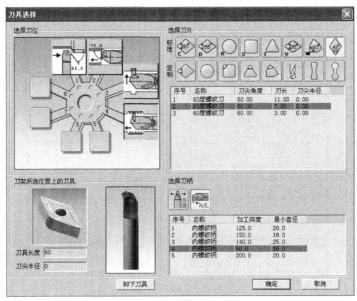

图 2-8　刀具选择对话框

5. 回参考点

检查操作面板上"手动"和"回原点"按钮是否处于按下状态 ，否则依次点击按钮 和 使其呈按下状态，此时机床进入回零模式，CRT 界面的状态栏上将显示"手动 REF"。按住操作面板上的 按钮，直到 CRT 界面上的 X 轴回零灯亮。按住操作面板上的 按钮，直到 CRT 界面上的 Z 轴回零灯亮。本系统除了 X 轴、Z 轴回零之外还需主轴回零：先进入手动模式，点击操作面板上的"主轴正转"按钮 或"主轴反转"按钮 ，使主轴回零；再进入 ，此时 CRT 界面如图 2-9 所示。

```
加工   复位   手动REF

                                    ZHCX01.MPF
          参考点              mm   F:mm/min
  X    ⊕      0.000               实际：
                                        6000.000
  Z    ⊕      0.000               编程：
 -SP   ⊕    -38.427                     1800.000
  S        120.000    120.000   T:  0   D: 0
```

图 2-9　回参考点后 CRT 界面

注意：在坐标轴回零过程中，若还未到达零点就松开按钮，则机床不能再运动，CRT 界面上会出现警告框 ，此时点击操作面板上的"复位"按钮 ，警告被取消，可继续进行回零操作。

6. 对刀

点击操作面板上的 ▣ 按钮，出现如图 2-10 所示界面。

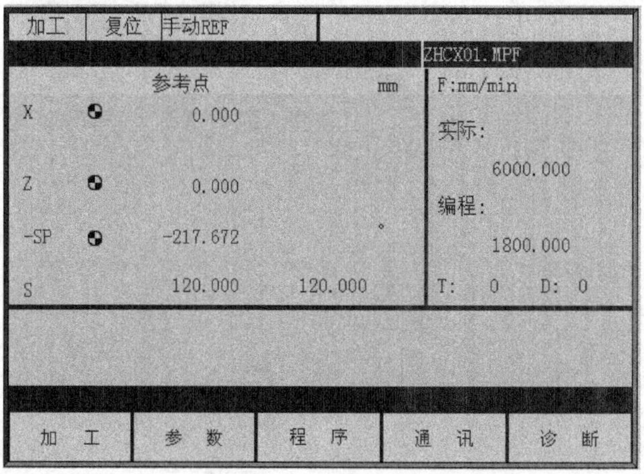

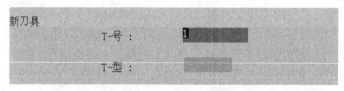

图 2-10   CRT 菜单界面

依次点击软键 参 数、刀具补偿、按钮 **>** 及软键 新 刀 具。弹出如图 2-11 所示的对话框。

新刀具	
T-号：	1
T-型：	

图 2-11   新刀具对话框

在"T-号"栏中输入刀具号(如："1")。点击 ⬇ 按钮，光标移到"T-型"栏中，输入刀具类型(车刀：500，钻头：200)。按"确认"软键，完成新刀具的建立。此时进入参数设置界面(如图 2-12 所示)。

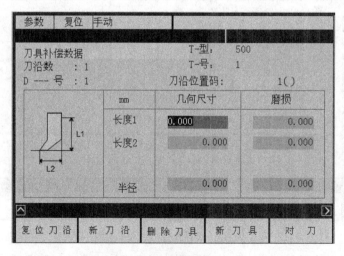

图 2-12   参数设置界面

点击"视图/选项"菜单或 ▣，零件显示方式选中"剖面(车床)"，以便于内轮廓试切。SIEMENS 802S/C 提供了两种对刀方法：用测量工件方式对刀和长度偏移法对刀。

1) 用测量工件方式对刀

点击操作面板中 按钮，切换到手动状态，适当点击 -x +X 、 +z -z 按钮，使刀具移动到可切削零件的大致位置；点击操作面板上 或 按钮，控制主轴的转动；在 CRT 菜单界面下点击 ∧ 按钮回到上级界面；依次点击软键 零 点 偏 移 、 测 量 ，弹出刀号对话框(如图 2-13 所示)。

图 2-13 刀号对话框

使用系统面板输入当前刀具号(此处输入"1")，点击"确认"软键，进入如图 2-14 所示的界面。

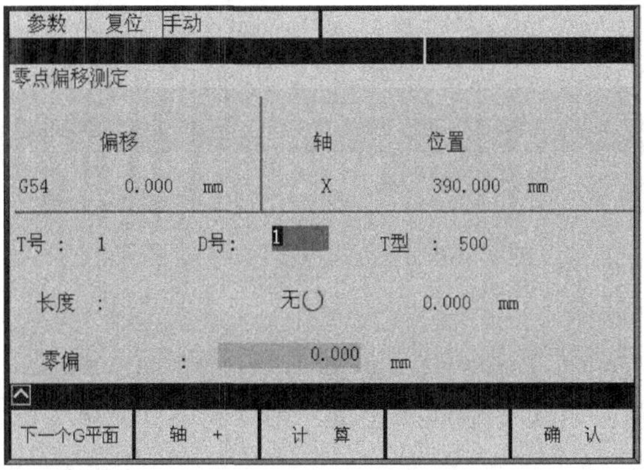

图 2-14 X 轴方向零点偏移测定界面

点击 -z 按钮，用所选刀具试切工件外圆(内圆)，点击 +z 按钮，将刀具退至工件外部，点击操作面板上的 ，使主轴停止转动；点击菜单"工艺分析/测量"，点击刀具试切外圆直径 X 的值，将–X 填入到"零偏"对应的文本框中，并按下 键；点击软键 计 算 ，此时 G54 中 X 的零偏位置已被设定完成。

点击软键 轴 + ，进入 Z 轴方向零点偏移测定界面，如图 2-15 所示。

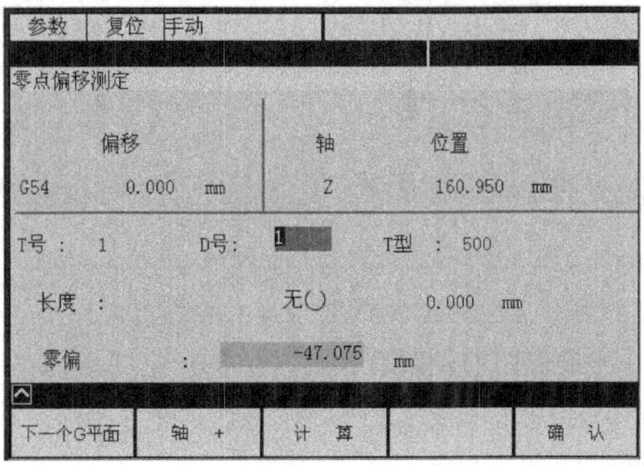

图 2-15 Z 轴方向零点偏移测定界面

点击操作面板上 或 按钮，控制主轴的转动；点击 +X +z -x -z 按钮，将刀具移动到合适位置，点击 -x 按钮试切工件端面，然后点击 +X 将刀具退出到工件外部；点击操作面板上的 ，使主轴停止转动；将"0"填入到"零偏"对应的文本框中，并按下 键；点击软键 计 算，此时 G54 中 X 的零偏位置已被设定完成；点击软键 确 认，进入 Z 轴方向零点偏移设置界面(如图 2-16 所示)，可以发现 G54 已经设置完成。

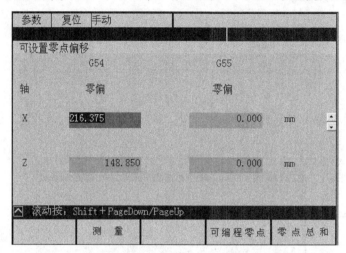

图 2-16　Z 轴方向零点偏移设置界面

2) 长度偏移法

进入图 2-10 所示界面后，点击操作面板上的 按钮，进入手动状态；依次点击软键 参 数、刀具补偿、按钮 > 并建立新刀具，点击软键 对 刀，进入 X 轴方向对刀界面(如图 2-17 所示)。

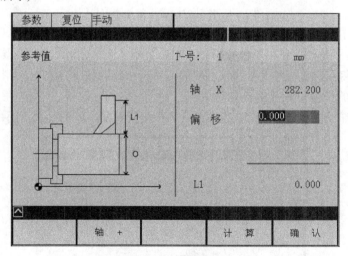

图 2-17　X 轴方向对刀界面

试切零件外圆，并测量被切的外圆直径；将所测得的直径值写入与"偏移"对应的文本框中，按下 键；依次点击软键 计 算、确 认，进入刀具补偿界面(如图 2-18 所示)，此时长度 1 被自动设置。

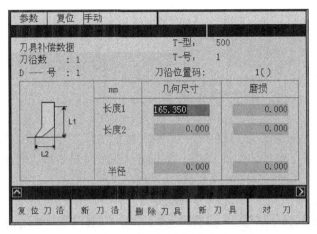

图 2-18 刀具补偿界面 1

再依次点击软键 **对 刀**、**轴 +**，进一步测量长度 2。使用类似方法试切端面，在"偏移"所对应的文本框中输入 0，按下 键。依次点击软键 **计 算**、**确 认**，进入刀具补偿界面(如图 2-19 所示)，长度 2 被自动设置。将光标移动到"刀沿位置码"上，点击 ◯，可以选择 1 至 9 的刀沿位置码。另外还可在此界面上输入刀具的磨损参数、刀尖半径参数。

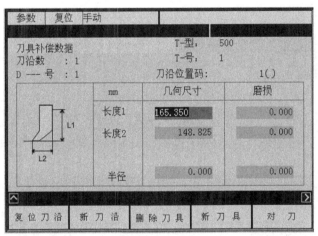

图 2-19 刀具补偿界面 2

后续刀具(如 2 号刀具、3 号刀具等)对刀方法与上述方法基本相同，唯一的区别在于新建刀具后需要更换刀具，将指定刀具切换成当前刀具。在操作箱上点击 ▣ 按钮，进入 MDA 方式，在界面中输入"T2D1M6"(将 2 号刀设成当前刀具)，按下 ◈ 键；在操作箱上点击 ◈ 按钮，执行指令，2 号刀将被设成当前刀具。

7．程序编辑与调入

数控程序可以通过记事本或写字板等编辑软件输入并保存为文本格式文件，也可直接用 SIEMENS 802S/C 系统内部的编辑器直接输入程序。

1）新建数控程序

依次点击按钮 ▤、软键 **程 序**、按钮 **＞**、软键 **新 程 序**，弹出如图 2-20 所示的新程序对话框。

图 2-20　新程序对话框

点击系统面板上的数字/字母键，在"请指定新程序名"栏中输入要新建的数控程序名，按软键"确认"生成一个新的数控程序。程序编辑界面如图 2-21 所示，此时可利用系统面板进行程序编辑。

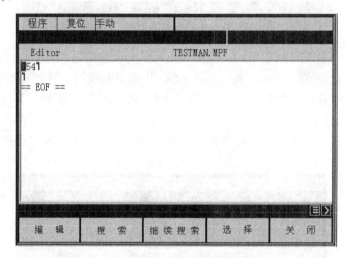

图 2-21　程序编辑界面

点击系统面板上的方位键 ⬆、⬇、←、→，使光标移动到需要插入字符的位置上，点击光标输入所需插入的字符(字符被插在光标前面)；点击系统面板上的 ← 按钮，可将字符删除。

需要插入固定循环等特殊语句时，点击按钮 > 并点击对应软件插入即可。或者点击系统面板上的 ▤ 按钮，弹出如图 2-22 所示的列表。

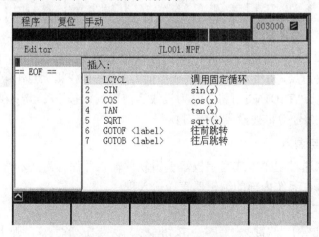

图 2-22　特殊语句插入列表

点击系统面板上的方位键 ⊞ 和 ⊞ ，选择需要插入的特殊语句的种类，并点击 ➡ 确认。

若选择了"LCYCL"则弹出如图 2-23 所示的下级列表。

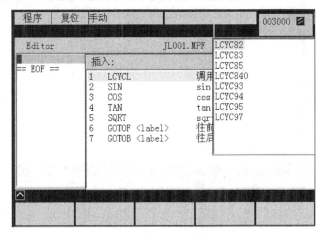

图 2-23　LCYCL 下级列表

点击系统面板上的方位键 ⊞ 和 ⊞ ，选择需要插入的固定循环语句，并点击 ➡ 确认，进入如图 2-24 所示的该语句参数设置界面。点击系统面板上的方位键 ⊞ 和 ⊞ ，使光标在各参数栏中移动，输入参数后，点击 ➡ 确认。当完成全部参数设置后，按软键 确　认，该语句被插入指定位置。

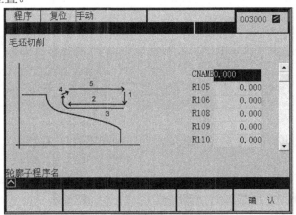

图 2-24　LCYC95 参数设置

若选择了其他特殊语句，该语句被自动插入在指定位置上，可在编辑界面中进行修改。

在本情境中用到了两个循环指令，一个是 LCYC95，一个是 LCYC97。操作时可以在程序编辑中直接输入。但在输入过程中，输入法一定要保持英文状态，上海宇龙仿真系统才会编译此程序，否则会出错。运用插入固定循环，既能免去参数记忆之烦恼又能有效避免程序编译不通的问题。

2) 数控程序传送

如果用记事本或写字板方式编辑程序必须保存为文本格式文件，文本文件的头两行必须是如下内容：

%_N_复制进数控系统之后的文件名_MPF

；$PATH=/_N_MPF_DIR

依次点击按钮 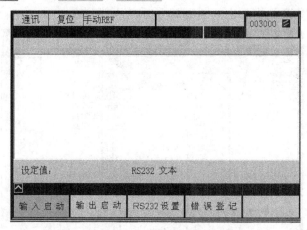、软键 通 讯、显 示 进入如图 2-25 所示界面。

图 2-25　程序显示界面

点击软件 输 入 启 动，等待程序的输入；点击菜单"机床/DNC 传送"，弹出打开文件对话框(如图 2-26 所示)。

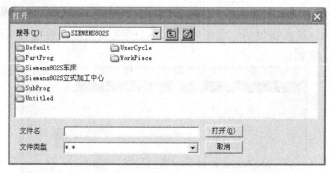

图 2-26　打开文件对话框

在打开文件对话框中选择需要导入的文件，如果文件格式正确，数控程序将显示在程序列表中(如图 2-27 所示)。

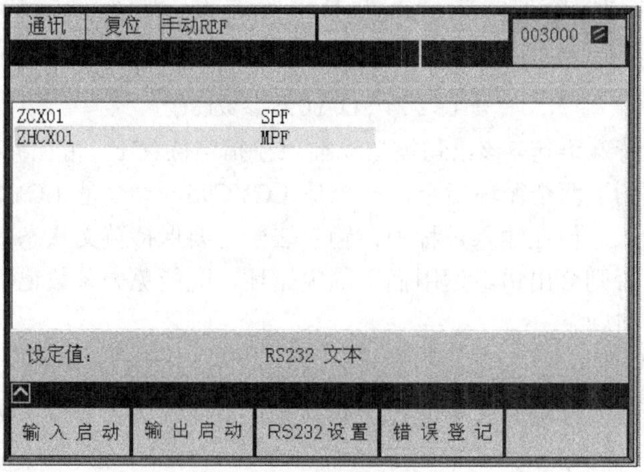

图 2-27　程序列表

依次点击按钮 ▤ 、软键 程 序 、按钮 ＞ ，再点击系统面板上的方位键 ◄ 、 ◄ ，使光标在数控程序名中移动，点击软键 打 开 ，数控程序被打开(可以用于编辑)。

8. 选择待执行的程序

点击操作面板上的"自动"按钮 ➡ ，使其呈按下状态 ➡ ；依次点击按钮 ▤ 、软键 程 序 、按钮 ＞ ，再点击系统面板上的方位键 ◄ 、 ◄ ，使光标在数控程序名中移动；在所要选择的数控程序名上，按软键 选 择 ，数控程序被选中(可以用于自动加工)。此时 CRT 界面右上方显示选中的数控程序名。

当数控程序正在运行时(即 CRT 界面的状态栏显示"运行"时)不能选择程序，否则将弹出如图 2-28 所示的错误报告。按软键"确认"取消错误报告。

图 2-28 错误报告

9. 程序校验

检查"系统管理/系统设置"菜单中"SIEMENS 属性"是否选中"PRT 有效时显示加工轨迹"，若未选中则选择它。点击 CRT 界面下方的 Ⓜ 按钮，将控制面板切换到加工界面下。点击操作面板上的"自动模式"按钮 ➡ ，使其呈按下状态 ➡ ，机床进入自动加工模式。按软键"程序控制"，点击系统面板上的方位键 ◄ 和 ◄ ，将光标移到"PRT 程序测试有效"选项上，再点击按钮 ○ ，将此选项打上"√"，并按软键"确认"，即选中了察看轨迹模式，原来显示机床处变为一坐标系，可通过"视图"菜单中的动态旋转、动态放缩、动态平移等方式对三维运行轨迹进行全方位的动态观察。

在自动运行模式下，选择一个可供加工的数控程序。点击操作面板上的"运行开始"按钮 ◇ ，则程序开始运行，此时可以观察运行轨迹。

注意：检查运行轨迹时，暂停运行、停止运行、单段执行等命令依然有效。点击操作面板上的复位按钮 ⟋ 可使程序重置。

10. 自动加工

1) 自动/连续方式

检查机床是否回零，若未回零，先将机床回零。点击操作面板上的"自动模式"按钮 ➡ ，使其呈按下状态 ➡ ，机床进入自动加工模式。选择一个供自动加工的数控程序，点击操作面板上的"运行开始"按钮 ◇ 。程序执行完毕，本情境的套零件加工完成后的情形如图 2-29 所示。

或按复位键中断加工程序，再按启动键则从头开始。数控程序在运行过程中可根据需要暂停、停止、急停和重新运行。数控程序在运行过程中，点击"循环保持"按钮 ◉ ，程序暂停运行，机床保持暂停运行时的状态。再次

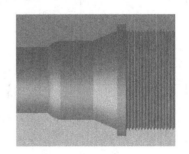

图 2-29 零件加工完成

点击"运行开始"按钮 ◇ ，程序从暂停行开始继续运行。数控程序在运行过程中，点击"复位" ⟋ 按钮，程序停止运行，机床停止，再次点击"运行开始"按钮 ◇ ，程序从暂停行开始继续运行。数控程序在运行过程中，按"急停"按钮 ◉ ，数控程序中断运行，继续运行时，先将急停按钮松开，再点击"运行开始"按钮 ◇ ，余下的数控程序从中断行开始作

为一个独立的程序执行。

注意：在自动加工时，如果点击 ⚒ 切换机床进入手动模式，将出现警告框 016913 ⊜ ，点击系统面板上的 ⊜ 可取消警告，继续操作。

2）自动/单段方式

检查机床是否回零，若未回零，先将机床回零；点击操作面板上的"自动模式"按钮 →，使其呈按下状态 →，机床进入自动加工模式，选择一个供自动加工的数控程序。点击操作面板上的"单段"按钮 →，使其呈按下状态 →。每点击一次"运行开始"按钮 ◇，数控程序执行一行。

注意：数控程序执行后，若要回到程序开头，可点击操作面板上的"复位"按钮 ≤ 。

五、质量检查

套类零件的测量与学习情境一轴类零件检测类似，此处不再赘述。

六、总结评价

数控加工考核表如表 2-8 所示。

表 2-8 数控加工考核表

班级				姓名		
工号				总分		
序号	项目	配分	等级		评 分 细 则	得分
1	加工工艺	15	15	加工工艺完全合理		
			8～14	工艺分析、加工工序、刀具选择、切削用量1～2处不合理		
			1～7	工艺分析、加工工序、刀具选择、切削用量3～4处不合理		
			0	加工工艺完全不合理		
2	程序输入	25	25	程序编制、输入步骤完全正确		
			17～24	不符合程序输入规范1～2处		
			9～16	不符合程序输入规范3～4处		
			0～8	程序编制完全错误或多处不规范		
3	文明操作	30	30	安全文明生产，加工操作规程完全正确		
			11～29	操作过程1～3处不合理，但未发生撞车事故		
			1～10	操作过程多处不合理，加工过程中发生1～2次撞车事故		
			0	操作过程完全不符合文明操作规程		
4	零件质量	30	30	加工零件完全符合图样要求		
			21～29	加工零件不符合图样要求1～3处		
			11～20	加工零件不符合图样要求4～6处		
			0～10	加工零件完全或多处不符合图样要求		

首先，组织学生自评与互评。要求根据本情境的实训内容，总结数控车床加工套类零件的全过程，并完成实训报告。重点分析零件不合格原因或者操作不当之处，对生产过程与产品质量进行优化，提出改进措施。

然后，教师进行点评。要求在整个实训过程中都要检查并记录，重点评估项目完成质量，关注学生团队合作、安全生产、文明操作、环保意识等，突出过程考核。

2-3　学习拓展

一、数控车削加工刀具

先进的加工设备只有与高性能的数控刀具相配合，才能充分发挥其应有的效能，取得良好的经济效益。随着刀具材料迅速发展，各种新型刀具材料的物理、力学性能和切削加工性能都有了很大的提高，应用范围也不断扩大。

1．刀具材料应具备的基本性能

刀具材料的选择对刀具寿命、加工效率、加工质量和加工成本等影响很大。刀具切削时要承受高压、高温、摩擦、冲击和振动等作用。因此，刀具材料应具备如下基本性能：

硬度和耐磨性。刀具材料的硬度必须高于工件材料的硬度，一般要求在 60HRC 以上。刀具材料的硬度越高，耐磨性就越好。

强度和韧性。刀具材料应具备较高的强度和韧性，以便承受切削力、冲击和振动，防止刀具脆性断裂和崩刃。

耐热性。刀具材料应具备较好的耐热性，以便承受较高的切削温度，同时也应具备良好的抗氧化能力。

工艺性能和经济性。刀具材料应具备良好的锻造性能、热处理性能、焊接性能、磨削加工性能等，且具有较高的性能价格比。

2．刀具的常见品种

目前广泛应用的刀具品种主要有金刚石刀具、立方氮化硼刀具、陶瓷刀具、涂层刀具、硬质合金刀具和高速钢刀具等。

1）金刚石刀具

金刚石是碳的同素异构体，它是自然界已经发现的最硬材料之一。金刚石刀具具有高硬度、高耐磨性和高导热性能，在有色金属和非金属材料加工中得到广泛的应用。尤其在铝和硅铝合金高速切削加工中，金刚石刀具是难以替代的主要切削刀具品种。可实现高效率、高稳定性、长寿命加工的金刚石刀具是现代数控加工中不可缺少的重要工具。

（1）金刚石刀具的种类

① 天然金刚石刀具。天然金刚石作为切削刀具已有上百年的历史了，天然单晶金刚石刀具经过精细研磨，刃口能磨得极其锋利，刃口半径可至 0.002 μm，能实现超薄切削，可以加工出极高的工件精度和极低的表面粗糙度，是公认的、理想的和不能代替的超精密加工刀具。

② PCD 刀具。天然金刚石价格昂贵，金刚石广泛应用于切削加工的还是聚晶金刚石(polycrystalline diamond)。自 20 世纪 70 年代初，采用高温高压合成技术制备的聚晶金刚石刀具(简称 PCD 刀具)研制成功以后，在很多场合下天然金刚石刀具已经被人造聚晶金刚石刀具所代替。PCD 原料来源丰富，其价格只有天然金刚石的几十分之一至十几分之一。

PCD 刀具无法磨出极其锋利的刃口，加工的工件表面质量也不如天然金刚石，现在工业中还不能方便地制造带有断屑槽的 PCD 刀具。因此，PCD 刀具只能用于有色金属和非金属的精切，很难用于超精密镜面切削。

③ CVD 金刚石刀具。20 世纪 70 年代末至 80 年代初，CVD 金刚石技术在日本出现。CVD 金刚石是指用化学气相沉积法(CVD)在异质基体(如硬质合金、陶瓷等)上合成金刚石膜。CVD 金刚石具有与天然金刚石完全相同的结构和特性。

CVD 金刚石的性能与天然金刚石相比十分接近，且兼有天然单晶金刚石和聚晶金刚石(PCD)的优点，并在一定程度上克服了它们的不足。

(2) 金刚石刀具的性能、特点

金刚石刀具具有以下性能、特点：

① 极高的硬度和耐磨性。天然金刚石是自然界已经发现的最硬的物质。金刚石具有极高的耐磨性，加工高硬度材料时，金刚石刀具的寿命为硬质合金刀具的 10～100 倍，甚至高达几百倍。

② 具有很低的摩擦系数。金刚石与一些有色金属之间的摩擦系数比其他刀具都低，摩擦系数低，加工时变形小，可减小切削力。

③ 切削刃非常锋利。金刚石刀具的切削刃可以磨得非常锋利，天然单晶金刚石刀具的刀口半径可至 0.002～0.008 μm，能进行超薄切削和超精密加工。

④ 具有很好的导热性能。金刚石的导热系数及热扩散率高，切削热容易散出，刀具切削部分温度低。

⑤ 具有较低的热膨胀系数。金刚石的热膨胀系数比硬质合金小，它由切削热引起的刀具尺寸变化很小，这对尺寸精度要求很高的精密和超精密加工来说尤为重要。

(3) 金刚石刀具的应用

金刚石刀具多用于高速下有色金属及非金属材料的精细切削及镗孔，适合加工各种耐磨非金属，如玻璃钢粉末冶金毛坯、陶瓷材料等；加工各种耐磨有色金属，如各种硅铝合金；光整加工各种有色金属。

金刚石刀具的不足之处是热稳定性较差，切削温度超过 700～800 ℃时，就会完全失去其硬度；此外，它不适于切削黑色金属，因为金刚石(碳)在高温下容易与铁原子作用，使碳原子转化为石墨结构，刀具极易损坏。

2) 立方氮化硼刀具

利用与金刚石制造方法相似的方法合成的一种超硬材料——立方氮化硼(CBN)，在硬度和热导率方面仅次于金刚石，其热稳定性极好，在大气中加热至 1000 ℃也不发生氧化。CBN 对于黑色金属具有极为稳定的化学性能，可以广泛用于钢铁制品的加工。

(1) 立方氮化硼刀具的种类

立方氮化硼(CBN)是自然界中不存在的物质，有单晶体和多晶体之分，即 CBN 单晶和聚晶立方氮化硼(Polycrystalline Cubic Born Nitride，PCBN)。CBN 是氮化硼(BN)的同素异构体之一，结构与金刚石相似。

PCBN(聚晶立方氮化硼)是在高温高压下将微细的 CBN 材料通过结合剂(TiC、TiN、Al、Ti 等)烧结在一起的多晶材料，是目前人工合成的硬度仅次于金刚石的刀具材料，它与金刚石统称为超硬刀具材料。PCBN 主要用于制作刀具或其他工具。

PCBN 刀具可分为整体 PCBN 刀片和与硬质合金复合烧结的 PCBN 复合刀片。

PCBN 复合刀片是在强度和韧性较好的硬质合金上烧结一层 0.5~1.0 mm 厚的 PCBN 而成的，其性能兼有较好的韧性和较高的硬度及耐磨性，它解决了 CBN 刀片抗弯强度低和焊接困难等问题。

(2) 立方氮化硼的主要性能、特点

立方氮化硼的硬度虽略次于金刚石，但却远远高于其他高硬度材料。CBN 有两个较为突出的优点，一是具有很高的热稳定性，二是化学惰性大。除此之外，CBN 还具有较好的热导性和较低的摩擦系数。

① 高的硬度和耐磨性。CBN 晶体结构与金刚石相似，具有与金刚石相近的硬度和强度。PCBN 特别适合于加工从前只能磨削的高硬度材料，能获得较好的工件表面质量。

② 具有很高的热稳定性。CBN 的耐热性可达 1400~1500 ℃，比金刚石的耐热性(700~800 ℃)几乎高 1 倍。PCBN 刀具可用比硬质合金刀具高 3~5 倍的速度高速切削高温合金和淬硬钢。

③ 化学惰性大。CBN 具有优良的化学稳定性，它与铁系材料在 1200~1300 ℃ 下也不起化学作用，不会像金刚石那样急剧磨损，这时它仍能保持硬质合金的硬度；PCBN 刀具适合于切削淬火钢零件和冷硬铸铁，可广泛应用于铸铁的高速切削。

④ 具有较好的热导性。CBN 的热导性虽然赶不上金刚石，但是在各类刀具材料中 PCBN 的热导性仅次于金刚石，大大高于高速钢和硬质合金。

⑤ 具有较低的摩擦系数。低的摩擦系数可导致切削时切削力减小，切削温度降低，加工表面质量提高。

(3) 立方氮化硼刀具应用

立方氮化硼适于用来精加工各种淬火钢、硬铸铁、高温合金、硬质合金、表面喷涂材料等难切削材料。加工精度可达 IT5(孔为 IT6)，表面粗糙度值可小至 Ra1.25~0.20 μm。

立方氮化硼刀具材料韧性和抗弯强度较差。因此，立方氮化硼车刀不宜用于低速、冲击载荷大的粗加工；同时不适合切削塑性大的材料(如铝合金、铜合金、镍基合金、塑性大的钢等)，因为切削这些金属时会产生严重的积屑瘤，使加工表面恶化。

3) 陶瓷刀具

陶瓷刀具具有硬度高、耐磨性能好、耐热性和化学稳定性优良等特点，且不易与金属产生黏接。陶瓷刀具在数控加工中占有十分重要的地位，陶瓷刀具广泛应用于高速切削、干切削、硬切削以及难加工材料的切削加工。陶瓷刀具可以高效加工传统刀具根本不能加工的高硬材料，实现"以车代磨"；陶瓷刀具的最佳切削速度可以比硬质合金刀具高 2~10 倍，从而大大提高了切削加工生产效率；陶瓷刀具材料使用的主要原料是地壳中最丰富的元素，因此，陶瓷刀具的推广应用对提高生产率、降低加工成本、节省战略性贵重金属具有十分重要的意义，也极大地促进了切削技术的进步。

(1) 陶瓷刀具材料的种类

陶瓷刀具材料种类一般可分为氧化铝基陶瓷、氮化硅基陶瓷、复合氮化硅—氧化铝基陶瓷三大类。其中以氧化铝基和氮化硅基陶瓷刀具材料应用最为广泛。氮化硅基陶瓷的性能更优越于氧化铝基陶瓷。

(2) 陶瓷刀具的性能、特点

① 硬度高、耐磨性能好。陶瓷刀具的硬度虽然不及 PCD 和 PCBN 高，但大大高于硬质合金和高速钢刀具，达到 93～95HRA。陶瓷刀具可以加工传统刀具难以加工的高硬材料，适合于高速切削和硬切削。

② 耐高温、耐热性好。陶瓷刀具在 1200 ℃以上的高温下仍能进行切削。陶瓷刀具有很好的高温力学性能，A1203 陶瓷刀具的抗氧化性能特别好，切削刃即使处于赤热状态，也能连续使用。因此，陶瓷刀具可以实现干切削，从而节省切削液的消耗。

③ 化学稳定性好。陶瓷刀具不易与金属产生黏接，且耐腐蚀、化学稳定性好，可减小刀具的黏接磨损。

④ 摩擦系数低。陶瓷刀具与金属的亲合力小，摩擦系数低，可降低切削力和切削温度。

(3) 陶瓷刀具的应用

陶瓷是主要用于高速精加工和半精加工的刀具材料之一。陶瓷刀具适用于切削加工各种铸铁(灰铸铁、球墨铸铁、可锻铸铁、冷硬铸铁、高合金耐磨铸铁)和钢材(碳素结构钢、合金结构钢、高强度钢、高锰钢、淬火钢等)，也可用来切削铜合金、石墨、工程塑料和复合材料。

陶瓷刀具材料性能上存在着抗弯强度低、冲击韧性差等问题，不适于在低速、冲击负荷下切削。

4) 涂层刀具

对刀具进行涂层处理是提高刀具性能的重要途径之一。涂层刀具的出现，使刀具切削性能有了重大突破。涂层刀具是在韧性较好刀体上，涂覆一层或多层耐磨性好的难熔化合物，它将刀具基体与硬质涂层相结合，从而使刀具性能大大提高。涂层刀具可以提高加工效率、提高加工精度、延长刀具使用寿命、降低加工成本。

新型数控机床所用切削刀具中有 80%左右使用涂层刀具。涂层刀具将是今后数控加工领域中最重要的刀具品种。

(1) 涂层刀具的种类

根据涂层方法不同，涂层刀具可分为化学气相沉积(CVD)涂层刀具和物理气相沉积(PVD)涂层刀具。涂层硬质合金刀具一般采用化学气相沉积法，沉积温度在 1000 ℃左右；涂层高速钢刀具一般采用物理气相沉积法，沉积温度在 500 ℃左右。

根据涂层刀具基体材料的不同，涂层刀具可分为硬质合金涂层刀具、高速钢涂层刀具以及在陶瓷和超硬材料(金刚石和立方氮化硼)上的涂层刀具等。

根据涂层材料的性质，涂层刀具又可分为两大类，即"硬"涂层刀具和"软"涂层刀具。"硬"涂层刀具追求的目标是高的硬度和耐磨性，其主要优点是硬度高、耐磨性能好，典型的是 TiC 和 TiN 涂层。"软"涂层刀具追求的目标是低摩擦系数，也称为自润滑刀具，它与工件材料的摩擦系数很低，只有 0.1 左右，可减小黏接，减轻摩擦，降低切削力和切削温度。

纳米涂层(Nano coating)刀具采用多种涂层材料的不同组合(如金属/金属、金属/陶瓷、陶瓷/陶瓷等)，以满足不同的功能和性能要求。设计合理的纳米涂层可使刀具材料具有优异的减摩抗磨功能和自润滑性能，适合于高速干切削。

(2) 涂层刀具的性能、特点

① 力学和切削性能好。涂层刀具将基体材料和涂层材料的优良性能结合起来，既保持了基体良好的韧性和较高的强度，又具有涂层的高硬度、高耐磨性和低摩擦系数。因此，涂层刀具的切削速度比未涂层刀具高两倍以上，并允许有较高的进给量。涂层刀具的寿命也得到提高。

② 通用性强。涂层刀具通用性广，其加工范围显著扩大，一种涂层刀具可以代替数种非涂层刀具使用。

③ 涂层厚度：随涂层厚度的增加刀具寿命也会增加，但当涂层厚度达到饱和时，刀具寿命不再明显增加。若涂层太厚，则易引起剥离；若涂层太薄，则耐磨性能差。

④ 重磨性。涂层刀片重磨性差、涂层设备复杂、工艺要求高、涂层时间长。

需要注意的是不同涂层材料的刀具切削性能不一样。如，低速切削时 TiC 涂层占有优势，高速切削时 TiN 较合适。

(3) 涂层刀具的应用

涂层刀具在数控加工领域有巨大潜力，将是今后数控加工领域中最重要的刀具品种。涂层技术已应用于立铣刀、铰刀、钻头、复合孔加工刀具、齿轮滚刀、插齿刀、剃齿刀、成形拉刀及各种机夹可转位刀片，满足高速切削加工各种钢和铸铁、耐热合金和有色金属等材料的需要。

5) 硬质合金刀具

硬质合金刀具，特别是可转位硬质合金刀具，是数控加工刀具的主导产品，20 世纪 80 年代以来，各种整体式和可转位式硬质合金刀具或刀片的品种已经扩展到各种切削刀具领域，其中可转位硬质合金刀具由简单的车刀、面铣刀扩大到各种精密、复杂的成形刀具领域。

(1) 硬质合金刀具的种类

按主要化学成分区分，硬质合金可分为碳化钨基硬质合金和碳(氮)化钛(TiC(N))基硬质合金。

碳化钨基硬质合金包括钨钴类(YG)、钨钴钛类(YT)、添加稀有碳化物类(YW)三类，它们各有优缺点，主要成分为碳化钨(WC)、碳化钛(TiC)、碳化钽(TaC)、碳化铌(NbC)等，常用的金属黏结相是 Co。

碳(氮)化钛基硬质合金是以 TiC 为主要成分(有些加入了其他碳化物或氮化物)的硬质合金，常用的金属黏结相是 Mo 和 Ni。

ISO(国际标准化组织)将切削用硬质合金分为三类：

K 类，包括 K10～K40，相当于我国的 YG 类(主要成分为 WC、Co)。

P 类，包括 P01～P50，相当于我国的 YT 类(主要成分为 WC、TiC、Co)。

M 类，包括 M10～M40，相当于我国的 YW 类(主要成分为 WC、TiC、TaC(NbC)、Co)。

各个牌号分别以 01～50 之间的数字表示从高硬度到最大韧性之间的一系列合金。

(2) 硬质合金刀具的性能、特点

① 高硬度。硬质合金刀具是由硬度和熔点很高的碳化物(称为硬质相)和金属黏结剂(称为黏结相)经粉末冶金方法而制成的,其硬度达 89~93HRA,远高于高速钢,在 5400 ℃时,硬度仍可达 82~87HRA,与高速钢常温时硬度(83~86HRA)相同。硬质合金的硬度值随碳化物的性质、数量、粒度和金属黏结相的含量而变化,一般随金属黏结相含量的增多而降低。在黏结相含量相同时,YT 类合金的硬度高于 YG 类合金,添加 TaC(NbC)的合金具有较高的高温硬度。

② 抗弯强度和韧性。常用硬质合金的抗弯强度在 900~1500 MPa 范围内。金属黏结相含量越高,则抗弯强度也就越高。当黏结剂含量相同时,YG 类(WC、Co)合金的强度高于YT 类(WC、TiC、Co)合金;YT 类合金的强度,会随着 TiC 含量的增加而降低。硬质合金是脆性材料,常温下其冲击韧度仅为高速钢的 1/30~1/8。

(3) 常用硬质合金刀具的应用

YG 类合金主要用于加工铸铁、有色金属和非金属材料。细晶粒硬质合金(如 YG3X、YG6X)在含钴量相同时比中晶粒的硬度和耐磨性要高些,适用于加工一些特殊的硬铸铁、奥氏体不锈钢、耐热合金、钛合金、硬青铜和耐磨的绝缘材料等。

YT 类硬质合金的突出优点是硬度高、耐热性好、高温时的硬度和抗压强度比 YG 类高、抗氧化性能好。因此,当要求刀具有较高的耐热性及耐磨性时,应选用 TiC 含量较高的牌号。YT 类合金适合于加工塑性材料如钢材,但不宜加工钛合金、硅铝合金。

YW 类合金兼具 YG、YT 类合金的性能,综合性能好,它既可用于加工钢料,又可用于加工铸铁和有色金属。这类合金如适当增加钴含量,强度可很高,可用于各种难加工材料的粗加工和断续切削。

6) 高速钢刀具

高速钢(High Speed Steel,HSS)是一种加入了较多 W、Mo、Cr、V 等合金元素的高合金工具钢。高速钢刀具在强度、韧性及工艺性等方面具有优良的综合性能,在制造复杂刀具时,尤其是制造孔加工刀具、铣刀、螺纹刀具、拉刀、切齿刀具等一些刃形复杂的刀具时,高速钢占据主要地位。并且高速钢刀具易于磨出锋利的切削刃。

按用途不同,高速钢可分为通用型高速钢和高性能高速钢。按制造工艺不同,高速钢可分为熔炼高速钢和粉末冶金高速钢。

(1) 通用型高速钢刀具

通用型高速钢一般可分为钨钢、钨钼钢两类,其含碳量为 0.7%~0.9%。按钢中含钨量的不同,可分为含 W12%或 18%的钨钢,含 W6%或 8%的钨钼系钢,含 W2%或不含 W 的钼钢。通用型高速钢具有一定的硬度(63~66HRC)和耐磨性、高的强度和韧性、良好的塑性和加工工艺性,因此广泛用于制造各种复杂刀具。

① 钨钢。通用型高速钢钨钢的典型牌号为 W18Cr4V(简称 W18),具有较好的综合性能,在 6000 ℃时的高温硬度为 48.5HRC,可用于制造各种复杂刀具。它有可磨削性好、脱碳敏感性小等优点,但因碳化物含量较高,分布较不均匀,颗粒较大,导致其强度和韧性不高。

② 钨钼钢。它是指将钨钢中的一部分钨用钼代替所获得的一种高速钢。其典型牌号是W6Mo5Cr4V2(简称 M2)。M2 的碳化物颗粒细小均匀,强度、韧性和高温塑性都比 W18Cr4V

好。另一种钨钼钢为 W9Mo3Cr4V(简称 W9)，其热稳定性略高于 M2，抗弯强度和韧性都比 W6Mo5Cr4V2 好，具有良好的可加工性能。

(2) 高性能高速钢刀具

高性能高速钢是指在通用型高速钢成分中再增加一些含碳量、含钒量及添加 Co、Al 等合金元素的新钢种，这种方法可提高它的耐热性和耐磨性。高性能高速钢主要有以下几大类：

① 高碳高速钢。高碳高速钢(如 95W18Cr4V)在常温和高温条件下，其硬度较高，适于制造加工普通钢和铸铁、耐磨性要求较高的钻头、铰刀、丝锥和铣刀等或加工较硬材料的刀具，不宜承受较大冲击。

② 高钒高速钢。高钒高速钢的典型牌号如 W12Cr4V4Mo(简称 EV4)，其 V 含量提高到 3%～5%，耐磨性好，适合切削对刀具磨损极大的材料，如纤维、硬橡胶、塑料等，也可用于加工不锈钢、高强度钢和高温合金等材料。

③ 钴高速钢。钴高速钢属于含钴超硬高速钢，典型牌号如 W2Mo9Cr4VCo8(简称 M42)，有很高的硬度，其硬度可达 69～70HRC，适合于加工高强度耐热钢、高温合金、钛合金等难加工材料。M42 可磨削性好，适于制作精密复杂刀具，但不宜在冲击切削条件下工作。

④ 铝高速钢。铝高速钢属于含铝超硬高速钢，典型牌号如 W6Mo5Cr4V2Al(简称 501)，6000 ℃时的高温硬度达到 54HRC，切削性能相当于 M42，适宜制造铣刀、钻头、铰刀、齿轮刀具、拉刀等，可用于加工合金钢、不锈钢、高强度钢和高温合金等材料。

⑤ 氮超硬高速钢。氮超硬高速钢的典型牌号如 W12Mo3Cr4V3N(简称 V3N)，属含氮超硬高速钢，硬度、强度、韧性与 M42 相当，可作为含钴高速钢的替代品，用于低速切削难加工材料和低速高精加工。

(3) 熔炼高速钢

普通高速钢和高性能高速钢都是用熔炼方法制造的，它们经过冶炼、铸锭和镀轧等工艺制成刀具。熔炼高速钢容易出现的严重问题是碳化物偏析，硬而脆的碳化物在高速钢中分布不均匀，且晶粒粗大(可达几十个微米)，对高速钢刀具的耐磨性、韧性及切削性能产生不利影响。

(4) 粉末冶金高速钢

粉末冶金高速钢(PM HSS)是将高频感应炉熔炼出的钢液用高压氩气或纯氮气使之雾化，再急冷而得到细小均匀的结晶组织(高速钢粉末)，再将所得的粉末在高温、高压下压制成刀坯，或先制成钢坯再经过锻造、轧制成刀具形状。与熔融法制造的高速钢相比，PM HSS 具有优点是：碳化物晶粒细小均匀，其强度和韧性、耐磨性相对熔炼高速钢有较大提高。在复杂数控刀具领域 PM HSS 刀具将会进一步发展而占重要地位。粉末冶金高速钢的典型牌号如 F15、FR71、GF1、GF2、GF3、PT1、PVN 等，可用来制造大尺寸、承受重载、耐冲击性大的刀具，也可用来制造精密刀具。

3. 数控刀具材料的选用

数控加工用刀具材料必须根据所加工的工件和加工性质来选择。刀具材料的选用应与加工对象合理匹配，切削刀具材料与加工对象的匹配主要是指二者的力学性能、物理性能和化学性能相匹配，以获得最长的刀具寿命和最大的切削加工生产率。

1) 切削刀具材料与加工对象的力学性能匹配

切削刀具与加工对象的力学性能匹配问题主要是指刀具与工件材料的强度、韧性和硬度等力学性能参数要相匹配。具有不同力学性能的刀具材料所适合加工的工件材料也不同。

高硬度的工件材料必须用更高硬度的刀具来加工，即刀具材料的硬度必须高于工件材料的硬度，一般要求在 60HRC 以上。刀具材料的硬度越高，其耐磨性就越好。如，硬质合金中含钴量增多时，其强度和韧性增加、硬度降低，适合粗加工；含钴量减少时，其硬度及耐磨性增加，适合精加工。

具有优良高温力学性能的刀具尤其适合高速切削加工。陶瓷刀具优良的高温性能使其能够以高的速度进行切削，允许的切削速度可比硬质合金提高 2～10 倍。

2) 切削刀具材料与加工对象的物理性能匹配

具有不同物理性能的刀具，如高导热和低熔点的高速钢刀具、高熔点和低热胀的陶瓷刀具、高导热和低热胀的金刚石刀具等，适合加工的工件材料也不同。加工导热性差的工件时，应采用导热较好的刀具材料，以使切削热得以迅速传出而降低切削温度。金刚石导热系数及热扩散率高，切削热容易散出，不会产生很大的热变形，这种特性对尺寸精度要求很高的精密加工刀具来说尤为重要。

3) 切削刀具材料与加工对象的化学性能匹配

切削刀具材料与加工对象的化学性能匹配问题主要是指刀具材料与工件材料化学亲和性、化学反应、扩散和溶解等化学性能参数要相匹配。材料不同的刀具所适合加工的工件材料也不同。

一般而言，PCBN、陶瓷刀具、涂层硬质合金及 TiCN 基硬质合金刀具适合于钢铁等黑色金属的数控加工，而 PCD 刀具适合于对 Al、Mg、Cu 等有色金属材料及其合金和非金属材料的加工。表 2-9 列出了上述刀具材料所适合加工的一些工件材料。

表 2-9　刀具材料所适合加工的一些工件材料

刀　具	高硬钢	耐热合金	钛合金	镍基高温合金	铸铁	纯钢	高硅铝合金	FRP 复合材料
PCD	×	×	◎	×	×	×	◎	◎
PCBN	◎	◎	○	◎	◎	○	●	●
陶瓷刀具	◎	◎	×	◎	●	×	×	×
涂层硬质合金	○	◎	◎	●	◎	◎	●	●
TiCN 基硬合金	●	×	×	×	◎	◎	×	×

符号含义：◎表示优，○表示良，●表示尚可，×表示不合适。

4．数控车刀的类型及选用

由于数控车床加工的特性，在刀具的选择，特别是刀具的形状、切削部分的几何参数上需要特别处理，才能满足数控加工的要求，充分发挥数控车床的效率。

1) 数控车刀的类型

(1) 根据加工用途分类

车床主要用于内(外)圆柱面、圆锥面、圆弧面、螺纹等回转表面的加工，可分为外圆车刀、内孔车刀、螺纹车刀、切槽刀等，如图 2-30 所示。

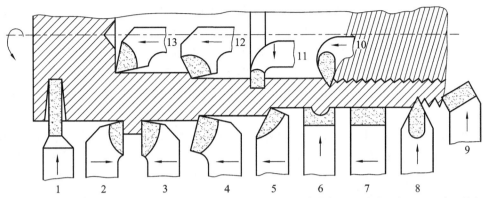

1—切槽刀；2—90°左偏刀；3—90°右偏刀；4—弯头车刀；5—直头车刀；6—成形车刀；7—宽刃精车刀；
8—外螺纹车刀；9—端面车刀；10—内螺纹车刀；11—内切槽车刀；12—通孔车刀；13—不通孔车刀

图 2-30　数控车刀用途

(2) 根据刀尖形状分类

数控车削用的刀具根据刀尖形状一般分为三类，即尖形车刀、圆弧形车刀和成形车刀，如图 2-31 所示。

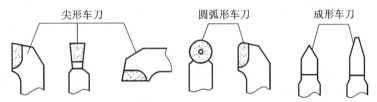

图 2-31　数控车刀刀尖形状

尖形车刀以直线形切削刃为特征的车刀一般称为尖形车刀，这类车刀的刀尖(同时也为其刀位点)由直线形的主、副切削刃构成。例如 90° 内、外圆车刀，左、右端面车刀，切断(车槽)车刀及刀尖倒棱很小的各种外圆和内孔车刀。

圆弧形车刀是较为特殊的数控加工用车刀，其特征是：构成主切削刃的刀刃形状为一圆度误差或线轮廓度误差很小的圆弧；该圆弧刃每一点都是圆弧形车刀的刀尖，因此，刀位点不在圆弧上，而在该圆弧的圆心上；车刀圆弧半径在理论上与被加工零件的形状无关。当某些尖形车刀或成形车刀(如螺纹车刀)的刀尖具有一定的圆弧形状时，也可作为这类车刀使用。

成形车刀也叫样板车刀，其加工零件的轮廓形状完全由车刀刀刃的形状和尺寸决定。数控车削加工中，常见的成形车刀有小半径圆弧车刀、非矩形车槽刀和螺纹车刀等。在数控加工中，应尽量少用或不用成形车刀。

(3) 根据车刀结构分类

数控车削用的刀具根据刀尖形状一般分为三类，即整体式车刀、焊接式车刀、机夹可转位车刀，如图 2-32 所示。

整体式车刀　　焊接式车刀　　机夹可转位车刀

图 2-32　数控车刀结构

整体式车刀主要指整体式高速钢车刀。常见的整体式车刀有小型车刀、螺纹车刀和形状复杂的成形车刀，它具有抗弯强度高、冲击韧性好，制造简单和刃磨方便、刃口锋利等优点。

焊接式车刀是将硬质合金刀片用焊接的方法固定在刀体上，经刃磨而成。结构简单，制造方便，刚性较好，但抗弯强度低，冲击韧性差，不易制作复杂刀具。

机夹可转位车刀。由于精密、高效和可靠的硬质合金可转位刀具对提高加工效率和产品质量、降低加工成本显示出越来越大的优势，因此机夹可转位车刀已经成为数控刀具发展的主流。

机夹可转位车刀由刀片、刀垫、刀柄及刀片夹紧元件组成。当刀片的一个切削刃用钝后，只要把夹紧元件松开，将刀片转换一个角度，换一个新切削刃，并重新夹紧就可以继续使用。当刀片上所有的切削刃都用钝后，更换一块新刀片即可，不必更换刀柄。

2) 数控车刀类型的选择

数控车刀选择的原则是在可能的范围内，尽可能减少刀具的种类，实现不换刀或少换刀；尽可能采用可转位刀具，磨损后只需更换刀片即可；在设计或选择刀具时，应尽量采用高效率、断屑及排屑性能好的刀具。

(1) 尖形车刀的几何参数及选用

尖形车刀的几何参数主要是指车刀的几何角度，其选择方法与普通车削时选用车刀的方法基本相同，但应结合数控加工的特点(如走刀路线及加工干涉等)进行全面考虑。

例如，在加工图 2-33 所示的零件时，选用车刀时要使其左、右两个 45°锥面由一把车刀加工出来，并使车刀的切削刃在车削圆锥面时不致发生加工干涉。

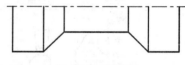

图 2-33　圆锥面

又如，车削图 2-34 所示大圆弧内表面零件时，所选择尖形内孔车刀的形状及主要几何角度如图 2-35 所示(前角为 0°)，这样的刀具可将其内圆弧面和右端端面一刀车出，而避免了用两把车刀进行加工。

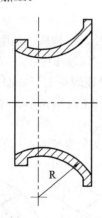

图 2-34　大圆弧零件

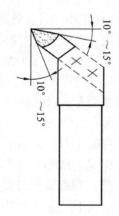

图 2-35　内孔车刀

可用作图或计算的方法确定尖形车刀不发生干涉的几何角度。如副偏角不发生干涉的极限角度值为大于作图或计算所得角度的 6°～8°即可。当确定几何角度困难甚至无法确定(如尖形车刀加工接近于半个凹圆弧的轮廓等)时，则应考虑选择其他类型车刀，然后再确定其几何角度。

(2) 圆弧形车刀的选用及其几何参数

① 圆弧形车刀的选用。对于某些精度要求较高的曲面车削的批量车削，以及尖形车刀所不能完成的加工，宜选用圆弧形车刀进行加工。

例如，当图 2-36 所示零件的曲面精度要求不高时，可以选择用尖形车刀进行加工；当曲面形状精度和表面粗糙度均有要求时，选择尖形车刀加工就不合适了，因为车刀主切削刃的实际切削深度在圆弧轮廓段总是不均匀的。当车刀主切削刃靠近其圆弧终点时，该位置上的切削深度(α_1)将大大超过其圆弧起点位置上的切削深度(α)，致使切削阻力增大，可能产生较大的线轮廓度误差，并增大其表面粗糙度数值。

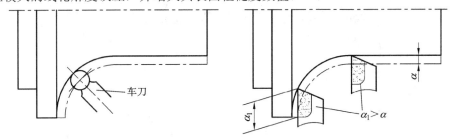

图 2-36　凹曲面零件切削

对于加工图 2-37 所示同时跨四个象限的外圆弧轮廓，无论采用何种形状及角度的尖形车刀，也不可能由一条圆弧加工程序一刀车出，而采用圆弧形车刀就能十分简便地完成。

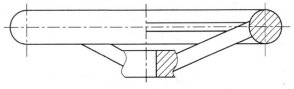

图 2-37　大外圆弧面示例

② 圆弧形车刀的几何参数。圆弧形车刀的几何参数除了前角及后角外，主要几何参数为车刀圆弧切削刃的形状及半径。

选择车刀圆弧半径的大小时应考虑两点：第一，车刀切削刃的圆弧半径应当小于或等于零件凹形轮廓上的最小半径，以免发生加工干涉；第二，该半径不宜选择太小，否则既难于制造，还会因其刀头强度太弱或刀体散热能力差，使车刀容易受到损坏。

若车刀圆弧半径已经选定或通过测量并给予确认，则应特别注意圆弧切削刃的形状误差对加工精度的影响。车削时，车刀的圆弧切削刃与被加工轮廓曲线作相对滚动运动。这时，车刀在不同的切削位置上，其"刀尖"在圆弧切削刃上的位置也不同(即切削刃圆弧与零件轮廓相切的切点位置不同)，也就是说，切削刃对工件的切削是以无数个连续变化位置的"刀尖"进行的。

为了使这些不断变化位置的"刀尖"能按加工原理所要求的规律("刀尖"所在半径处处等距)运动，规定圆弧形车刀的刀位点必须在该圆弧刃的圆心位置上。

二、SIEMENS 802S/C 数控车床指令拓展

SIEMENS 数控车床常用固定循环指令优越于华中和 FANUC 数控系统，但应用相对较少，在此不再赘述，使用时可参阅附录或相关手册。

三、SIEMENS 802S/C 数控仿真车床操作技能拓展

1. 刀具参数管理

1) 创建新刀沿

建立刀具后，点击软键 新 刀 沿，进入新刀沿界面(如图 2-38 所示)。输入需要创建新刀沿的刀具号，并按下 ⬦ 键，点击软键 确 认，就可以创建一个新刀沿。

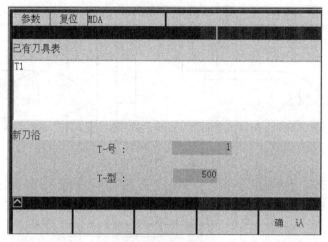

图 2-38　新刀沿界面

2) 复位刀沿

在如图 2-39 所示界面上，点击软键 复 位 刀 沿，当前刀沿的数据将被清零。

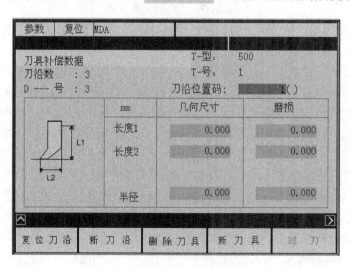

图 2-39　刀具补偿界面 1

3) 显示刀具/刀沿数据

在如图 2-39 所示界面上，点击按钮 > ，进入如图 2-40 所示界面。

使用软键 << D 、 D >> 可以切换刀沿；使用软键 << T 、 T >> 可以切换刀具。

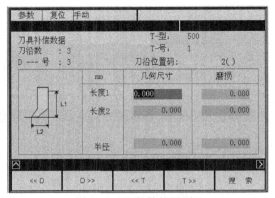

图 2-40　刀具补偿界面 2

4) 搜索刀具

在如图 2-40 所示界面上，点击软键 搜　索 ，进入搜索刀具界面(如图 2-41 所示)。在 "T-号" 栏中输入需要搜索的刀具号，点击软键 确　认 ，界面上将显示被搜索到的刀具的数据。

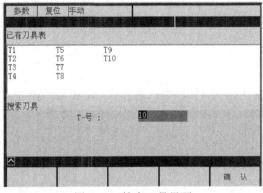

图 2-41　搜索刀具界面

注意：要搜索的刀具号必须是在已有刀具表中显示的刀具。

5) 删除刀具

在如图 2-39 所示界面上点击软键 删 除 刀 具 ，即可进入删除刀具界面(如图 2-42 所示)。在 "T-号" 栏中输入需要删除的刀具号，点击软键 确　认 ，就能删除指定刀具。

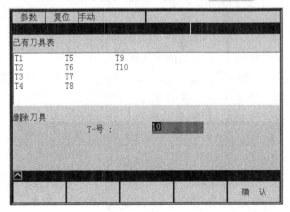

图 2-42　删除刀具界面

2．R 参数设置

依次点击按钮 ▤、软键 参 数 ，进入如图 2-43 所示的界面。在系统面板上点击方位
键▤、▤、←、→，在同一页上移动光标的位置，点击 ⬆ + ▤/▤ 可在不同页
间切换。在光标停留处点击系统面板上的数字键，输入 R 参数的值，按 ⬧ 确认。

参数	复位	手动		

R 参数

R0	0.0000000	R7	0.0000000
R1	0.0000000	R8	0.0000000
R2	0.0000000	R9	0.0000000
R3	0.0000000	R10	0.0000000
R4	0.0000000	R11	0.0000000
R5	0.0000000	R12	0.0000000
R6	0.0000000	R13	0.0000000

R 参 数	刀 具 补 偿	设 定 数 据	零 点 偏 移	

图 2-43　R 参数界面

3．设定数据

在如图 2-43 所示界面上点击软键 设 定 数 据 ，进入设定数据界面(如图 2-44 所示)。

参数	复位	手动		

Jog-数据

Jog 进给率　　　:

1500.000　　mm/min

主轴转速　　　　:

120.000　rpm

空运行进给率

5000.000　mm/min

主轴数据

最小　:　　　0.000　rpm

最大　:　　1000.000　rpm

编程　:　　　100.000　rpm

开始角　　　0.000　°

JOG 数据	主 轴 数 据	空运行进给率	开 始 角	

图 2-44　设定数据界面

在子菜单中按软键"JOG 数据"，光标停留在"Jog-数据"栏中，点击系统面板上的方
位键▤、▤，光标在"Jog 进给率"或"主轴转速"项中切换，在光标停留处，点击系
统面板上的数字键，输入所需的 Jog 进给率或主轴转速，点击 ⬧ 确认。

在子菜单中按软键"主轴数据"，光标停留在"主轴数据"栏中，点击系统面板上的方
位键▤、▤，光标在"最大"/"最小"/"编程"项中切换，点击系统面板上的数字键，
输入所需的主轴最大/最小/编程值，点击 ⬧ 确认。

在子菜单中按软键"空运行进给率"，光标停留在"空运行进给率"栏中，点击系统面
板上的数字键，输入所需的空运行进给率，点击 ⬧ 确认。

在子菜单中按软键"开始角"，光标停留在"开始角"栏中，点击系统面板上的数字键，输入所需的开始角的值，点击 ⟩ 确认。

4．手轮

点击操作面板上的手动按钮 ，使其呈按下状态 ；出现如图 2-45 所示界面。选择适当的点动距离。初始状态下，点击 按钮，进给倍率为 0.001 mm；再次点击该按钮，进给倍率为 0.01 mm。通过点击 按钮，进给倍率可在 0.001 mm 至 1 mm 之间切换。

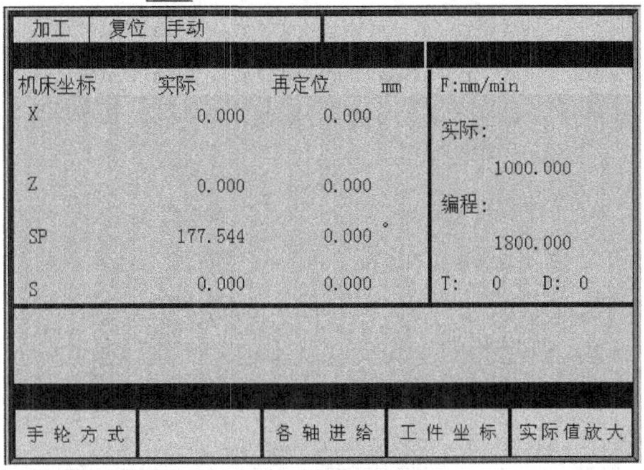

图 2-45　手动状态界面

点击软键 手 轮 方 式 ，进入如图 2-46 所示的界面。

图 2-46　手轮选择界面

点击软键 X 或 Z 选择当前进给轴，点击确认回退到手动状态界面(如图 2-45 所示)；在系统面板的右侧点击按钮 手轮 ，打开手轮对话框；在手轮 上按住鼠标左键，机床向负方向运动；在手轮 上按住鼠标右键，机床向正方向运动。点击 按钮可以关闭手轮对话框。

5．程序管理

1) 删除一个数控程序

依次点击按钮 、软键 程 序 、按钮 ＞ ，点击系统面板上的方位键 、 ，光标在数控程序名中移动，点击软键"删除"，当前光标所在的数控程序被删除。

2) 重命名

点击系统面板上的方位键、，光标在数控程序名中移动，点击软键"重命名"，弹出"改换程序名"对话框，标题栏中显示的是当前光标所在的程序名。点击系统面板上的数字/字母键，在"请指定新程序名"栏中，输入新的程序名，按软键"确认"即可完成重命名。

3) 拷贝

点击系统面板上的方位键、，光标在数控程序名中移动，点击软键"拷贝"，弹出"复制"对话框，标题栏中显示的是当前光标所在的程序名。点击系统面板上的数字/字母键，在"请指定新程序名"栏中输入复制的目标文件名，按软键"确认"即可完成拷贝。

4) 块操作

(1) 定义块

在打开程序界面中，点击软键"编辑"，进入到如图 2-47 所示界面。将光标移动到需要设置成块的开头或结尾处，点击软键"标记"，此字符处光标由红色变为黑色，点击或，将光标向后移动，则起始的字符定义为块头，结束处的字符定义为块尾；点击或，将光标向前移动，则起始的字符定义为块尾，结束处的字符定义为块头。块头和块尾之间的部分被定义为块，可进行整体的块操作。

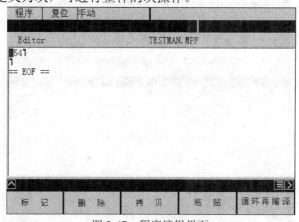

图 2-47　程序编辑界面

(2) 块的拷贝与粘贴

块定义完成后，按软键"拷贝"，则整个块被复制。块复制完成后，将光标移动到需要粘贴块的位置，按软键"粘贴"，整个块被粘贴在光标处。

(3) 删除块

块定义完成后，若按软键"删除"，则整个块被删除。

2-4　学 习 迁 移

1. 知识迁移

① 简述套类零件的结构特点。

② 数控车削刀具的材料和类型有哪些？

2．技能迁移

① 怎样选择数控车刀的材料与类型？

② 试对图 2-48 所示的套类零件进行工艺分析，并编程仿真加工。

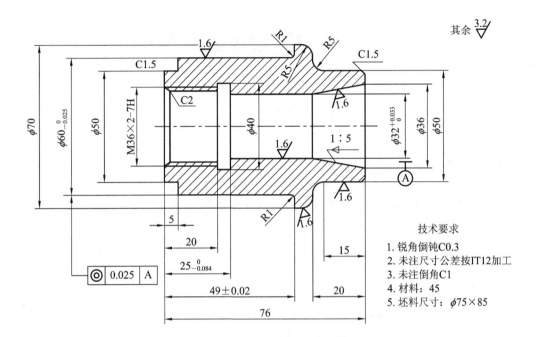

图 2-48　套类零件

盘类零件数控编程与操作

3-1　学 习 目 标

1. 知识技能目标

① 掌握盘类零件的结构特点和工艺规程，能正确制订盘类零件数控加工方案。

② 掌握 FANUC 0i 数控车削系统常用指令代码及编程规则，能手工编制简单盘类零件的数控加工程序。

③ 了解数控车床夹具的类型及选择，能用 FANUC 0i 数控车削系统完成盘类零件的仿真加工。

2. 过程方法目标

① 下达学习任务后，能通过多种渠道收集信息，会对收集的信息进行处理、分析和概括。

② 学习制订生产工作计划和实施方案，应用已学的知识和技能去解决具体的问题，能够举一反三，具备知识迁移能力。

③ 学会优选加工方案，能修改并简化数控加工程序，可以高效独立地完成盘类零件加工、质量检测等生产任务。

3. 职业情感目标

① 通过参与情境学习活动，培养敬业意识、安全意识和质量意识。

② 养成实事求是、尊重技术的科学态度，勇于钻研，善于总结，不断提高专业技能，并具备良好的工作思维和技术革新意识。

③ 敢于提出与别人不同的意见，也勇于放弃或修正自己的错误观点，对技术精益求精。

④ 遵守规则而不迁腐守旧，善于沟通而不人云亦云，积累提高而不故步自封，树立良好的综合职业素养。

3-2　学 习 过 程

一、情境资讯

1. 学习任务

加工如图 3-1 所示盘类零件 1500 个，材料为铸铁，加工前先进行退火、正火、回火和调质处理，预钻孔为 $\phi 20$。要求对该零件进行工艺分析、程序编制，运用上海宇龙数控仿真软件加工盘类零件，注意其尺寸公差和精度要求。

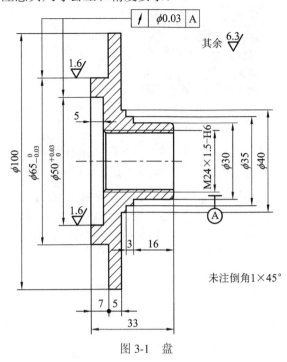

图 3-1 盘

2. 工作条件

1) 仿真软件

上海宇龙数控仿真软件，数控系统为 FANUC 0i。

2) 参考资料

相关数控系统手册、数控机床操作说明书、数控加工仿真系统使用手册、工艺手册和编程说明书等。

3. 图样分析

盘类零件是机器上使用较为广泛的机械零件之一，如发动机飞轮、汽车刹车盘、轴承盖、皮带轮、齿轮、链轮、涡轮等，一般由键、销与轴连接起来传递扭矩和运动，同时可起支承、定位和密封作用。盘类零件的结构与尺寸因用途不同而异，其结构特点包括：由同轴的外圆和内孔等回转表面组成；径向尺寸远大于轴向尺寸，零件轴向刚性比径向刚性差；在零件的圆周上一般有均布的孔、轮辐或轴向密封槽等结构；零件的两端面较大。一般盘类零件的毛坯主要是铸造件，其材料一般有铸铁、铸钢和铸铝等。

本情境的盘类零件需加工 1500 个，属于小批量生产；材料为铸铁，为去除应力、降低硬度以及提高强度和使用寿命，加工前应先进行退火、正火、回火和调质处理。该零件轮廓包含内圆、外圆、大端面、倒角和螺纹等要素，尺寸精度、形位公差、表面粗糙度都有一定要求。

4. 相关知识

与其他数控系统一样，FANUC 0i 标准机床同样由 CRT 显示器、软键、操作面板和操作键盘四部分组成。其中，FANUC 0i 标准机床面板如图 3-2 所示。

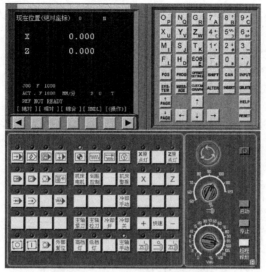

图 3-2　FANUC 0i 标准机床面板

表 3-1 和表 3-2 分别是 MDI 键盘功能和操作面板功能。

表 3-1　MDI 键盘功能

MDI 软键	功　　能
PAGE PAGE	软键 PAGE↑ 实现左侧 CRT 中显示内容的向上翻页；软键 PAGE↓ 实现左侧 CRT 显示内容的向下翻页
↑ ← ↓ →	移动 CRT 中的光标位置。软键 ↑ 实现光标的向上移动；软键 ↓ 实现光标的向下移动；软键 ← 实现光标的向左移动；软键 → 实现光标的向右移动
O N G X Y Z M S T F H EOB	实现字符的输入，点击 SHIFT 键后再点击字符键，将输入右下角的字符。例如，点击 O_P 将在 CRT 的光标所处位置输入 "O" 字符，点击软键 SHIFT 后再点击 O_P 将在光标所处位置处输入 P 字符；点击软键中的 "EOB" 将输入 "；" 表示换行结束
7 8 9 4 5 6 1 2 3 0	实现字符的输入。例如，点击软键 5 将在光标所在位置输入 "5" 字符，点击软键 SHIFT 后再点击 5 将在光标所在位置处输入 "]"
POS	在 CRT 中显示坐标值
PROG	CRT 将进入程序编辑和显示界面
OFFSET SETTING	CRT 将进入参数补偿显示界面
SYS-TEM	本软件不支持
MESS-AGE	本软件不支持
CUSTOM GRAPH	在自动运行状态下将数控显示切换至轨迹模式
SHIFT	输入字符切换键
CAN	删除单个字符
INPUT	将数据域中的数据输入到指定的区域
ALTER	字符替换
INSERT	将输入域中的内容输入到指定区域
DELETE	删除一段字符
HELP	本软件不支持
RESET	机床复位

表 3-2 操作面板功能

按　钮	名　称	功　能　说　明
	自动运行	此按钮被按下后，系统进入自动加工模式
	编辑	此按钮被按下后，系统进入程序编辑状态，用于直接通过操作面板输入数控程序和编辑程序
	MDI	此按钮被按下后，系统进入 MDI 模式，手动输入并执行指令
	远程执行	此按钮被按下后，系统进入远程执行模式即 DNC 模式，输入输出资料
	单节	此按钮被按下后，运行程序时每次执行一条数控指令
	单节忽略	此按钮被按下后，数控程序中的注释符号"/"有效
	选择性停止	当此按钮按下后，"M01"代码有效
	机械锁定	锁定机床
	试运行	机床进入空运行状态
	进给保持	程序运行暂停，在程序运行过程中，按下此按钮运行暂停。按"循环启动"恢复运行
	循环启动	程序运行开始；系统处于"自动运行"或"MDI"位置时按下有效，其余模式下使用无效
	循环停止	程序运行停止，在数控程序运行中，按下此按钮停止程序运行
	回原点	机床处于回零模式；机床必须首先执行回零操作，然后才可以运行
	手动	机床处于手动模式，可以手动连续移动
	手动脉冲	机床处于手轮控制模式
	手动脉冲	机床处于手轮控制模式
X	X轴选择按钮	在手动状态下，按下该按钮则机床移动 X 轴
Z	Z轴选择按钮	在手动状态下，按下该按钮则机床移动 Z 轴
＋	正方向移动按钮	手动状态下，点击该按钮系统将向所选轴的正向移动。在回零状态时，点击该按钮将所选轴回零
－	负方向移动按钮	手动状态下，点击该按钮系统将向所选轴的负向移动
快速	快速按钮	按下该按钮，机床处于手动快速状态
	主轴倍率选择旋钮	将光标移至此旋钮上后，通过点击鼠标的左键或右键来调节主轴旋转倍率
	进给倍率	调节主轴运行时的进给速度倍率
	急停按钮	按下急停按钮，使机床移动立即停止，并且所有的输出(如主轴的转动等)都会关闭
超程释放	超程释放	系统超程释放

续表

按　钮	名　称	功　能　说　明
	主轴控制按钮	从左至右分别为：正转、停止、反转
⊞	手轮显示按钮	按下此按钮，可以显示出手轮面板
	手轮面板	点击⊞按钮将显示手轮面板，利用此面板可进行手轮操作
	手轮轴选择旋钮	手轮模式下，将光标移至此旋钮上后，通过点击鼠标的左键或右键来选择进给轴
	手轮进给倍率旋钮	手轮模式下将光标移至此旋钮上后，通过点击鼠标的左键或右键来调节手轮步长。X1、X10、X100 分别代表移动量为 0.001 mm、0.01 mm、0.1 mm
	手轮	将光标移至此旋钮上后，通过点击鼠标的左键或右键来转动手轮
启动	启动	启动控制系统
停止	关闭	关闭控制系统

二、方案决策

1. 机床选用

FANUC 0i 数控车床。

2. 刀具选用

根据零件图加工要求，需要加工内外圆柱面、台阶面、倒角、内螺纹等要素，共需三把刀具，如表 3-3 所示。

表 3-3　数控加工刀具卡

产品名称			零件名称	盘	零件图号	
序号	刀具号	刀　具			加工表面	备注
		规格名称	数量	刀尖半径/mm		
1	T01	90° 外圆左偏刀	1	0.2	外轮廓加工	
2	T02	95° 内圆车刀	1	0.2	内轮廓加工	
3	T03	60° 内螺纹刀	1	0	车 M24 内螺纹	
编制		审核	批准	年　月　日	共　页	第　页

3. 夹具选用

盘类零件的常用装夹方式有外圆装夹、反爪装夹和内孔装夹。在实际加工中，盘类零件具有径向尺寸大、长度小的结构特点，其装夹长度一般较短，为保证装夹的稳定性和装夹强度，大多数在装夹时采用顶尖辅助夹紧。

4. 毛坯选用

本学习情境选用铸铁圆棒料。毛坯直径为 102 mm，长度为 36 mm，预钻孔为 φ20 mm。

三、制定计划

1．编制加工工艺

1) 确定工步顺序和加工路线

本学习情境的零件分两次装夹，先粗、精加工右端外轮廓，然后掉头粗、精车左端外轮廓和内轮廓，最后加工螺纹。外轮廓采取径向循环加工路线，内轮廓采用轴向循环加工路线。

2) 选择切削用量并填写工序卡片

将各工步的加工内容、所用刀具和切削用量填入如表 3-4 所示的数控加工工艺卡。

表 3-4　数控加工工艺卡

单位			车间名称		设备名称	HNC21T 数控车
夹具	三爪卡盘、顶尖		产品名称		零件名称	盘
时间定额	基本	120 min	材料名称	铸铁	零件图号	
	准备	60 min	工序名称		工序序号	

(零件图：$\phi100$，$\phi65_{-0.03}^{0}$，$\phi50_{0}^{+0.03}$，$M24\times1.5\text{-H6}$，$\phi30$，$\phi35$，$\phi40$；其余 6.3；$\boxed{/\ \phi0.03\ A}$；1.6；5；3；16；7；5；33；未注倒角 $1\times45°$)

工步序号	工步名称	刀具号	切削用量		
			被吃刀量 /mm	进给量 /(mm/r)	主轴转速 /(r/min)
1	粗车右端面及外轮廓	T01	3	0.3	500
2	精车右端面及外轮廓	T01	0.5	0.1	800
3	粗车左端面及外轮廓	T01	3	0.3	300
4	精车左端面及外轮廓	T01	0.5	0.1	400
5	粗车内轮廓	T02	3	0.3	700
6	精车内轮廓	T02	0.5	0.1	1100
7	加工螺纹	T03			720
编制		审核		批准	
加工		日期		共 1 页	第 1 页

2. 编制数控程序

1) 计算零件图主要节点

因为本学习情境的零件两端都要加工，所以需计算出零件左、右两端的主要节点坐标，如图 3-3 所示。

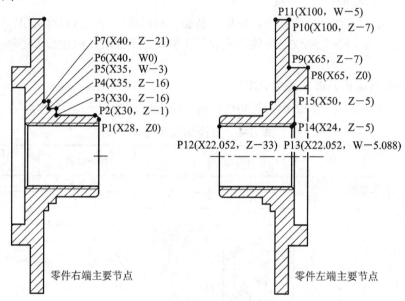

图 3-3 零件图主要节点

2) 编写程序表

本学习情境中零件的数控编程与操作以 FANUC 0i 车削系统为主，其数控加工程序如表 3-5 所示。

表 3-5 盘的数控加工程序

工 步	程 序	注 释
1. 粗车右端面及外轮廓	O0001;	程序名
	G21 G54 G97 G99;	安全程序段
	T0101;	调用 1 号刀具 1 号刀补
	M04 S500;	主轴反转 500 r/min
	G00 X105 Z2;	快速定位至起刀点
	G71 U4 R1;	设定径向粗车进给量与退刀量
	G71 P10 Q20 U0.5 W0 F0.3;	调用径向粗车复合循环
2. 精车右端面及外轮廓	N10 G42 G01 X0;	加刀补，车零件右端面
	Z0;	
	X28;	直线插补至 P1 点
	X30 Z-1;	直线插补至 P2 点
	Z-16;	直线插补至 P3 点
	X35;	直线插补至 P4 点
	W-3;	直线插补至 P5 点
	X40;	直线插补至 P6 点

续表一

工　步	程　序	注　释
2. 精车右端面及外轮廓	Z-21;	直线插补至 P7 点
	N20 G40 G00 X105;	程序名取消刀补，X 向快速退刀至安全点
	M03 S800 F0.1;	精车反转进给
	G70 P10 Q20;	调用精加工
	Z100;	Z 向快速退刀至安全点
	M05;	主轴停转
	M00;	程序结束
3. 粗车左端面及外轮廓	T0101;	调用 1 号刀具 1 号刀补
	M04 S300;	主轴反转 300 r/min
	G00 X105 Z2;	快速定位至起刀点
	G71 U4 R1;	设定径向粗车进给量与退刀量
	G71 P30 Q40 U0.5 W0 F0.3;	调用径向粗车复合循环
4. 精车左端面及外轮廓	N30 G42 G01 X0;	加刀补，车零件右端面
	Z0;	
	X65;	直线插补至 P8 点
	Z-7;	直线插补至 P9 点
	X100;	直线插补至 P10 点
	W-5	直线插补至 P11 点
	N40 G40 G00 X105;	取消刀补，X 向快速退刀至安全点
	M04 S400 F0.1	主轴反转 400 r/min
	G70 P30 Q40;	调用精加工
	Z100;	Z 向快速退刀至安全点
5. 粗车左端内轮廓	T0202;	快速定位至起刀点调用 2 号刀具 2 号刀补
	M04 S700;	主轴反转 700 r/min
	G00 X19 Z5;	快速定位至起刀点
	G72 W4 R1;	设定轴向粗车进给量与退刀量
	G72 P50 Q60 U-0.5 W0.3 F0.2;	调用轴向粗车复合循环
6. 精车左端内轮廓	N50 G41 G01 Z-33;	至孔内准备切削
	X22.052;	直线插补至 P12 点
	Z-5.088;	直线插补至 P13 点
	X24 Z-5;	直线插补至 P14 点
	X50;	直线插补至 P15 点
	N60 G40 Z5;	Z 向快速退刀至安全点
	M04 S1100 F0.1;	主轴反转 1100 r/min
	G70 P50 Q60;	调用精加工
	G00 X105 Z50;	快速退刀至安全点

续表二

工　步	程　序	注　释
7. 加工螺纹	T0303;	调用 3 号刀具 3 号刀补
	M04 S720;	主轴反转 720 r/min
	G00 X20;	快速定位至 X 方向起刀点
	Z-34;	快速定位至 Z 方向起刀点
	G92 X22.84 Z2 F1.5;	螺纹循环第一刀切深 0.8 mm
	X23.44 Z2;	螺纹循环第二刀切深 0.6 mm
	X23.84 Z2;	螺纹循环第三刀切深 0.4 mm
	X24 Z2;	螺纹循环第四刀切深 0.16 mm
	G00 X20;	X 向快速退刀至安全点
	Z100;	Z 向快速退刀至安全点
	M05;	主轴停转
	M30;	程序结束

　　FANUC 数控程序同样由起始符、程序段和结束符组成。起始符由字母 O 紧跟 4 位数值组成，放在程序的开头。如果在程序开头没有指定程序号，则程序开头处的顺序号被当做程序号。如果用了 5 位数作为顺序号，则低 4 位作为程序号。如果低 4 位都是 0，则在顺序号加上 1 作为程序号。但是，要注意，N0 不能用作程序号。如果在程序的开头没有程序号或者顺序号，那么，在把程序存入存储器时，必须用 MDI 面板指定一个程序号。程序号 8000 到 9999 由机床制造商使用，用户不能使用这些号。

　　程序段号由地址 N 后跟一个不超过 5 位的数值(1～99999)组成。顺序号可以随意指定，也可以没有顺序号，可以跳过任何号。可以为所有的程序段指定顺序号，也可以只为那些程序中想要加顺序号的程序段指定顺序号。但是，通常还是习惯于按照与加工步骤相协调的递增次序分配顺序号。为了与其他 CNC 系统兼容，不能用 N0。不能使用程序号 0，所以 0 也不能用在当做程序号的顺序号中。

　　大部分 FANUC 系统的程序段必须以分号表示结束，最近新出产的数控系统可省略。

　　结合程序表，简述相关主要指令的应用。

　　(1) 径向加工复合循环

　　【格式】

　　　　G71 U(△d) R(e);

　　　　G71 P(ns) Q(nf) U(△u) W(△w) F(f) S(s) T(t);

　　　　N(ns)··· F(f)S(s)T(t);

　　　　···

　　　　N(nf)···

　　【说明】　如图 3-4 所示，从 A 到 A' 再到 B 的精加工形状由图中的程序给出，在指定的区域每次进刀切去△d(切深)，精切余量为△u/2 和△w。

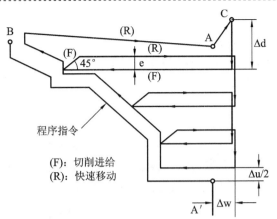

图 3-4 G71 切削轨迹

Δd：切削深度(半径给定)。不带符号，切削方向决定于 AA' 方向。该值是模态的，直到指定其他值以前不改变。该值也可以由参数(5132 号)设定，参数由程序指令改变。

e：退刀量。退刀量是模态的，直到指定其他值前不改变，该值也可以由内部参数设定，参数由程序指令改变。

ns：精车加工程序第一个程序段的顺序号。

nf：精车加工程序最后一个程序段的顺序号。

Δu：X 轴方向精加工余量的距离和方向(直径/半径指定)。

Δw：Z 轴方向精加工余量的距离和方向。

【注意】 粗车加工循环由带有地址 P 和 Q 的 G71 指令实现。在 A 点和 B 点间的运动指令中指定的 F、S 和 T 功能无效，但是，在 G71 程序段或 G71 指令前的程序段中指定的 F、S 和 T 功能有效。

当用恒表面切削速度控制时，在 A 点和 B 点间的运动指令所指定的 G96 或 G97 无效，而在 G71 程序段或 G71 指令前的程序段中指定的 G96 或 G97 有效。

地址 P 和 Q 指定的顺序号不应当在同一程序中指定两次或两次以上。顺序号"ns"和"nf"之间的程序段不能调用子程序。

(2) 轴向加工复合循环

【格式】

　　G72 W(Δd) R(e)；

　　G72 P(ns) Q(nf) U(Δu) W(Δw) F(f) S(s) T(t)；

　　N(ns)···F(f)S(s)T(t)；

　　···

　　N(nf)···

【说明】 如图 3-5 所示，Δd 为轴向进给切削深度。该循环除了切削平行于 X 轴，其余均与 G71 相同。

(3) 闭环车削复合循环

闭环车削复合循环可以车削固定的图形。这种车削循环，可以有效地车削铸造成形或已粗车成形的工件。

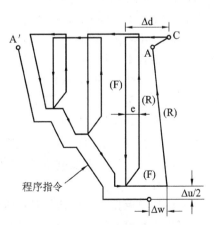

图 3-5 G72 切削轨迹

【格式】

  G73 U(Δi) W(Δk) R(d);

  G73 P(ns) Q(nf) U(Δu) W(Δw) F(f) S(s) T(t);

  N(ns)⋯ F(f)S(s)T(t);

  ⋯

  N(nf)⋯

【说明】 如图 3-6 所示，Δi 表示 X 轴方向退刀量的距离和方向(半径指定)，该值是模态值。Δk 表示 Z 轴方向退刀量的距离和方向，该值是模态。d 表示分割数，此值是模态的，与粗切重复次数相同。其他参数及注意事项与 G71 相同。

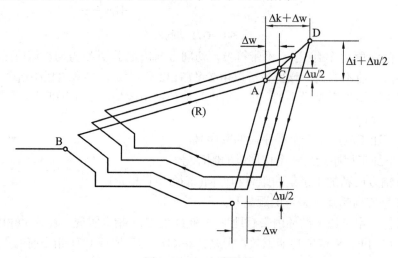

图 3-6　G73 切削轨迹

(4) 精车循环

【格式】

  G70 P(ns) Q(nf);

【说明】 G71、G72 或 G73 粗切后，使用 G70 指令实现精加工。此时，在 G71、G72、G73 程序段中规定的 F、S 和 T 功能无效，但在执行 G70 时顺序号 "ns" 和 "nf" 之间指定的 F、S 和 T 有效。当 G70 循环加工结束时，刀具返回到起点并读下一个程序段。

(5) 螺纹单一循环

【格式】

  G92 X(U)_ Z(W)_ F_;

【说明】 如图 3-7 所示，在增量编程中，U 和 W 地址后的数值的符号取决于轨迹 1 和 2 的方向。即如果轨迹 1 的方向沿 X 轴是负的，U 值也是负的。主轴速度倍率和进给倍率功能在切削螺纹时失效，倍率均固定在 100%。螺纹倒角能在此螺纹切削循环中实现。从机床来的信号启动螺纹倒角开始。倒角距离在 0.1L(L 表示螺距)至 12.7L 之间指定，指定单位为 0.1L。

  由进给保持引起的暂停是在螺纹切削循环轨迹 3 结束后暂停。在螺纹切削期间(轨迹 2)，按下进给暂停按钮时，刀具立即按斜线回退，然后先回到 X 轴起点再回到 Z 轴起点。在回退期间，不能进行另外的进给暂停。

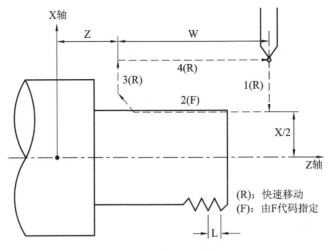

图 3-7 直螺纹切削

四、加工实施

1．选择机床

打开菜单"机床/选择机床…"，或者点击工具条上的小图标 ，弹出选择机床对话框，选择控制系统为 FANUC 0i 系列，机床类型选择标准车床(斜床身后置刀架)，按确定按钮，此时界面如图 3-8 所示。

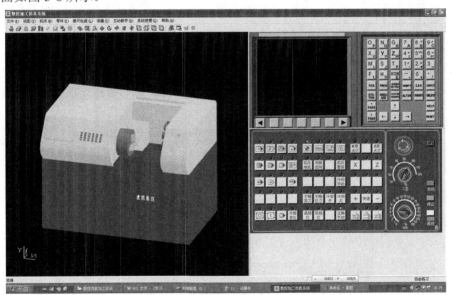

图 3-8 FANUC 0i 仿真车床界面

2．启动系统

点击"启动"按钮 ，此时车床电机和伺服控制的指示灯变亮 。检查"急停"按钮是否松开至 状态，若未松开，点击"急停"按钮 ，将其松开。

3. 装夹工件

1) 定义毛坯

打开菜单"零件/定义毛坯"或在工具条上选择 ◻，系统打开定义毛坯对话框，如图 3-9 所示。在毛坯名字输入框内可以输入缺省值，也可以输入毛坯名。在"材料"下拉列表中选择铸铁材料，形状选择 U 形。将零件尺寸改为$\phi102\times36$ mm，通孔直径为$\phi20$，通孔长度与毛坯长度相同，然后单击"确定"按钮。

2) 装夹毛坯

打开菜单"零件/放置零件"命令或者在工具条上选择图标 ◻，系统弹出选择零件对话框，如图 3-10 所示。

在列表中点击所需的零件，选中的零件信息加亮显示，按下"安装零件"按钮，系统自动关闭对话框，并出现一个小键盘，通过按动键盘上的方向按钮，使毛坯移动至合适位置，单击"退出"按钮。此时，零件被安装在卡盘上。

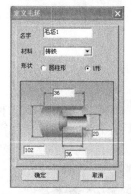

图 3-9　定义毛坯对话框

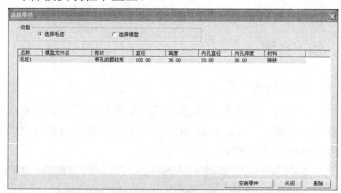

图 3-10　选择零件对话框

4. 装夹刀具

打开菜单"机床/选择刀具"或者在工具条中选择 ▥，系统弹出刀具选择对话框，如图 3-11 所示。

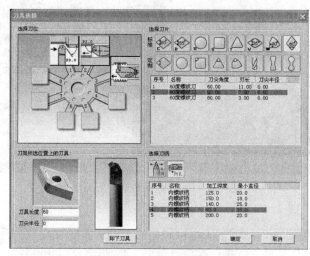

图 3-11　刀具选择对话框

1 号刀具选择标准 D 型刀片 DCMT070204：刃长 7 mm、刀尖半径 0.2 mm；外圆右向横柄：90°主偏角。

2 号刀具选择标准 D 型刀片 DCMT070204：刃长 7 mm、刀尖半径 0.2 mm；内孔刀柄：加工深度 50 mm、最小直径 13 mm、95°主偏角。

3 号刀具选择标准螺纹刀片：刃长 7 mm、刀尖半径 0 mm；内螺纹刀柄：加工深度 60 mm、最小直径 16 mm。

5. 回参考点

检查操作面板上回原点指示灯是否亮起，若指示灯亮起，则已进入回原点模式；若指示灯不亮，则点击"回原点"按钮，转入回原点模式。

在回原点模式下，先将 X 轴回原点，点击操作面板上的"X 轴选择"按钮，使 X 轴方向移动指示灯变亮，点击"正方向移动"按钮，此时 X 轴将回原点，X 轴回原点灯变亮，CRT 上的 X 坐标变为"390.000"。同样，再点击"Z 轴选择"按钮，使指示灯变亮，点击，Z 轴将回原点，Z 轴回原点灯变亮，此时 CRT 界面如图 3-12 所示。

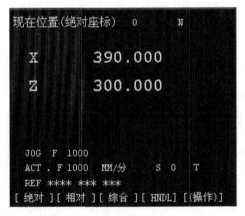

图 3-12 回参考点后的 CRT 界面

6. 加工左端

1) 对刀

点击操作面板上的"手动"按钮，手动状态指示灯变亮，机床进入手动操作模式。点击控制面板上的 X 按钮，使 X 轴方向移动指示灯变亮，点击 + 或 −，使机床在 X 轴方向移动。同样使机床在 Z 轴方向移动，使刀具移动到可切削零件的大致位置。

点击操作面板上的或按钮，使其指示灯变亮，主轴转动。再点击"Z 轴方向选择"按钮 Z，使 Z 轴方向指示灯变亮，点击 −，用所选刀具来试切工件外圆，然后按 + 按钮，X 方向保持不动，刀具退出。点击操作面板上的按钮，使主轴停止转动，点击菜单"测量/坐标测量"，再点击试切外圆时所切线段，选中的线段由红色变为黄色。记下下半部对话框中对应的 X 值(即直径 101.635 mm)。

点击 MDI 键盘上的键，CRT 进入形状补偿参数设定界面，如图 3-13 所示。将光标移到与刀位号相对应的位置，输入 X101.635，按菜单软键[测量]，对应的刀具偏移量自动输入。

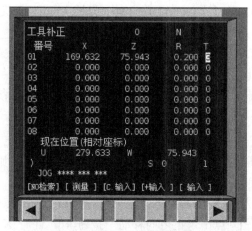

图 3-13　形状补偿参数设定界面

　　试切工件端面，把端面在工件坐标系中 Z 的坐标值记为 β (此处以工件端面中心点为工件坐标系原点，则 β 为 0)。保持 Z 轴方向不动，刀具退出。在形状补偿参数设定界面，将光标移到相应的位置，输入 Z0，按[测量]软键，对应的刀具偏移量自动输入。

　　2) 刀具参数补偿

　　(1) 半径补偿

　　如图 3-13 所示，在形状补偿参数设定界面将光标移到与刀位号相对应的位置，输入刀尖半径和刀尖方位号，按菜单软键[输入]或者 MDI 键盘按钮[INPUT]即可。

　　(2) 磨损补偿

　　连续点击 MDI 键盘上的[OFFSET SETTING]键，CRT 进入磨耗补偿参数设定界面。在磨耗补偿参数设定界面将光标移到与刀位号相对应的位置，输入各补偿量，按菜单软键[输入]或者 MDI 键盘按钮[INPUT]即可。

　　3) 对刀校验

　　点击操作面板上的[⬛]按钮，使其指示灯变亮，进入 MDI 模式。在 MDI 键盘上按[PROG]键，进入编辑页面，如图 3-14 所示。在输入键盘上点击数字/字母键，可以作取消、插入、删除等

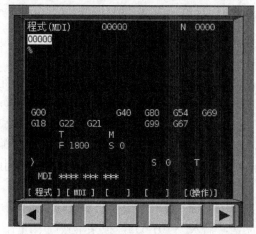

图 3-14　MDI 指令输入界面

修改操作。按数字/字母键键入字母"O"，再键入程序号，但不可以与已有的程序号重复。每行程序段输入完毕，用分号换行键<kbd>EOB</kbd>结束此行的输入并进行换行。按键盘上的<kbd>INSERT</kbd>键，输入所编写的数据指令。输入完整数据指令后，按循环启动按钮<kbd>1</kbd>运行程序。移动光标按<kbd>PAGE↑</kbd><kbd>PAGE↓</kbd>键翻页。按方位键<kbd>↑</kbd><kbd>↓</kbd><kbd>←</kbd><kbd>→</kbd>移动光标。按<kbd>CAN</kbd>键，删除输入域中的数据；按<kbd>DELETE</kbd>键，删除光标所在的代码，用<kbd>RESET</kbd>键清除输入的数据。

4) 程序调入

数控程序可以通过记事本(txt 文件)或写字板(rtf 文件)等编辑软件输入并保存为文本格式调入仿真数控系统，也可直接用 FANUC 0i 系统的 MDI 键盘输入。

(1) 文本格式调入

数控程序可以通过记事本或写字板等编辑软件输入并保存为文本格式文件。

点击操作面板上的编辑键<kbd>⊠</kbd>，编辑状态指示灯变亮<kbd>⊠</kbd>，此时已进入编辑状态。点击 MDI 键盘上的<kbd>PROG</kbd>，CRT 界面转入编辑页面。再按菜单软键 [操作]，在出现的下级子菜单中按软键<kbd>▶</kbd>，按菜单软键[READ]，转入如图 3-15 所示界面。

点击 MDI 键盘上的数字/字母键，输入"Ox"(x 为任意不超过四位的数字)，按软键[EXEC]，点击菜单"机床/DNC 传送"，弹出如图 3-16 所示对话框。选择所需的 NC 程序，按"打开"确认，则数控程序被导入并显示在 CRT 界面上。

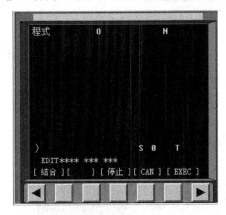

图 3-15　程序调入界面　　　　　　　图 3-16　程序传送对话框

(2) MDI 键盘调入

点击操作面板上的编辑键<kbd>⊠</kbd>，编辑状态指示灯变亮<kbd>⊠</kbd>，此时已进入编辑状态。点击 MDI 键盘上的<kbd>PROG</kbd>，CRT 界面转入编辑页面。选定一个数控程序后，此程序显示在 CRT 界面上，可对数控程序进行编辑操作。

按<kbd>PAGE↑</kbd><kbd>PAGE↓</kbd>键进行翻页，按方位键<kbd>↑</kbd><kbd>↓</kbd><kbd>←</kbd><kbd>→</kbd>可移动光标。将光标移到所需位置，点击 MDI 键盘上的数字/字母键，可将代码输入到输入域中，按<kbd>INSERT</kbd>键，把输入域的内容插入到光标所在代码后面。按<kbd>CAN</kbd>键删除输入域中的数据。若将光标移到需要删除的字符处，按<kbd>DELETE</kbd>键，则可删除光标处的代码。输入需要搜索的字母或代码，按<kbd>↓</kbd>键可在当前数控程序中光标所在位置后开始搜索。代码可以是一个字母或一个完整的代码，例如 "N0010" "M" 等。如果此数控程序中有所搜索的代码，则光标停留在找到的代码处；如果此数控程序中光标所在位置后没有所搜索的代码，则光标停留在原处。将光标移到所需替换字符的位置，将替换成的字符通过 MDI 键盘输入到输入域中，按<kbd>ALTER</kbd>键完成替换。

5) 程序校验

点击操作面板上的"自动运行"按钮 ，使其指示灯变亮 ，转入自动加工模式，点击 MDI 键盘上的 按钮，再点击数字/字母键，输入"Ox"(x 为所需要检查运行轨迹的数控程序号)，按 开始搜索，找到后，程序显示在 CRT 界面上。点击 按钮，进入检查运行轨迹模式，点击操作面板上的"循环启动"按钮 ，即可观察数控程序的运行轨迹，此时也可通过"视图"菜单中的动态旋转、动态放缩、动态平移等方式对三维运行轨迹进行全方位的动态观察。如图 3-17 所示为本情境零件左端的加工运行轨迹。

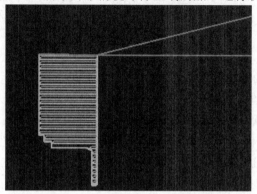

图 3-17　零件左端的加工运行轨迹

6) 自动加工

检查机床是否回零，若未回零，先将机床回零。点击操作面板上的"自动运行"按钮 ，使其指示灯变亮 。点击操作面板上的"循环启动"按钮 ，程序开始执行。

数控程序在运行过程中可根据需要暂停、急停和重新运行。数控程序在运行时，按"进给保持"按钮 ，程序停止执行；再点击"循环启动"按钮 ，程序从暂停位置开始执行。

数控程序在运行时，按下"急停"按钮 ，数控程序中断运行；继续运行时，先将急停按钮松开，再按"循环启动"按钮 ，余下的数控程序从中断行开始作为一个独立的程序执行。本情境零件左端仿真加工如图 3-18 所示。

图 3-18　零件左端仿真加工

7. 加工右端

左端加工完之后，按下"急停"按钮 ，零件调头加工(如图 3-19 所示)。打开菜单"零件/移动零件…"，系统弹出操作小键盘，点击键盘上的调头按钮 ，再通过按动方向按钮，使毛坯移动至合适位置，单击"退出"按钮完成零件调头。

点击急停按钮 至松开状态，点击操作面板中切换到"手动"方式。用第一次装夹时的刀具 T01 试切，点击操作面板上的"手动"按钮 ，手动状态指示灯变亮 ，机床进入手动操作模式，点击操作面板上的 或 按钮，使其指示灯变亮，主轴转动。点击控制面板上的 按钮，使 X 轴方向移动指示

图 3-19　零件调头加工

灯变亮x，点击+或−，使机床试切端面；Z轴方向保持不动，刀具退出。

按下操作面板上的按钮，使主轴停止转动。点击 MDI 键盘按钮**POS**，此时 CRT 界面显示刀具在机床坐标系 Z 轴的实际位置为 75.926 mm，如图 3-20 所示。

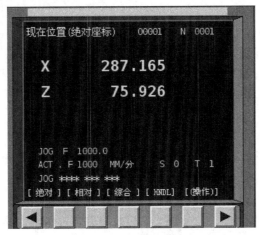

图 3-20　机床实际位置

测量工件的实际长度为 35.926 mm，如图 3-21 所示。

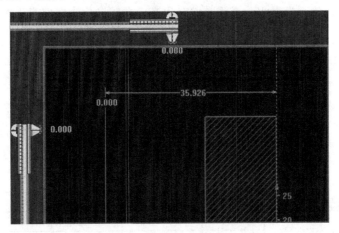

图 3-21　调头测量零件实际长度

用实际长度 35.926 mm 减去理论长度 33 mm 等于 2.926 mm，采用手动方式配合手轮增量方式，使刀具在 Z 轴负方向移动 2.926 mm 至机床坐标系 Z73(75.926−2.926=73)。点击操作面板中的**手动**按钮切换到"手动"方式；点击操作面板上的或按钮，使主轴转动；点击控制面板上的 X 按钮，使 X 轴方向移动指示灯变亮x，点击 − 按钮再次车削端面，然后按 + 按钮，Z 轴方向保持不动，刀具退出。在形状补偿参数设定界面对应"Z"栏输中入 0，按菜单软键[测量]，完成 Z 轴方向对刀。

X 轴方向对刀与加工左端时方法相同。

内圆车刀 T02 与螺纹刀 T03 的对刀操作与外圆车刀 T01 类似，注意要将刀尖点与外圆车刀对刀点重合。对刀时，通过在 MDI 方式下选择刀具，采用手动方式配合手轮增量方式使刀尖靠近工件，直至轻擦出切屑为止，即可输入刀偏参数。手轮模式需点击操作面板上的"手动脉冲"按钮或，使指示灯变亮。点击按钮，显示手轮。鼠标对准

"轴选择"旋钮，点击左键或右键，选择坐标轴。鼠标对准"手轮进给速度"旋钮，点击左键或右键，选择合适的脉冲当量。鼠标对准手轮，点击左键或右键，精确控制机床的移动。点击回，可隐藏手轮。

图 3-22　盘的仿真加工图

对于螺纹刀 Z 轴方向对刀，由于切削不易掌握，可凭眼睛观察，使刀尖点对准工件右端面即可。刀具参数补偿、对刀校验、程序输入、程序校验和自动加工与零件左端加工时类似，在此不再赘述，盘的仿真加工图如图 3-22 所示。

五、质量检查

盘类零件的测量与学习情境一轴类零件检测类似，在此不再赘述。

六、总结评价

根据规范化技术文件，即评分标准，填写数控加工考核表(如表 3-6 所示)。组织学生自评与互评，并根据本次实训内容，总结数控车床加工盘类零件的全过程，完成实训报告。重点分析零件不合格原因，对生产过程与产品质量进行优化，提出改进措施。教师重点评估项目完成质量，关注学生团队合作、安全生产、文明操作、环保意识等，突出过程考核。

表 3-6　数控加工考核表

班级				姓名		
工号				总分		
序号	项目	配分	等级	评 分 细 则		得分
1	加工工艺	15	15	加工工艺完全合理		
			8~14	工艺分析、加工工序、刀具选择、切削用量 1~2 处不合理		
			1~7	工艺分析、加工工序、刀具选择、切削用量 3~4 处不合理		
			0	加工工艺完全不合理		
2	程序输入	25	25	程序编制、输入步骤完全正确		
			17~24	不符合程序输入规范 1~2 处		
			9~16	不符合程序输入规范 3~4 处		
			0~8	程序编制完全错误或多处不规范		
3	文明操作	30	30	安全文明生产，加工操作规程完全正确		
			11~29	操作过程 1~3 处不合理，但未发生撞车事故		
			1~10	操作过程多处不合理，加工过程中发生 1~2 次撞车事故		
			0	操作过程完全不符合文明操作规程		
4	零件质量	30	30	加工零件完全符合图样要求		
			21~29	加工零件不符合图样要求 1~3 处		
			11~20	加工零件不符合图样要求 4~6 处		
			0~10	加工零件完全或多处不符合图样要求		

3-3　学习拓展

一、数控车床夹具

1. 数控机床夹具的分类

1) 通用夹具

通用夹具是指已经标准化、无需调整或稍加调整就可以用来装夹不同工件的夹具，如三爪卡盘、四爪卡盘、平口虎钳和万能分度头等，这类夹具主要用于单件小批生产。

2) 专用夹具

专用夹具是指专为某一工件的某一加工工序而设计制造的夹具，其结构紧凑，操作方便，主要用于固定产品的大批量生产。

3) 组合夹具

组合夹具是指按一定的工艺要求，由一套预先制造好的通用标准元件和部件组装而成的夹具。组合夹具使用完毕后，可方便地拆散成元件或部件，待需要时重新组合成其他加工过程的夹具，适用于数控加工、新产品的试制和中、小批量的生产。

4) 可调夹具

可调夹具包括通用可调夹具和成组夹具，它们都可以通过调整或更换少量元件来加工一定范围内的工件，兼有通用夹具和专用夹具的优点。通用可调夹具的适用范围较宽，加工对象并不十分明确；成组夹具是根据成组工艺要求，针对一组形状及尺寸相似、加工工艺相近的工件加工而设计的，其加工对象和范围很明确，又称为专用可调夹具。

2. 数控车床常用夹具

数控车床主要用于加工内外圆柱面、圆锥面、回转成形面、螺纹及端平面等。上述各表面都是绕车床主轴轴心的旋转而形成的，根据这一加工特点和夹具在车床上安装的位置，将车床夹具分为两种基本类型：一类是安装在车床主轴上的夹具，这类夹具和车床主轴相连接并带动工件一起随主轴旋转，除了各种卡盘、顶尖等通用夹具或其他机床附件外，往往根据加工的需要设计出各种心轴或其他专用夹具；另一类是安装在滑板或床身上的夹具，对于某些形状不规则和尺寸较大的工件，常常把夹具安装在车床滑板上，刀具则安装在车床主轴上作旋转运动，夹具作进给运动。

数控车床上的夹具根据用途可分为两类：一类用于盘类或短轴类零件，工件毛坯装夹在带可调卡爪的卡盘中，由卡盘传动旋转；另一类用于轴类零件，毛坯装在主轴顶尖和尾架顶尖间，工件由主轴上的拨动卡盘传动旋转。

(1) 三爪自定心卡盘

如图 3-23 所示，三爪自定心卡盘是一种常用的自动定心夹具，适用于装夹轴类、盘套类零件。

(2) 四爪单动卡盘

如图 3-24 所示，四爪单动卡盘适用于外形不规则、非圆柱体、偏心、有孔距要求(孔距不能太大)及位置与尺寸精度要求高的零件。

(3) 花盘

如图 3-25 所示，花盘与其他车床附件一起使用，适用于外形不规则、偏心及需要端面定位夹紧的零件。

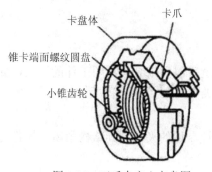

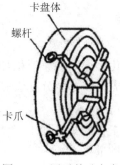

图 3-23　三爪自定心卡盘图　　图 3-24　四爪单动卡盘　　图 3-25　花盘

(4) 心轴

常用的心轴主要有圆柱心轴、圆锥心轴和花键心轴。如图 3-26 所示，圆柱心轴主要用于套筒和盘类零件的装夹。

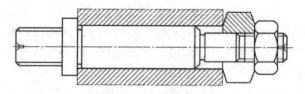

图 3-26　圆柱心轴

圆锥心轴(小锥度心轴)的定心精度高，但零件的轴向位移误差加大，多用于以孔为定位基准的零件。

如图 3-27 所示，花键心轴用于以花键孔定位的零件。

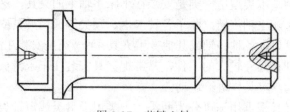

图 3-27　花键心轴

3. 夹具的选择

数控加工对夹具主要有两大要求：一是夹具应具有足够的精度和刚度；二是夹具应有可靠的定位基准。选用夹具时，通常考虑以下几点：

① 尽量选用可调整夹具、组合夹具及其他通用夹具，避免采用专用夹具，以缩短生产准备时间。

② 在成批生产时才考虑采用专用夹具，并力求结构简单。

③ 装卸零件要迅速方便，以减少机床的停机时间。

④ 夹具在机床上安装要准确可靠，以保证零件在正确的位置上加工。

4．零件的安装

数控机床上零件的安装方法与普通机床一样，要合理选择定位基准和夹紧方案，注意以下两点：

① 力求设计、工艺与编程计算的基准统一，这样有利于编程时数值计算的简便性和精确性。

② 尽量减少装夹次数，尽可能在一次定位装夹后，加工出全部待加工表面。

二、FANUC 数控车床指令拓展

FANUC 数控车床常用简化编程指令、固定循环指令与华中 HNC-21/22T 数控系统基本相同，在此不再赘述，详见附录。

三、FANUC 0i 数控仿真车床操作技能拓展

1．G54～G59 参数设置

在 MDI 键盘上点击 键，按菜单软键[坐标系]，进入坐标系参数设定界面，输入"0x"，(01 表示 G54，02 表示 G55，以此类推)按菜单软键[NO 检索]，光标停留在选定的坐标系参数设定区域，如图 3-28 所示。

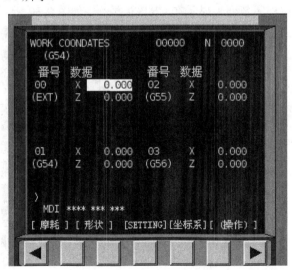

图 3-28　坐标系设置

也可以用方位键 ↑ ↓ ← → 选择所需的坐标系和坐标轴。利用 MDI 键盘输入通过对刀所得到的工件坐标原点在机床坐标系中的坐标值。设通过对刀得到的工件坐标原点在机床坐标系中的坐标值(如 X100，Z85)，则首先将光标移到 G54 坐标系 X 的位置，在 MDI 键盘上输入"100.00"，按菜单软键[输入]或按 INPUT，参数输入到指定区域。按 CAN 键可逐个字

符删除输入域中的字符。同样可以输入 Z 坐标值。此时，CRT 界面如图 3-29 所示。如果按软键[+输入]，键入的数值将和原有的数值相加以后输入。

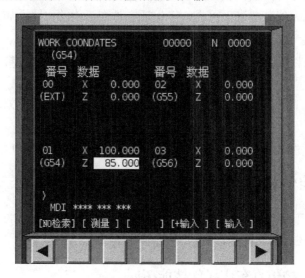

图 3-29　G54 参数输入

2. 数控程序管理

1) 显示数控程序目录

经过导入数控程序操作后，点击操作面板上的编辑键 ，编辑状态指示灯变亮 ，此时已进入编辑状态。点击 MDI 键盘上的 ，CRT 界面转入编辑页面。按菜单软键[LIB]，经过 DNC 传送的数控程序名列表显示在 CRT 界面上，如图 3-30 所示。

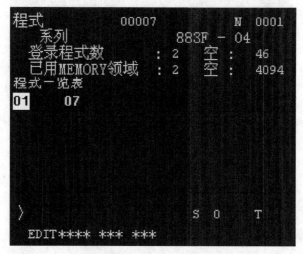

图 3-30　程序显示界面

2) 选择一个数控程序

经过导入数控程序操作后，点击 MDI 键盘上的 ，CRT 界面转入编辑页面。利用 MDI 键盘输入 "Ox" (x 为数控程序目录中显示的程序号)，按 键开始搜索，搜索到后 "Ox" 显示在屏幕首行程序号位置，NC 程序将显示在屏幕上。

3) 删除一个数控程序

点击操作面板上的编辑键，编辑状态指示灯变亮，此时已进入编辑状态。利用 MDI 键盘输入"Ox"(x 为要删除的数控程序在目录中显示的程序号)，按键，程序即被删除。

4) 新建一个 NC 程序

点击操作面板上的编辑键，编辑状态指示灯变亮，此时已进入编辑状态。点击 MDI 键盘上的，CRT 界面转入编辑页面。利用 MDI 键盘输入"Ox"(x 为程序号，但不能与已有程序号的重复)按键，CRT 界面上将显示一个空程序，可以通过 MDI 键盘开始程序输入。输入一段代码后，按键则数据输入域中的内容将显示在 CRT 界面上，用回车换行键结束一行的输入后换行。

5) 删除全部数控程序

点击操作面板上的编辑键，编辑状态指示灯变亮，此时已进入编辑状态。点击 MDI 键盘上的，CRT 界面转入编辑页面。利用 MDI 键盘输入"0～9999"，按键，全部数控程序即被删除。

6) 保存程序

点击操作面板上的编辑键，编辑状态指示灯变亮，此时已进入编辑状态。按菜单软键[操作]，在下级子菜单中按菜单软键[Punch]，在弹出的对话框中输入文件名，选择文件类型和保存路径，按"保存"按钮，如图 3-31 所示。

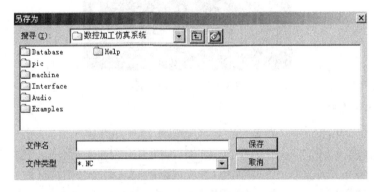

图 3-31　程序保存对话框

3．设置偏置值完成多把刀具对刀

选择一把刀为标准刀具，采用试切法或自动设置坐标系法完成对刀，把工件坐标系原点放入 G54～G59，然后通过设置偏置值完成其他刀具的对刀，下面介绍刀具偏置值的获取办法。

点击 MDI 键盘上的键和[相对]软键，进入相对坐标显示界面。选定的标刀试切工件端面，将刀具当前的 Z 轴位置设为相对零点(设零前不得有 Z 轴位移)。依次点击 MDI 键盘上的、、输入"W0"，按软键[预定]，则将 Z 轴当前坐标值设为相对坐标原点。

标刀试切零件外圆，将刀具当前 X 轴的位置设为相对零点(设零前不得有 X 轴位移)。依次点击 MDI 键盘上的、、输入"U0"，按软键[预定]，则将 X 轴当前坐标值设为相对坐标原点。此时，CRT 界面如图 3-32 所示。

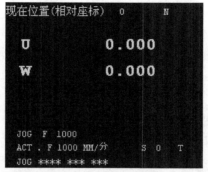

图 3-32　相对坐标设零

　　换刀后，移动刀具使刀尖分别与标准刀切削过的表面接触。接触时显示的相对值，即为该刀相对于标刀的偏置值ΔX、ΔZ(为保证刀准确移到工件的基准点上，可采用手动脉冲进给方式)。此时，CRT 界面所显示的值即为偏置值，如图 3-33 所示。将偏置值输入到磨耗参数补偿表或形状参数补偿表内。

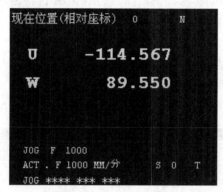

图 3-33　相对坐标偏置

4．自动单段方式

　　检查机床是否机床回零。若未回零，先将机床回零。再导入数控程序或自行编写一段程序。点击操作面板上的"自动运行"按钮，使其指示灯变亮。点击操作面板上的"单节"按钮。点击操作面板上的"循环启动"按钮，程序开始执行。

　　自动单段方式执行每一行程序均需点击一次"循环启动"按钮。点击"单节跳过"按钮，则程序运行时跳过符号"/"有效，该行成为注释行，不执行；点击"选择性停止"按钮，则程序中 M01 有效。可以通过"主轴倍率"旋钮和"进给倍率"旋钮来调节主轴旋转的速度和移动的速度。按RESET键可将程序重置。

3-4　学习迁移

1．知识迁移

① 简述盘类零件的结构特点。

② 数控车床常用的夹具有哪些？

2. 技能迁移

① 怎样选择和安装车床夹具？

② 试对图 3-34 所示的盘类零件进行工艺分析，并编程仿真加工。

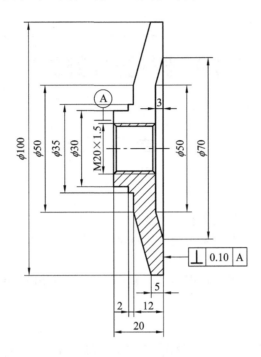

图 3-34　盘类零件

型芯零件数控编程与操作

4-1 学习目标

1. 知识技能目标

① 掌握型芯零件的结构特点和工艺规程，能正确制订型芯零件数控加工方案。

② 掌握华中数控铣削系统常用指令代码及编程规则，能手工编制简单型芯零件的数控加工程序。

③ 熟悉数控铣床操作安全规程和日常维护保养知识，能用华中数控铣削系统完成型芯零件的仿真加工。

2. 过程方法目标

① 学习任务下达后，能通过多种渠道收集信息，并对收集的信息进行处理、分析和概括。

② 学习制订生产工作计划和实施方案，应用已学的知识和技能去解决具体的问题，能够举一反三，具备知识迁移能力。

③ 学会优选加工方案，能修改并简化数控加工程序，可以高效独立地完成型芯零件加工、质量检测等生产任务。

3. 职业情感目标

① 通过参与情境学习活动，培养敬业意识、安全意识和质量意识。

② 养成实事求是、尊重技术的科学态度，勇于钻研，善于总结，不断提高专业技能，并具备良好的工作思维和技术革新意识。

③ 敢于提出与别人不同的意见，也勇于放弃或修正自己的错误观点，对技术精益求精。

④ 遵守规则而不迂腐守旧，善于沟通而不人云亦云，积累提高而不故步自封，树立良好的综合职业素养。

4-2 学习过程

型芯零件和型腔零件是模具上的常见零件，一般指的是配合的凸凹零件，型芯零件又称为平面外轮廓零件。型芯零件多指凸台零件，具有直线、圆弧或非圆曲线的二维轮廓表面，其尺寸精度一般较高，形状也较为复杂。型芯零件加工是指用圆柱形铣刀的侧刃来切削工件，成形一定尺寸和形状的轮廓。本情境主要介绍简单凸台零件铣削加工的编程与操作技巧。

一、情境资讯

1．学习任务

如图 4-1 所示为凸台零件(单件生产)，毛坯为 80 mm×80 mm×18 mm 的长方块(六面已加工平整)，材料为 45# 钢，对零件进行工艺分析、程序编制，并运用上海宇龙数控仿真软件加工型芯零件，注意零件的尺寸公差和精度要求。

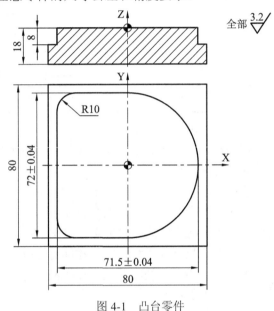

图 4-1　凸台零件

2．工作条件

1) 仿真软件

上海宇龙数控仿真软件，数控系统为华中 HNC-21/22M。

2) 参考资料

相关数控系统手册、数控机床操作说明书、数控加工仿真系统使用手册、工艺手册和编程说明书等。

3．图样分析

本情境所示的凸台零件，属于单件生产，材料为 45# 钢，无热处理和硬度要求。该零件包含了平面、圆弧等外轮廓，表面尺寸精度要求不高，表面粗糙度全部为 Ra3.2，没有形位公差项目的要求，为了满足精度要求，需要采用数控铣床加工。毛坯为 80 mm×80 mm×19 mm 的长方块(六面已加工平整)，长、宽方向的尺寸以零件的中心线为基准、高度方向的尺寸以零件的上表面为基准采取绝对尺寸标注，编写程序时可将编程原点设在零件上表面中心处。

4．相关知识

1）机床坐标系与工件坐标系

（1）机床坐标系、机床零点和机床参考点

正如学习情境一所述，机床坐标轴的方向取决于机床的类型和各组成部分的布局。对铣床而言，Z 轴与主轴轴线重合刀具远离工件的方向为正方向，X 轴垂直于 Z 轴并平行于工件的装卡面，如果为单立柱铣床面对刀具主轴向立柱方向看其右运动的方向为 X 轴的正方向(+X)，Y 轴与 X 轴和 Z 轴一起构成遵循右手定则的坐标系统。如图 4-2 所示分别为立式和卧式铣床的坐标系。

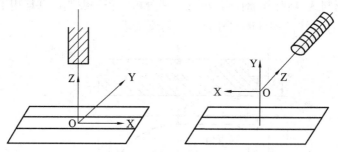

图 4-2　数控铣床坐标系

数控铣床的坐标系原点同样是在铣床装配、调试时就已确定下来了，是数控铣床进行加工运动的基准点，由数据控铣床制造厂家确定。

在数控铣床上，其参考点一般在 X、Y、Z 三个直角坐标轴正方向的极限位置上。在数控机床回参考点(也叫做回零)操作后，CRT 显示的是机床参考点相对机床坐标原点的相对位置的数值。机床启动后，首先要将机床返回参考点(回零)，即执行手动返回参考点操作，使各轴都移至机床参考点。这样在执行加工程序时，才能有正确的工件坐标系。数控铣床的坐标原点和参考点往往不重合，由于系统能够记忆和控制参考点的准确位置，因此对操作者来说，参考点显得比坐标原点更重要。

（2）工件坐标系

工件坐标系是编程人员在编程时使用的坐标系，也称为编程坐标系，在进行数控编程时，首先要根据加工零件的形状与尺寸，在零件图纸上建立工件坐标系，使零件上的所有几何元素都有确定的位置，同时决定了在数控加工时，零件在机床上的装夹方向。工件坐标系的建立包括坐标原点的选择和坐标轴的确定。

工件坐标系原点(或称为编程原点)是由编程人员根据编程计算的方便性、机床调整方便性、对刀方便性、在毛坯上位置确定的方便性等具体情况定义在工件上的几何基准点，特殊情况下也可以在工件之外，一般为零件上最重要的设计基准点。编程尺寸均按工件坐标系中的尺寸给定，编程是按工件坐标系进行的。

工件坐标系原点确定得是否合适，对编程时各节点的坐标值计算有着十分重要的作用。如果工件坐标系确定后，轮廓上的某些点坐标值比较麻烦，而将坐标系旋转一定角度后计算较简单时，可以使用坐标系旋转指令，但在同一个连续的轮廓上，一般不宜将轮廓分割后使用坐标系旋转，以增加程序的直观性和可读性。

本书将工件坐标系的原点选在工件上表面的中心处，遵循基准重合的原则。将零件的分散标注改为最适合数控加工编程的坐标标注。与数控车床一样，数控铣床也可以通过 G54～G59 指令设定 6 个工件坐标系，在编程中可以选择其中之一使用。这些坐标系存储在机床存储器内，在机床重开机时仍然存在。

2) 铣削方式

铣削加工有顺铣和逆铣两种方式，它们对刀具的耐用度、已加工表面的质量和铣削的平稳性等有重要影响。

逆铣时，铣刀在切削区的切削速度的方向与工件进给速度 f 的方向相反。顺铣时，铣刀在切削区的切削速度 V_c 的方向与工件进给速度 f 的方向相同，如图 4-3 所示。

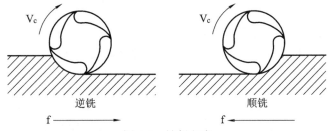

图 4-3　铣削方式

当工件表面有硬皮，机床的进给系统有间隙时，应选用逆铣，按照逆铣方式安排进给路线。因为逆铣时，刀齿是从已加工表面切入，不易崩刃；机床进给机构的间隙不会引起振动和爬行，这正符合粗铣的要求，因此粗铣时应尽量采取逆铣。当工件表面无硬皮，机床进给系统无间隙时，应选用顺铣，按照顺铣方式安排加工路线。因为顺铣后，零件已加工表面质量好，刀齿磨损小，这正符合精铣的要求，所以精铣时尤其是零件材料为铝镁合金、钛合金或耐热合金时，应尽量采用顺铣。由于工件所受切削力的方向不同，粗加工时逆铣比顺铣要平稳。本学习情境零件的外轮廓加工方案为：粗加工采用逆铣的方法，精加工时采用顺铣的方法。

3) 刀具半径补偿

在零件的一个加工程序内，常常需要使用多把刀具，每一把刀具的半径和长度等几何参数均不相同。如果按每一把刀的参数进行编程，则很麻烦；刀具一旦磨损，又得修改程序，很显然必须避免这一情况。如今多数数控机床都有刀具补偿功能，编程者在编程时只要在程序中应用有关补偿指令，就可按照零件的轮廓进行编程。在程序运行前把所用刀具的半径和偏移量等参数从刀具参数设定界面输入控制系统，寄存在与刀具编号相对应的存储器中，数控系统会根据程序自动计算刀具轨迹，并按照计算的轨迹控制刀具运动，加工出零件。

在现代 CNC 系统中，有的已具备三维刀具半径补偿功能，对于四、五坐标联动数控加工，大多数 CNC 系统还不具备刀具半径补偿功能，必须在刀位计算时考虑刀具半径，本书只研究二维的刀具半径补偿。二维刀具半径补偿仅在指定的二维进给平面内进行，进给平面由 G17(X-Y 平面)、G18(X-Z 平面)、G19(Y-Z 平面)指定，如果不指定，机床的数控系统默认为 G17 状态。刀具半径或切削刃半径则通过调用相应的刀具半径偏置存储器号码(用 D 指定)来获得。现代 CNC 系统的二维刀具半径补偿不仅可以自动完成刀具中心轨迹的偏置，而且还能自动完成直线与直线、圆弧与圆弧转接和直线与圆弧转接等尖角过渡功能，其补偿计算方法在各种数控机床和数控系统专业书籍中均有介绍，且与数控编程关系不大，在此不再赘述。值得指出的是，二维刀具半径补偿计算是 CNC 系统自动完成的，而且不同的 CNC 系统所采用的计算方法一般也不尽相同，编程员在进行零件加工编程时，不必考虑刀具半径补偿的计算方法。

(1) 刀具半径补偿的意义

① 为避免计算刀具轨迹，可直接用零件轮廓尺寸编程。

② 刀具因磨损、重磨、换新刀而引起刀具直径改变后，不必修改程序，只需在刀具参数设置中输入变化后的刀具半径。如图 4-4 所示，R1 为未磨损刀具半径，R2 为磨损后的刀具半径，两者半径不同，只需将刀具参数表或刀补存储器中的刀具补偿值 R1 改为 R2，即可继续使用同一程序。

③ 用同一程序、同一尺寸的刀具，利用刀具半径补偿可进行粗精加工。如图 4-5 所示，刀具半径 r 精加工余量 a。粗加工时，输入刀具半径补偿值 D##=r+a，则加工出点画线轮廓；精加工时，用同一程序，同一刀具，但输入刀具补偿值 D##=r，则加工出实线轮廓。

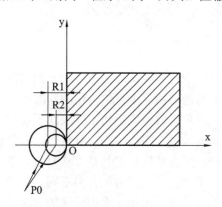

图 4-4 刀具改变程序不变

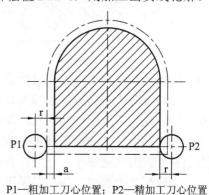

P1—粗加工刀心位置；P2—精加工刀心位置

图 4-5 利用刀补进行粗精加工

(2) 刀具半径补偿的方法

铣削加工刀具半径补偿分为刀具半径左补偿(G41)和刀具半径右补偿(G42)。编程时，使用非零的 D##代码表示刀具偏置寄存器号，其偏置量(即补偿值)的大小通过 CRT/MDI 操作面板在对应的偏置寄存器号中设定，可设定置的范围为 0～9999。数控系统将按照这一数值自动计算出刀具轨迹，并控制刀具按所计算的轨迹运动。

【建立刀补指令格式】

　　G17 G01(G00) G41(G42) X_ Y_ D##

　　G18 G01(G00) G41(G42) X_ Z_ D##

　　G19 G01(G00) G41(G42) Y_ Z_ D##

【撤销刀补指令格式】

　　G01(G00) G40　X_　Y_　Z_

其中，G41 为刀具半径左偏补偿指令，G42 为刀具半径右偏补偿指令，G40 为刀具半径补偿撤销指令；D 为刀具半径补偿号码，以两位或一位数字表示。例如，D11 表示刀具半径补偿号码为 11 号，执行 G41 或 G42 指令时，控制器会到 D 所指定的刀具补偿号 11 号内读取半径补偿值，并参与刀具轨迹的运算。

(3) 刀具补偿的判定

G41 是在相对于刀具前进方向的左侧进行补偿，G42 是在相对于刀具前进方向的右侧进行补偿，如图 4-6 所示。

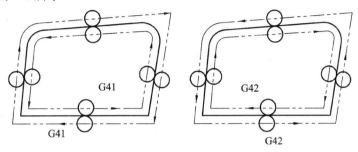

图 4-6　G41 与 G42

(4) 刀具半径补偿的过程

如图 4-7 所示，编程走刀路线为 O—A—B—C—D—A—O，实际刀具轨迹线为 O—P1—P2—P3—P4—P5—O。

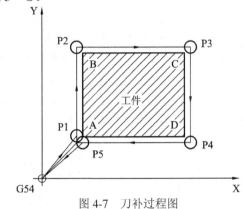

图 4-7　刀补过程图

① 刀具补偿的建立阶段。刀具由起刀点(位于零件轮廓及零件毛坯之外，距离加工零件轮廓切入点较近)以进给速度接近工件的一段过程。如图 4-7 所示，O—P1 段为建立刀补段。

② 刀具补偿进行阶段。刀具补偿量参与刀具轨迹进行的阶段，图 4-7 中 P1—P2—P3—P4—P5 为轮廓加工的过程。

③ 刀具补偿取消阶段。刀具撤离工件，回到退刀点，取消刀具半径补偿。与建立刀具半径补偿过程相似，退刀点也应位于零件轮廓之外，可与起刀点相同，也可以不同。例如，图 4-7 中 P5—O 段。

(5) 刀具补偿注意事项

① 机床通电后，为取消半径补偿状态。

② G41、G42、G40 不能和 G02、G03 一起使用，只能与 G00 或 G01 一起使用，且刀具必须在指定平面内有一定距离的移动。

③ 在程序中用 G42 指令建立右刀补，铣削时对于工件产生逆铣效果，故常用于粗铣；在程序中用 G41 指令建立左刀补，铣削时对于工件产生顺铣效果，故常用于精铣。

④ 一般情况下，刀具半径补偿量应为正值，如果补偿量为负值，则 G41 和 G42 正好相互替代。

⑤ 在补偿建立阶段，铣刀的直线移动量要大于刀具半径补偿量，在补偿状态下，铣削内侧圆弧的半径要大于刀具半径补偿量，否则补偿时会发生干涉，系统在执行相应程序段时将会产生报警，停止运行。

⑥ 半径补偿为模态代码，在补偿状态时，若加入 G28、G29 指令，当这些指令被执行时，补偿状态将被暂时取消，但是控制系统仍记忆着此补偿状态，因此在执行下一程序段时，自动恢复补偿状态。

4) 刀具长度补偿

数控铣床或加工中心所使用的刀具，每把刀具的长度都不相同，同时，由于刀具的磨损或其他原因也会引起刀具长度发生变化。使用刀具长度补偿指令，可使每一把刀具加工出来的深度尺寸都正确。

【长度补偿指令格式】

　　　G43 G00(G01) Z＿　H##

　　　G44 G00(G01) Z＿　H##

　　　G49 G00(G01) Z＿

其中，G43 为刀具长度正补偿，G44 为刀具长度负补偿，G49 为刀具长度补偿取消；Z 为指令终止位置，H 为长度补偿号地址(可用 H00 到 H99 来指定)。当数控装置读到该程序段时，数控装置会到 H 所指定的刀具长度补偿地址内读取长度补偿值，并参与刀具轨迹的运算；G43、G44、G49 均为模态指令，可相互注销。

如图 4-8 所示，执行 G43 时，Z 实际值 = Z 指令值+(H ##)。执行 G44 时，Z 实际值= Z 指令值 – (H##)。其中(H##)可以是正值或者是负值。当刀长补偿量取负值时，G43 和 G44 的功效将互换。

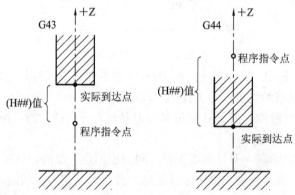

图 4-8　刀具长度补偿

使用刀具长度补偿功能应注意：机床通电后，为取消长度补偿状态。使用 G43 或 G44 指令进行补偿时，只能有 Z 轴的移动量，若有其他轴向的移动则会出现报警。G43、G44 为模态代码，如欲取消刀长补偿，除用 G49 外，也可以用 H00 的方法，这是因为 H00 的偏置量固定为 0。

5) 起始平面、进刀平面、退刀平面、安全平面和返回平面

(1) 起始平面

起始平面是程序开始时刀具的初始位置所在的平面，起刀点是加工零件时刀具相对于零件运动的起点，数控程序从这一点开始执行。起刀点必须设置在工件的上面，起刀点在

坐标系的高度，称为起始平面或起始高度，一般距离工件上表面50 mm左右。如果起始平面太高则生产效率降低，太低又不便于操作人员观察工件。另外，发生异常现象时为方便操作人员紧急处理，起始平面一般高于安全平面，在此平面上刀具以G00速度行进。

(2) 进刀平面

刀具以高速(G00)下刀，即将切到材料时变成以进刀速度下刀，以免撞刀，此速度转折点的位置即为进刀平面，其高度为进刀高度，也称为接近高度。一般距离加工表面 5 mm左右。

(3) 退刀平面

零件(或零件区域)加工结束后，刀具以切削进给速度离开工件表面一段距离后转为以高速返回到返回平面，此转折位置即为退刀平面，其高度为退刀高度。

(4) 安全平面

安全平面是指刀具完成工件一个区域的加工沿刀具轴向返回，并运动一段距离后，刀尖所在的 Z 平面。它一般高出被加工零件的最高点10 mm左右，当刀具处于安全平面时以G00 速度行进。这样设置安全平面既能防止刀具碰伤工件，又能使非切削加工时间控制在一定的范围内，其对应的高度称为安全高度。

(5) 返回平面

返回平面是指程序结束时，刀尖点(不是刀具中心)所在的 Z 平面。返回平面在被加工零件表面最高点100 mm左右的某个位置上，一般与起始高度重合或高于起始高度，其目的是：在工件加工完毕后便于观察和测量工件，同时在移动机床时避免工件和刀具发生碰撞等，刀具在此平面被设定为高速运动。

6) **刀具的下刀方式与进退刀方式**

铣削加工时，刀具首先定位到初始平面，快速下刀至进刀平面，然后以进给速度下刀，进行零件的加工。在一个区域或工位加工完毕后，退至退刀平面，再抬刀至安全平面，然后高速运动到下一个区域或工位再下刀、加工。在零件完全加工完毕后，抬刀至返回平面，进行工件的测量等操作。

① 刀具的下刀方式指的是 Z 轴方向下刀方式。如图 4-9 所示，起始高度是为防止刀具与工件发生碰撞而设置的；进刀平面以下，刀具以工作进给速度切至切削深度；在加工零件外轮廓时，尽可能避免在工件表面上下刀，多数采用工件外下刀，下刀点距离工件大于刀具半径。如果加工型腔，要在工件加工位置上方直接下刀，必须使用过中心的立铣刀或键槽铣刀，用普通立铣刀须做落刀孔。在使用刀补指令的圆弧进刀方法时，圆弧的半径应大于刀补值，并且圆弧进退刀时必须有一段直线作为进退刀线，用以建立刀具半径补偿。

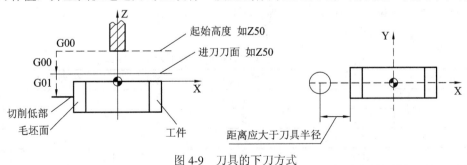

图 4-9　刀具的下刀方式

② 刀具的进退刀方式在铣削加工中是非常重要的，二维轮廓的铣削加工常见的进退刀方式有垂直进退刀、侧向进退刀和圆弧进退刀，如图 4-10 所示。

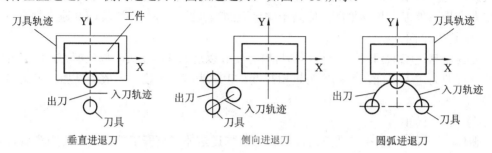

图 4-10　刀具在 X-Y 平面内的进退刀方式

垂直进刀路径短，但是如果机床传动系统间隙过大，会在加工表面留下驻刀痕迹，工件表面有接痕，常用于粗加工，侧向进刀和圆弧进刀，工件加工表面质量高，多用于精加工。如果切削加工工件的外轮廓，刀具切入和切出时要注意避让夹具，并使刀具切入点的位置和方向尽可能是切削轮廓的切线方向，以利于刀具切入时受力平稳。如果切削工件的内轮廓，更要合理选择切入点、切入方向和下刀位置，避免刀具碰到工件上不该切削的部位。

二、方案决策

1．机床选用

由于零件上表面有外形轮廓加工内容，只需单工位、单面加工即可；零件尺寸不大，常用机床的加工范围都可以满足，故选择立式数控铣。

2．刀具选用

刀具的选择是数控加工中重要的工艺内容之一，它不仅影响机床的加工效率，而且直接影响加工质量。编程时，选择刀具通常要考虑机床的加工能力、工序内容、工件材料等因素。与传统的加工方法相比，数控加工对刀具的要求更高，不仅要求精度高、刚度高、耐用度高，而且要求尺寸稳定、安装调整方便。这就要求采用新型优质材料制造数控加工刀具，并优选刀具参数。因为在选取刀具时，要使刀具的尺寸与被加工工件的表面尺寸和形状相适应。生产中，平面零件周边轮廓的加工，常采用平底立铣刀，铣削平面时应选硬质合金铣刀；加工凸台、凹槽时，选高速钢立铣刀，对一些主体型面和斜角轮廓形的加工，常采用球头铣刀、环形铣刀、鼓形刀、锥形刀和盘形刀。曲面加工常采用球头铣刀，但加工曲面较低平坦部位时，刀具以球头顶端刃切削，切削条件较差，因而采用环形铣刀。本情境刀具选用如表 4-1 所示。

表 4-1　数控加工刀具卡片

产品名称		零件名称	型芯零件	零件图号	
序号	刀具号	刀具			加工表面	备注
		规格名称	数量	刀具半径/mm		
1	T01	平底立铣刀	1	8	型芯轮廓	
编制		审核		批准		年　月　日	共　页	第　页

3．夹具选用

本情境零件为单件生产，且零件外形为长方体，结构比较简单，可选用平口虎钳装夹，为了夹紧安全、可靠，工件上表面高出钳口 12 mm 左右。

4．毛坯选用

学习任务中已经给出：毛坯为 80 mm×80 mm×18 mm 长方块(六面已加工平整)，材料为 45# 钢。

三、制定计划

1．编制加工工艺

在编制数控铣削加工工艺时应进行工步顺序、走刀路线的确定，下刀方式的选择，进退刀方式的定义，然后是切削用量、主轴转速、进给速度等工艺参数的确定。然后进行必要的数学处理，计算出需要的各个节点、基点的坐标值，最后完成数控程序的编制。

1) 确定工步顺序和加工路线

凸台加工时，采用粗加工和精加工两工步，粗加工和精加工均采用顺铣加工，精加工时的径向切削余量为 0.5 mm。为了实现粗加工和精加工同用一个程序，从而起到简化程序的目的，编程时采用刀具半径补偿对轮廓进行加工，设置刀具补偿参数时，粗加工采用比实际刀具半径大的参数进行设置，具体数值 = 刀具半径 + 精加工余量，精加工时，再把刀具半径补偿值设置为实际的刀具半径。

工步顺序确定后，就要确定工序的走刀路线。铣削加工中，刀具刀位点相对于工件运动的轨迹称为加工路线或走刀路线。在确定加工路线时，必须保证零件的加工精度和表面粗糙度要求，能够使数值计算简单，减少编程工作量，尽量缩短加工路线，减少进退刀时间和其他辅助时间，提高工作效率。本学习情境的凸台零件采取侧向进刀、圆弧退刀。

2) 选择切削用量

铣削加工的切削用量包括：切削速度、进给速度、背吃刀量和侧吃刀量，如图 4-11 所示。

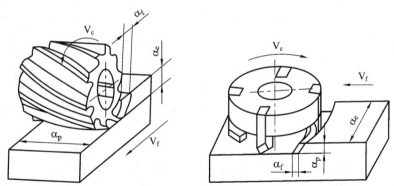

图 4-11　铣削切削用量

从刀具耐用度出发，切削用量的选择方法是：先选取背吃刀量或侧吃刀量，其次确定切削速度，最后确定进给速度。

(1) 背吃刀量 α_p 或侧吃刀量 α_e

背吃刀量 α_p 为平行于铣刀轴线测量的切削层尺寸，单位为 mm。端铣时，α_p 为切削层深度；而圆周铣削时，α_p 为被加工表面的宽度。侧吃刀量 α_e 为垂直于铣刀轴线测量的切削层尺寸，单位为 mm。端铣时，α_e 为被加工表面宽度；而圆周铣削时，α_e 为切削层深度。

背吃刀量或侧吃刀量的选取主要由加工余量和对表面质量的要求决定。

① 当工件表面粗糙度值要求为 Ra = 12.5～25 μm 时，如果圆周铣削加工余量小于 5 mm，端面铣削加工余量小于 6 mm，粗铣一次进给就可以达到要求。但是在余量较大，工艺系统刚性较差或机床动力不足时，可分为两次或多次进给完成。

② 当工件表面粗糙度值要求为 Ra = 3.2～12.5 μm 时，应分为粗铣和半精铣两步进行。粗铣时背吃刀量或侧吃刀量选取同前。粗铣后留 0.5～1.0 mm 余量，在半精铣时切除。

③ 当工件表面粗糙度值要求为 Ra = 0.8～3.2 μm 时，应分为粗铣、半精铣、精铣三步进行。半精铣时背吃刀量或侧吃刀量取 1.5～2 mm；精铣时，圆周铣侧吃刀量取 0.3～0.5 mm，面铣刀背吃刀量取 0.5～1 mm。

(2) 切削速度 V_c

铣削的切削速度 V_c 与刀具的耐用度、每齿进给量、背吃刀量、侧吃刀量以及铣刀齿数 Z 呈反比，而与铣刀直径呈正比。其原因是：当 f_z、α_p、α_e 和 Z 增大时，刀刃负荷增加，而且同时工作的齿数也增多，使切削热增加，刀具磨损加快，从而限制了切削速度的提高。为提高刀具耐用度允许使用较低的切削速度。但是加大铣刀直径则可改善散热条件，可以提高切削速度。铣削加工的切削速度 V_c 一般可参考表 4-2 选取。切削速度 V_c 确定后，可按公式 $n = 1000V_c/\pi D$ 来确定主轴转速 n。

表 4-2 切削速度参考值

工件材料	硬度(HBS)	V_c/(m/min)	
		高速钢铣刀	硬质合金铣刀
钢	< 225	21～36	80～130
	225～325	15～24	60～105
	325～425	6～10	36～45
铸铁	< 190	21～36	66～150
	190～260	9～18	45～90
	260～320	5～10	21～30
铝合金	95～100	180～300	360～600

(3) 进给速度 V_f

V_f 是单位时间内工件与铣刀沿进给方向的相对位移，单位是 mm/min。它与铣刀转速 n、铣刀齿数 Z 以及每齿进给量 f_z（单位为 mm）的关系是：$V_f = f_z \cdot Z \cdot n$。

每齿进给量 f_z 的选取主要依据工件材料的力学性能、刀具材料、工件表面粗糙度等因素。工件材料的强度和硬度越高，f_z 越小，反之则越大。硬质合金铣刀的每齿进给量高于同类高速钢铣刀。工件表面粗糙度要求越高，f_z 就越小。每齿进给量的确定可参考表 4-3 选取，工件刚性差或刀具强度低时，应取较小值。

表4-3　立铣刀每齿进给量参考值

工件材料	f_z/(mm/z)			
	粗　铣		精　铣	
	高速钢铣刀	硬质合金铣刀	高速钢铣刀	硬质合金铣刀
钢	0.10～0.15	0.10～0.25	0.02～0.05	0.10～0.15
铸铁	0.12～0.20	0.15～0.30		

3) 填写工序卡片

将各工步的加工内容、所用刀具和切削用量填入数控加工工序卡中(见表4-4)。

表4-4　数控加工工序卡

单位			车间名称		设备名称	HNC21M 数铣
夹具	平口虎钳		产品名称		零件名称	型芯
时间定额	基本	120 min	材料名称	45#钢	零件图号	
	准备	60 min	工序名称		工序序号	

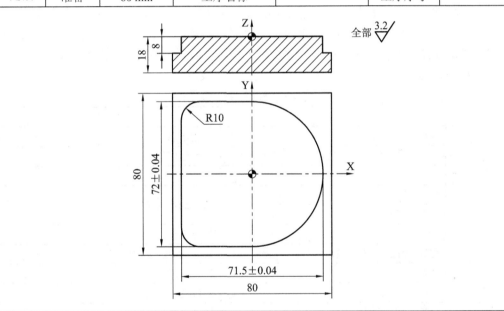

工步序号	工步名称	刀具号	切削用量		
			被吃刀量/mm	进给速度/(mm/min)	主轴转速/(r/min)
1	粗铣凸台外轮廓	T01		240	1200
2	精铣凸台外轮廓	T01	0.5	240	1200
编制		审核		批准	
加工		日期		共 1 页	第 1 页

2. 编制数控程序

1) 计算零件图主要节点

如图4-12所示，根据走刀路线，列出各节点坐标。

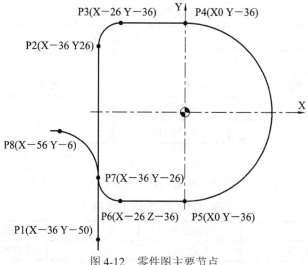

图 4-12　零件图主要节点

2) 编写程序表

　　铣削凸台轮廓加工一般根据工件轮廓的坐标来编程,并使用刀具半径补偿的方法使刀具向工件轮廓一侧偏移,以切削成形准确的轮廓轨迹。如表 4-5 所示,本学习情境以华中 HNC-21/22M 数控系统为例编制该零件数控加工程序,切削液的开、关指令可不编入程序,在切削过程中根据需要用手动的方式打开或关闭切削液。

表 4-5　型芯零件的数控加工程序

工步	程　序	注　释
在同一程序内,通过改变刀具半径补偿值来实现粗精切两工步切削	%1	主程序名
	G17 G21 G40 G49 G54 G69 G80 G90 G94	安全程序段
	M03 S1200	启动主轴
	G00 Z50	快速到达安全高度
	X-50 Y-50	
	Z5	接近工件
	G41 G01 X-36 F240 D01	进刀至 P1 点并加刀补 D01=8(15、8.5)
	Z-8	Z 向下刀
	Y26	直线切入至 P2 点
	G02 X-26 Y36 R10	圆弧插补至 P3 点
	G01 X0	直线插补至 P4 点
	G02 Y-36 R36	圆弧插补至 P5 点
	G01 X-26	直线插补至 P6 点
	G02 X-36 Y-26 R10	圆弧插补至 P7 点
	G03 X-56 Y-6 R20	圆弧切出至 P8 点
	G01 Z5	Z 向退刀
	G40 G00 X-50 Y-50 Z50	刀具快速退回安全高度
	G91 G28 Y0	返回机床 Y 向零点,方便测量或取下工件
	M05	主轴停
	M30	程序结束

结合程序表，简要介绍常用指令的应用。

(1) 坐标平面选择

【格式】

　　G17/G18/G19

【说明】

G17：选择 X-Y 平面。

G18：选择 Z-X 平面。

G19：选择 Y-Z 平面。

该组指令选择进行圆弧插补和刀具半径补偿的平面。G17、G18、G19 为模态功能，可相互注销，G17 为缺省值。

【注意】　移动指令与平面选择无关。例如，执行指令 G17 G01 Z10 时，Z 轴照样会移动。

(2) 取消旋转指令

取消旋转指令为 G69(旋转指令在学习拓展中介绍)。

(3) 取消固定循环指令

取消固定循环指令为 G80(循环指令在学习拓展中介绍)。

(4) 自动返回参考点指令

自动返回参考点指令为 G28。

【格式】

　　G91/G90 G28 X_ Y_ Z_

例如：① G91 G28 X_Y_Z_；表示刀具从当前点返回参考点。

　　　　② G90 G28 X_Y_Z_；表示刀具经过某一点后回参考点，避免碰撞。

辅助功能 M、主轴功能 S、进给功能 F、直线插补 G01、圆弧插补 G02/G03 指令与数控车床指令相似，在此不再详细介绍，具体应用时请参阅附录。

四、加工实施

1. 选择机床

打开菜单"机床/选择机床…"，或者点击工具条上的小图标 🖨 ，在选择机床对话框中，选择控制系统为华中数控世纪星系列，机床类型选择标准铣床，按"确定"按钮，此时界面如图 4-13 所示。

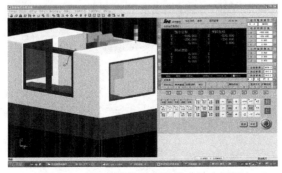

图 4-13　华中数控世纪星仿真铣床界面

2. 启动系统

检查急停按钮是否松开至 状态，若未松开，点击急停按钮，将其松开。

3. 装夹工件

1) 定义毛坯

打开菜单"零件/定义毛坯"或在工具条上选择 ⬤，系统打开图 4-14 定义毛坯对话框。

在毛坯名字输入框内可以输入缺省值，也可以输入毛坯名。在"材料"下拉列表中选择"45#钢"材料，形状选择"长方形"。为方便操作将零件尺寸(80 × 80 × 18) mm 改为 (80 × 80 × 40) mm，然后单击"确定"按钮。

2) 安装夹具

打开菜单"零件/安装夹具"命令或者在工具条上选择图标 ⬤，系统将弹出"选择夹具"对话框。只有铣床和加工中心可以安装夹具。在"选择零件"列表框中选择毛坯。在"选择夹具"列表框中选平口钳，移动成组控件内的按钮供调整毛坯在夹具上的位置，如图 4-15 所示。

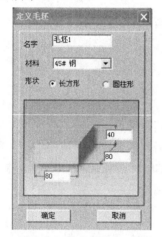

图 4-14 定义毛坯对话框

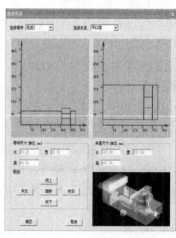

图 4-15 安装夹具对话框

3) 装夹毛坯

打开菜单"零件/放置零件"命令或者在工具条上选择图标 ⬤，系统弹出操作对话框，如图 4-16 所示。

图 4-16 选择零件对话框

在列表中点击所需的零件，选中的零件信息加亮显示，按下"安装零件"按钮，系统自动关闭对话框，并出现一个小键盘，如图 4-17 所示。通过按动键盘上的方向按钮，可使夹具在 X、Y 轴方向上移动至合适位置，单击旋转按钮可改变夹具的安装方向。单击"退出"按钮，零件已经被安装在卡盘上，如图 4-18 所示。

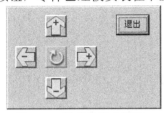

图 4-17　铣床仿真小键盘

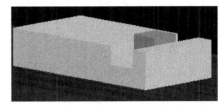

图 4-18　夹具

4. 铣床/加工中心选刀

打开菜单"机床/选择刀具" 或者在工具条中选择 ，系统弹出刀具选择对话框，如图 4-19 所示。

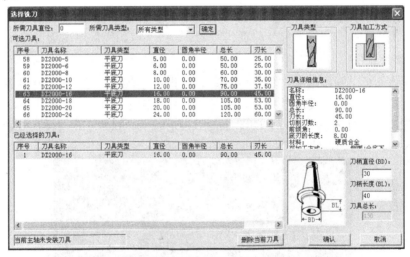

图 4-19　选择铣刀对话框

1) 确定刀具直径与类型

在"所需刀具直径"输入框内输入直径，如果不把直径作为筛选条件，则输入数字"0"。在"所需刀具类型"选择列表中选择刀具类型。可供选择的刀具类型有平底刀、平底带 R 刀、球头刀、钻头等。按下"确定"按钮，符合条件的刀具将在"可选刀具"列表中显示出来。

2) 选择需要的刀具

在刀具列表中，用鼠标点击"可选刀具"列表中所需的刀具，选中的刀具即显示在"已经选择刀具"列表中，按下"确定"完成刀具选择。所选刀具直接安装在主轴上。

卧式加工中心装载刀位号最小的刀具。其余刀具放在刀架上，通过程序调用。先用鼠标点击"已经选择刀具"列表中的刀位号，再用鼠标点击"可选刀具"列表中所需的刀具，选中的刀具对应显示在"已经选择刀具"列表中选中的刀位号所在行，按下"确定"完成刀具选择，刀位号最小的刀具被装在主轴上。

立式加工中心暂不装载刀具。刀具选择后放在刀架上，程序可调用。先用鼠标点击"已经选择刀具"列表中的刀位号，再用鼠标点击"可选刀具"列表中所需的刀具，选中的刀具对应显示在"已经选择刀具"列表中选中的刀位号所在行，按下"确定"完成刀具选择。

刀具按选定的刀位号放置在刀架上，在对话框的下半部中指定序号，就是刀库中的刀位号。卧式加工中心允许同时选择 20 把刀具，立式加工中心允许同时选择 24 把刀具，铣床只能放置一把刀。

3) 输入刀柄参数

操作者可以按需要输入刀柄参数。参数有直径和长度两个，总长度是刀柄长度与刀具长度之和。

刀柄直径的范围为 0 mm 至 1000 mm，刀柄长度的范围为 0 mm 至 1000 mm。

4) 删除当前刀具

按"删除当前刀具"键可删除此时"已选择的刀具"列表中光标停留的刀具。

5) 选刀的确认与取消

选择完刀具，完成刀尖半径(钻头直径)、刀具长度修改后，按"确认"键完成选刀，刀具被装在主轴上或按所选刀位号放置在刀架上；按"取消"键退出选刀操作。

5. 回参考点

检查操作面板上回零指示灯是否亮起，若指示灯亮起，则已进入回零模式；若指示灯不亮，则点击按钮，使回零指示灯变亮，转入回零模式。在回零模式下，点击控制面板上的 +z 按钮，此时 Z 轴将回零，CRT 上的 X 坐标变为"0.000"。同样，分别再点击 +x、+Y 可以将 X、Y 轴回零，此时 CRT 界面如图 4-20 所示。

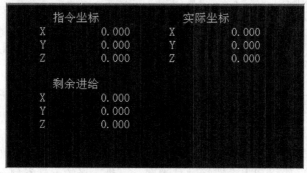

图 4-20　CRT 界面上的显示值

6. 对刀

数控程序一般按工件坐标系编程，对刀的过程就是建立工件坐标系与机床坐标系之间关系的过程。数控铣削时，一般将工件上表面中心点设为工件坐标系原点。将工件上其他点设为工件坐标系原点的方法与对刀方法类似。

1) X、Y 轴对刀

一般铣床及加工中心在 X、Y 轴方向对刀时有两种方法，分别是试切法和工具辅助法。某些场合特别是工件外轮廓不允切削时，试切法会受到限制，因此，本书仅介绍工具辅助法。

点击菜单"机床/基准工具…"，弹出的基准工具对话框中，左边是刚性靠棒，右边是寻边器，如图 4-21 所示。

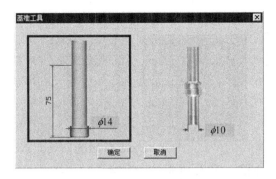

图 4-21　基准工具

寻边器由固定端和测量端两部分组成。固定端由刀具夹头夹持在机床主轴上，中心线与主轴轴线重合。在测量时，主轴以 400 r/min 旋转。通过手动方式，使寻边器向工件基准面移动靠近，让测量端接触基准面。在测量端未接触工件时，固定端与测量端的中心线不重合，两者呈偏心状态。当测量端与工件接触后，偏心距减小，这时使用点动方式或手轮方式微调进给，寻边器继续向工件移动，偏心距逐渐减小。在测量端和固定端的中心线重合的瞬间，测量端会明显地偏出，出现明显的偏心状态，这时主轴中心位置距离工件基准面的距离等于测量端的半径。

点击操作面板中的 手动 按钮切换到"手动"方式；借助"视图"菜单中的动态旋转、动态放缩、动态平移等工具，利用操作面板上的按钮 +x 、 +y 、 +z ，将机床移动到如图 4-22 所示的大致位置。

在手动状态下，点击操作面板上的 主轴反转 或 主轴正转 按钮，使主轴转动。未与工件接触时，寻边器测量端大幅度晃动。移动到大致位置后，可采用增量方式移动机床，使操作面板上的 增量 变亮，通过 x1 x10 x100 x1000 调节操作面板上的倍率，点击 -x 按钮，使寻边器测量端晃动幅度逐渐减小，直至固定端与测量端的中心线重合，如图 4-23 所示，即认为此时寻边器与工件恰好吻合。

图 4-22　寻边器不同轴

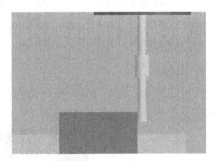

图 4-23　寻边器同轴

也可以采用手轮方式移动机床。点击 手轮 按钮，显示手轮，点击鼠标左键或右键调整选择旋钮 和手轮移动量旋钮 ，并调节手轮 。寻边器晃动幅度逐渐减小，直至几乎不晃动。记下寻边器与工件恰好吻合时 CRT 界面中的 X 坐标(基准工具中心的 X 坐标)记为 X_1，将定义毛坯数据时设定的零件的长度记为 X_2，将基准工件直径记为 X_3。则工件上表面中心的 X 坐标为基准工具中心的 X 坐标减去零件长度的一半，再减去基准工具半径，即 $X_1-X_2/2-X_3/2$，其结果记为 X。

Y 轴方向对刀采用同样的方法。得到工件中心的 Y 坐标，记为 Y。完成 X、Y 轴方向的对刀后，点击操作面板中的 🖰按钮切换到"手动"方式；利用操作面板上的按钮 +Z，将 Z 轴提起，再点击菜单"机床/拆除工具"拆除基准工具。

使用点动方式移动机床时，手轮的选择旋钮 🖰应置于 OFF 挡。刚性靠棒基准工具对刀法与寻边器基准工具对刀法类似，具体操作方法请参阅相关手册。

2) Z 轴对刀

铣床对 Z 轴对刀时采用的是实际加工时所要使用的刀具。点击菜单"机床/选择刀具"或点击工具条上的小图标 🖰，选择所需刀具(具体方法前面已经介绍)。点击操作面板中的 🖰按钮切换到"手动"方式；借助"视图"菜单中的动态旋转、动态放缩、动态平移等工具，利用操作面板上的按钮 -X +X、-Y +Y、-Z +Z，将机床移动到如图 4-24 所示的大致位置。可以采用点动方式移动机床，点击菜单"塞尺检查/1 mm"，使操作面板上的 🖰亮起，通过 🖰 🖰 🖰 🖰调节操作面板上的倍率(也可用手轮)，移动靠棒，得到"塞尺检查的结果：合适"时 Z 的坐标值，记为 Z_1，如图 4-25 所示。则工件中心的 Z 坐标值为 Z_1 减去塞尺厚度。即可得到工件表面一点处 Z 的坐标值，记为 Z。

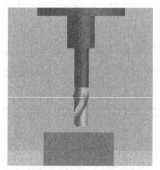

图 4-24　Z 轴对刀

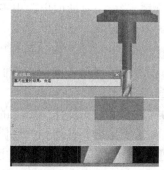

图 4-25　塞尺检查

塞尺有各种不同尺寸，可以根据需要调用。本系统提供的塞尺尺寸有 0.05 mm、0.1 mm、0.2 mm、1 mm、2 mm、3 mm、100 mm(量块)。

7. 参数设置

1) 坐标系设定

按软键 🖰，进入 MDI 参数设置界面，在弹出的下级子菜单中按软键 🖰，进入自动坐标系设置界面，如图 4-26 所示。

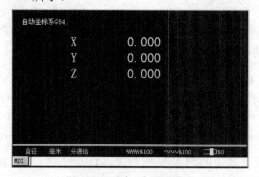

图 4-26　坐标系设置界面

用按键 PgUp 或 PgDn 选择自动坐标系 G54～G59、当前工件坐标系、当前相对值零点；在控制面板的 MDI 键盘上按字母和数字键，输入地址字(X，Y，Z)和通过对刀得到的工件坐标系原点在机床坐标系中的坐标值。设通过对刀得到的工件坐标系原点在机床坐标系中的坐标值为(–100，–200，–300)，需采用 G54 编程，则在自动坐标系 G54 下输入"X–100 Y–200 Z–300"。按 BS 键，逐字删除输入域中的内容，按 Enter 键，将输入域中的内容输入到指定坐标系中。此时 CRT 界面上的坐标值发生变化，对应显示输入域中的内容。

2) 刀具参数补偿

铣床及加工中心的刀具补偿包括刀具的半径和长度补偿，补偿参数在刀具表中设定，可在数控程序中调用。在起始界面下按软键 MDI F4 ，进入 MDI 参数设置界面，再按软键 刀具表 F2 进入刀具表设置界面，如图 4-27 所示。

刀具表：					
刀号	组号	长度	半径	寿命	位置
#0000	-1	0.000	0.000	0	-1
#0001	-1	0.000	0.000	0	-1
#0002	-1	0.000	0.000	0	-1
#0003	-1	0.000	0.000	0	-1
#0004	-1	0.000	0.000	0	-1
#0005	-1	0.000	0.000	0	-1
#0006	-1	0.000	0.000	0	-1
#0007	-1	0.000	0.000	0	-1
#0008	-1	0.000	0.000	0	-1
#0009	-1	0.000	0.000	0	-1
#0010	-1	0.000	0.000	0	-1
#0011	-1	0.000	0.000	0	-1
#0012	-1	0.000	0.000	0	-1
直径　毫米　分进给			WWWWW%100	～～%100	□▊%0

图 4-27　刀具表设置界面

用 ▲ ▼ ◀ ▶ 以及 PgUp PgDn 将光标移到对应刀号的半径栏中，按 Enter 键后，此栏可以输入字符，可通过控制面板上的 MDI 键盘根据需要输入刀具半径补偿值。修改完毕，按 Enter 键确认，或按 Esc 键取消。

长度补偿参数在刀具表中按需要输入，输入方法同输入半径补偿参数。

刀具表从#0001 行至#0024 行可输入有效的刀具补偿参数，可在数控程序中进行调用，数控程序中调用刀具表#0000 行参数表示取消参数，因此#0000 行不能输入数据。

对刀校验、程序输入、程序校验和自动加工与车削加工时类似，在此不再赘述，具体应用可参考学习情境一。本情境完成加工零件如图 4-28 所示。

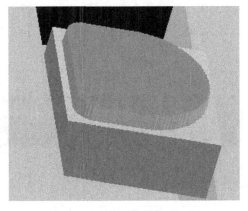

图 4-28　型芯零件仿真加工图

五、质量检查

铣床或加工中心加工零件剖面图的测量，通过选择零件上某一平面，利用卡尺测量该平面上的尺寸。点击菜单"测量/剖面图测量"弹出对话框，如图4-29所示。

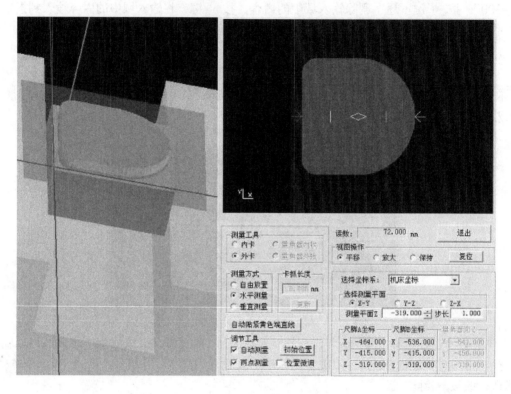

图 4-29　铣床工件测量对话框

测量时首先选择一个平面，在图左侧的机床显示视图中，绿色的透明表面表示所选的测量平面。在图右侧测量对话框上部，显示的是零件截面形状。

图4-30中的标尺模拟了现实测量中的卡尺，当箭头由卡尺外侧指向卡尺中心时，为外卡测量，通常用于测量外径，测量时卡尺内收直到与零件接触；当箭头由卡尺中心指向卡尺外侧时，为内卡测量，通常用于测量内径，测量时卡尺外张直到与零件接触。铣床工件测量对话框"读数"处显示的是两个卡爪的距离，相当于卡尺读数。

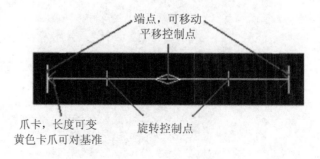

图 4-30　标尺(仿真卡尺)

1．对卡尺的操作

两端的黄线和蓝线表示卡爪。将光标停在某个端点的箭头附近，鼠标变为✥，此时可移动该端点。将光标停在旋转控制点附近，此时鼠标变为↻，这时可以绕中心旋转卡尺。将鼠标停在中心控制点附近，鼠标变为✥，拖动鼠标，保持卡尺方向不动，移动卡尺中心。对话框右下角"尺脚A坐标"显示卡尺黄色端坐标，"尺脚B坐标"显示卡尺蓝色端坐标。

2．视图操作

选择一种"视图操作"方式，用鼠标拖动，可以对零件及卡尺进行平移、放大的视图操作。选择"保持"时，鼠标拖放不起作用，点击"复位"，恢复为对话框初始进入时的视图。

3．测量过程

选择坐标系：通过"选择坐标系"，可以选择机床坐标、G54～G59、当前工件坐标、工件坐标系(毛坯的左下角)几种不同的坐标系显示坐标值。

选择测量平面：首先选择平面方向(XY/YZ/XZ)，再填入测量平面的具体位置，或者按旁边的上下按钮移动测量平面，移动的步长可以通过右边的输入框输入。

选择卡尺类型：测量内径选用内卡，测量外径选用外卡。

选择测量方式：水平测量是指尺子在当前的测量平面内保持水平放置；垂直测量是指尺子在当前的测量平面内保持垂直放置；自由放置可以使用户随意拖动放置角度。

确定卡尺的长度：非两点测时，可以修改卡尺长度，点击"更新"时生效。

使用调节工具调节卡尺位置，获取卡尺读数。

自动测量：选中该选项后外卡卡爪自动内收，内卡卡爪自动外张直到与零件边界接触。此时平移或旋转卡尺，卡尺将始终与实体区域边界保持接触，读数自动刷新。

两点测量：选中该选项后，卡尺长度为零。

位置微调：选中该选项后，鼠标拖动时移动卡尺的速度变慢。

初始位置：按下该按钮，卡尺的位置恢复到初始状态。

自动贴紧黄色端直线：在卡尺自由放置且非两点测量时，为了调节卡尺使之与零件相切，提供了"自动贴紧黄色端直线"的功能。按下"自动贴紧黄色端直线"按钮，卡尺的黄色端卡爪自动沿尺身方向移动直到碰到零件，然后尺身旋转使卡尺与零件相切，这时再选择"自动测量"，就能得到工件轮廓线间的精确距离，防止自由放置卡尺时产生的角度误差导致测量误差。

点击"退出"按钮，即可退出对话框。

六、总结评价

根据规范化技术文件，即评分标准，填写数控加工考核表(如表4-6所示)。组织学生自评与互评，并根据本次实训内容，总结数控铣床加工型芯零件的全过程，完成实训报告。重点分析零件不合格原因，对生产过程与产品质量进行优化，提出改进措施。教师重点评估项目完成质量，关注学生团队合作、安全生产、文明操作、环保意识等，突出过程考核。

表4-6 数控加工考核表

班级					姓名	
工号					总分	
序号	项目	配分	等级	评 分 细 则		得分
1	加工工艺	15	15	加工工艺完全合理		
			8~14	工艺分析、加工工序、刀具选择、切削用量1~2处不合理		
			1~7	工艺分析、加工工序、刀具选择、切削用量3~4处不合理		
			0	加工工艺完全不合理		
2	程序输入	25	25	程序编制、输入步骤完全正确		
			17~24	不符合程序输入规范1~2处		
			9~16	不符合程序输入规范3~4处		
			0~8	程序编制完全错误或多处不规范		
3	文明操作	30	30	安全文明生产，加工操作规程完全正确		
			11~29	操作过程1~3处不合理，但未发生撞车事故		
			1~10	操作过程多处不合理，加工过程中发生1~2次撞车事故		
			0	操作过程完全不符合文明操作规程		
4	零件质量	30	30	加工零件完全符合图样要求		
			21~29	加工零件不符合图样要求1~3处		
			11~20	加工零件不符合图样要求4~6处		
			0~10	加工零件完全或多处不符合图样要求		

4-3 学 习 拓 展

一、数控铣床/加工中心安全操作规程与点检

1. 安全操作规程

为了正确合理地使用数控铣床，保证机床正常运转，必须制定比较完整的数控铣床操作规程，通常应当做到以下几点：

① 操作人员应熟悉所用数控铣床的组织、结构及使用环境，并严格按机床操作手册的要求正确操作，尽量避免因操作不当而引起的故障。

② 操作机床时，应按要求正确穿戴劳动保护用品。

③ 开机前需检查电压、气压、油压是否正常；有手动润滑的部位要先进行润滑。

④ 严格按照机床说明书所规定的开机、关机顺序和各项操作步骤进行操作，不得随意拆卸电器及修改有关参数。

⑤ 机床通电后，检查各开关、按钮和键是否正常、灵活，机床有无异常现象。机床通电后，在 CNC 装置尚未出现位置显示或报警画面前，请不要碰 MDI 面板上的任何键，因为 MDI 上的有些键专门用于维护和特殊操作，在开机的同时按下这些键，可能会使机床产生数据丢失等误操作。

⑥ 开机后进行返回机床原点的操作，以建立机床坐标系。各坐标轴手动回零(机床原点)，若某轴在回零前已在零位，必须先将该轴移离零点一段距离后，再进行手动回零。沿 X、Y 轴方向移动工作台时，必须使 Z 轴处于安全高度位置，移动时应注意观察。

⑦ 在进行工作台回转交换时，台面上、护罩上、导轨上不得有杂物。

⑧ 机床开机后需空运转 15 min 以上，使机床达到热平衡状态后再进行工件加工。

⑨ 程序输入后，应认真核对，保证无误，其中包括对代码、指令、地址、数值、正负号、小数点及语法的查对。

⑩ 按工艺规程安装校正好夹具。

⑪ 正确测量和计算工件坐标系，并对所得结果进行验证和验算。

⑫ 将工件坐标系输入到偏置页面，并对坐标、坐标值、正负号及小数点进行认真核对。

⑬ 未安装工件前，空运行一次程序，看程序能否顺利执行，刀具长度选取和夹具安装是否合理，有无超程现象。

⑭ 装夹工件，注意螺钉压板是否妨碍刀具运动，检查零件毛坯和尺寸有无超常现象。

⑮ 检查各刀头的安装方向及各刀具旋转方向是否合乎程序要求。

⑯ 查看各刀杆前后部位的形状和尺寸是否符合加工工艺要求，是否碰撞工件与夹具。

⑰ 镗刀头尾部露出刀杆直径部分，必须小于刀尖露出刀杆直径部分。

⑱ 卸刀时应先用手握住刀柄，再按"换刀"按钮；装刀时应在确认刀柄安全到位后再松手，换刀过程中禁止运转主轴，检查每把刀柄在主轴孔中是否都能拉紧。

⑲ 刀具补偿值输入偏置页面后，要对刀补号、补偿值、正负号、小数点进行认真核对。

⑳ 无论是首次上场加工的零件，还是周期性重复上场加工的零件，都必须对照图样工艺、程序和刀具调整卡，进行逐把刀逐段程序的试切。

㉑ 单段试切时，快速倍率开关必须调到最低挡。

㉒ 每把刀首次使用时，必须先验证它的实际长度与所给刀补值是否相符。

㉓ 在程序运行中，要重点观察数控系统上的几种显示：坐标显示，可了解目前刀具运动点在机床坐标系及工件坐标系中的位置，了解这一程序段的运动量，还剩余多少运动量等；工作寄存器和缓冲寄存器显示，可看出正在执行程序段各状态指令和下一个程序段的内容；主程序和子程序，可了解正在执行程序段的具体内容。

㉔ 试切进刀时，在刀具运行至工件上表面 30～50 mm 处，必须在进给保持下，验证

Z 轴剩余坐标值和 X、Y 轴坐标值与图样是否一致。

㉕ 对一些有试刀要求的刀具,采用渐进的方法,如镗孔,可试镗一小段,检查合格后,再镗整段。使用刀具半径补偿功能的刀具数据,可由小到大,边试切边修改。

㉖ 在试切和加工中,刃磨刀具和更换刀辅具后,一定要重新测量刀长并修改好刀补值和刀补号。

㉗ 程序检索时应注意光标所指位置是否合理、准确,观察刀具与机床运动方向坐标是否正确。

㉘ 程序修改后,对修改部分一定要仔细计算和认真核对。

㉙ 手摇进给和手动连续进给操作时,必须检查各种开关所选择的位置是否正确,弄清正负方向,认准按键,然后再进行操作。

㉚ 在机床运行中一旦发现异常情况,应立即按下红色急停按钮,终止机床的所有运动和操作。待故障排除后,方可重新操作机床及执行程序。如出现机床报警信息,则应根据报警号查明原因及时排除。

㉛ 零件加工完成后,从刀库中卸下刀具,清理后入库。

㉜ 卸下夹具,对某些夹具应记录安装位置及方位,并做出记录、存档。

㉝ 关机前必须把机床清理干净,并将各坐标轴停在中间位置。

2. 日常维护和保养

数控机床的日常维护和保养是操作者必不可少的一项工作。数控机床的日常维护和保养工作的具体内容,在各数控机床使用说明书等资料中都有明确的规定,其主要内容如下:

1) 保证机床主体良好的润滑状态

定期检查、清洗自动润滑系统,添加或更换润滑油脂及油液,保证导轨、滑板、立柱、丝杠副等运动部位始终保持良好的润滑状态,以降低机械磨损,延长其使用寿命。

2) 机械精度的检查、调整

定期对机床的换刀系统、工作台交换系统,特别是螺旋传动机构的反向间隙等综合机械间隙进行检查和调整,以保持机床的加工精度。

3) 重要部件的检查、清扫

对数控系统、自动输入装置及直流伺服电动机等重要部件,应定期进行必要的检查和清扫,及时清除其隐患。如数控系统中空气过滤网太脏,会因机箱内冷却空气的通道不畅,造成温升过高,从而影响系统工作的可靠性;或因系统内的灰尘太多,使印刷电路板上的线路发生短路故障等。

4) 注意更换存储器电池

为了在停机或瞬间断电时不丢失数据,采用 CMOS 存储器储存程序内容及各种参数,并由专用电池为其供电。当从数控系统的显示器上显示出电池电压过低信息或发生报警信号时,应在电源开启的情况下,及时或定期对电池进行更换,并注意其正、负极性。

5) 对长期不用的数控机床,应经常通电

数控机床不宜长期不用,否则会因受潮等原因而使电子元器件变质或损坏。当因故长期不用时,仍要定期通电(最好每周通电 1~2 次,每次在锁定机床运动部件的情况下,空运行 1 小时左右)。

6) 应尽量少开数控柜的门

机加工车间空气中飘浮的灰尘、油雾和金属粉末落在印刷线路板或电子组件上，容易造成元器件间绝缘电阻下降，从而发生故障甚至使元器件及印刷线路板损坏。因此，有些数控机床的主轴速度控制单元安装在强电柜中。此时应尽量少开数控柜门，以免造成电气部件损坏、主轴控制失灵。

7) 定期更换直流电动机电刷

如果数控机床上用的是直流伺服电动机和直流主轴电动机，应对电刷进行定期检查。检查周期随机床品种和使用频繁程度而异，一般为半年或一年一次。如果数控机床闲置不用半年以上，应将电刷从电动机中取出，以免由于化学腐蚀作用，使换向器表面腐蚀，引起换向性能变坏，甚至损坏整台电机。

8) 尽量提高数控机床利用率

数控机床价格昂贵，结构复杂，当数控系统出现故障时用户难以排除，因此有些用户出于保护设备的目的，只有在万不得已时才会使用，造成设备利用率较低。其实，这种保护设备的方法是不可取的，尤其对于数控系统更是如此。因为数控系统是由成千上万个电子器件组成的，而它们的性能和寿命具有很大的离散性。这些电子器件虽经严格筛选，但在使用过程中仍难免出现故障。因此，可以认为数控系统存在一种失效率曲线及故障曲线。

对数控机床进行维护保养的目的就是要延长机械部件的磨损周期，延长元器件的使用寿命，保证机床长期稳定而可靠的运行。日常维护与保养是通过各种点检方式完成的。所谓点检，就是按有关规定，对数控机床进行定点、定时的检查和维护。从点检的要求和内容上看，点检可分为专职点检、日常点检和生产点检三个层次。专职点检是负责对机床的关键部位和重要部位按周期进行重点点检和设备状态监测与故障诊断，制定点检计划，做好诊断记录，分析维修结果，提出改善设备维护管理的建议；日常点检是负责对机床的一般部件进行点检，处理和检查机床在运行过程中出现的故障；生产点检是负责对生产运行中的数控机床进行点检，并进行润滑、紧固等工作。点检作为一项工作制度必须认真执行并持之以恒，这样才能保证数控机床的正常运行。表4-7是某加工中心的维护点检表(以供参考)。

表 4-7　维护点检表

序号	周期	检查部位	检查要求
1	每天	导轨润滑油箱	检查油标、油量，及时添加润滑油，润滑泵能定时启动打油及停油
2	每天	X、Y、Z轴向导轨面	清除切屑及脏物，检查润滑油是否充足、导轨面有无划伤损坏
3	每天	压缩空气气源	检查气动控制系统压力是否在正常范围内
4	每天	气源自动分水器和自动空气干燥器	及时清理分水器中滤出的水分，保证自动空间干燥器工作正常
5	每天	气液转换器和增压器油面	发现油面不够时及时补充油
6	每天	主轴润滑恒温油箱	工作正常，油量充足并调节温度范围

续表

序号	周期	检 查 部 位	检 查 要 求
7	每天	机床液压系统	油箱、液压泵无异常噪音，压力表指示正常，管路及各接头无泄漏，工作油面高度正常
8	每天	液压平衡系统	平衡压力指示正常，平衡阀工作正常
9	每天	CNC 的输入/输出单元	光电阅读机清洁，机械结构润滑良好
10	每天	各种电气柜散热通风装置	电柜冷却风扇工作正常，风道过滤网无堵塞
11	每天	各种保护装置	检查导轨、机床防护罩等应无松动、泄漏
12	每天	滚珠丝杠	清洗丝杠上旧的润滑脂，涂上新的润滑脂
13	每天	液压油路	清洗溢流阀、减压阀、滤油器、油箱箱底
14	半年	主轴润滑恒温油箱	清洗过滤器，更换滤油器
15	每年	检查并更换直流伺服电机碳刷	检查换向器表面，吹净碳粉，去除毛刺，更换长度过短的电刷，并应在跑合后使用
16	每年	润滑液压泵、滤油器清洗	清理润滑油池底，更换滤油器
17	不定	检查导轨上镶条、压紧滚轮松紧状态	按机床说明书调整
18	不定	冷却水箱	检查液面高度，切屑液太脏需要清理水箱底部，经常清洗过滤器
19	不定	排屑器	经常清理切屑，检查有无卡住等
20	不定	清理废油池	及时取走滤油池中废油，以免外溢
21	不定	调整主轴松紧带松紧	按机床说明书调整

二、华中 HNC-21/22M 数控铣床/加工中心指令拓展

1. 简化编程指令

1) 镜像功能 G24、G25

【格式】

  G24 X__Y__Z__A__

  M98 P_

  G25 X__Y__Z__A__

【说明】

G24：建立镜像。

G25：取消镜像。

X、Y、Z、A：镜像位置。

  当工件相对于某一轴具有对称形状时，可以利用镜像功能和子程序，只对工件的一部分进行编程，而能加工出工件的对称部分，这就是镜像功能。当某一轴的镜像有效时，该轴执行与编程方向相反的运动。G24、G25 为模态指令可相互注销，G25 为缺省值。

例 1　使用镜像功能编制如图 4-31 所示轮廓的加工程序，设刀具起点距工件上表面 100 mm，切削深度为 5 mm。

%0024	主程序
G92 X0 Y0 Z0	
G91 G17 M03 S600	
M98 P100	加工①
G24 X0 Y	轴镜像，镜像位置为 X=0
M98 P100	加工②
G24 Y0	X、Y 轴镜像，镜像位置为(0, 0)
M98 P100	加工③
G25 X0	X 轴镜像继续有效，取消 Y 轴镜像
M98 P100	加工④
G25 Y0	取消镜像
M30	
%100	子程序
N100 G41 G00 X10 Y4 D01	
N120 G43 Z-98 H01	
N130 G01 Z-7 F300	
N140 Y26	
N150 X10	
N160 G03 X10 Y-10 I10 J0	
N170 G01 Y-10	
N180 X-25	
N185 G49 G00 Z105	
N200 G40 X-5 Y-10	
N210 M99	

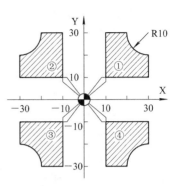

图 4-31　镜像功能

2) 缩放功能 G50、G51

【格式】

　　G51 X_Y_Z_P_

　　M98 P_

　　G50

【说明】

G51：建立缩放。

G50：取消缩放。

X、Y、Z：缩放中心的坐标值。

P：缩放倍数。

G51 既可指定平面缩放，也可指定空间缩放。在 G51 后运动指令的坐标值以 X、Y、Z 为缩放中心，按 P 规定的缩放比例进行计算。在有刀具补偿的情况下，先进行缩放，然后才进行刀具半径补偿和刀具长度补偿。G51、G50 为模态指令，可相互注销，G50 为缺省值。

例 2　使用缩放功能编制如图 4-32 所示轮廓的加工程序。已知三角形 ABC 的顶点为 A(10, 30)、B(90, 30)、C(50, 110)，三角形 A' B' C' 是缩放后的图形。其中，缩放中心为 D(50, 50)，缩放系数为 0.5 倍，设刀具起点距工件上表面 50 mm。

```
%0051                          主程序
G92 X0 Y0 Z60
G91 G17 M03 S600 F300
G43 G00 X50 Y50 Z-46 H01
#51=14
M98 P100                       加工三角形 ABC
#51=8
G51 X50 Y50 P0.5               缩放中心(50, 50)缩放系数 0.5
M98 P100                       加工三角形 A'B'C'
G50                            取消缩放
G49 Z46
M05 M30
%100                           子程序
N100 G42 G00 X-44 Y-20 D01
N120 Z[- #51]
N150 G01 X84
N160 X-40 Y80
N170 X-44 Y-88
N180 Z[#51]
N200 G40 G00 X44 Y28
N210 M99
```

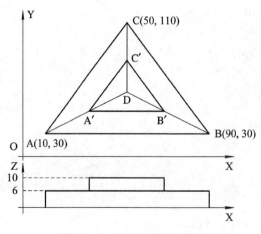

图 4-32　△ABC 缩放示意图

3) 旋转功能 G68、G69

【格式】

　　G17 G68 X__Y__P__

G18 G68 X__Z__P__

G19 G68 Y__Z__P__

M98 P_

G69

【说明】

G68：建立旋转。

G69：取消旋转。

X、Y、Z：旋转中心的坐标值。

P：旋转角度，单位是(°)；0≤P≤360。

在有刀具补偿的情况下，先旋转后刀补(刀具半径补偿、长度补偿)；在有缩放功能的情况下，先缩放后旋转。G68、G69 为模态指令，可相互注销，G69 为缺省值。

例 3 使用旋转功能编制如图 4-33 所示轮廓的加工程序。设刀具起点距工件上表面 50 mm，切削深度为 5 mm。

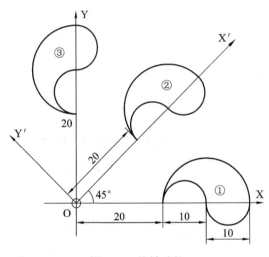

图 4-33　旋转功能

%0068　　　　　　　　　　　　主程序

N10 G92 X0 Y0 Z50

N15 G90 G17 M03 S600

N20 G43 Z-5 H02

N25 M98 P200　　　　　　　　加工

N30 G68 X0 Y0 P45　　　　　　旋转 45°

N40 M98 P200　加工

N60 G68 X0 Y0 P90　　　　　　旋转 90°

N70 M98 P200　加工

N20 G49 Z50

N80 G69 M05 M30　　　　　　取消旋转

%200　　　　　　　　　　　　子程序

N 100 G41 G01 X20 Y-5 D02 F300

N105 Y0

N110 G02 X40 I10

N120 X30 I-5

N130 G03 X20 I-5

N140 G00 Y-6

N145 G40 X0 Y0

N150 M99

2．固定循环

数控加工中，某些加工动作循环已经典型化。例如，钻孔、镗孔的经典动作是孔位平面定位、快速引进、工作进给、快速退回等，这样一系列典型的加工动作已经预先编好程序，存储在内存中，可用称为固定循环的一个 G 代码程序段进行调用，从而简化编程工作。孔加工固定循环指令有 G73、G74、G76、G80～G89，通常由 6 个动作构成(见图 4-34，实线表示切削进给，虚线表示快速进给)。

动作 1：X、Y 轴定位。

动作 2：定位到 R 点(定位方式取决于上次是 G00 还是 G01)。

动作 3：孔加工。

动作 4：在孔底的动作。

动作 5：退回到 R 点(参考点)。

动作 6：快速返回到初始点。

固定循环的数据形式可以用绝对坐标(G90)和相对坐标(G91)表示，如图 4-35 所示。

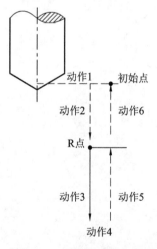

图 4-34　固定循环动作图

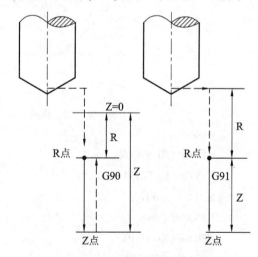

图 4-35　固定循环的数据形式

固定循环的程序格式包括数据形式、返回点平面、孔加工方式、孔位置数据、孔加工数据和循环次数。一般，数据形式(G90 或 G91)在程序开始时就已指定，因此，在固定循环程序格式中可不注出。

【固定循环格式】

G98/G99 G_ X_ Y_ Z_ R_ Q_ P_ I_ J_ K_ F_ L_

【说明】

G98：返回初始平面。

G99：返回 R 点平面。

G：固定循环代码 G73、G74、G76 和 G81～G89 之一。

X、Y：加工起点到孔位的距离(G91)或孔位坐标(G90)。

Z：R 点到孔底的距离(G91)或孔底坐标(G90)。

R：初始点到 R 点的距离(G91)或 R 点的坐标(G90)。

Q：每次进给深度(G73/G83)。

P：刀具在孔底的暂停时间。

I、J：刀具在轴反方向的位移增量(G76/G87)。

K：每次退刀距离。

F：切削进给速度。

L：固定循环的次数。

G73、G74、G76 和 G81～G89 是同组的模态指令。其中定义的 R、P、F、Q、I、J、K 地址在各个指令中是模态值，改变指令后需重新定义，G80、G01～G03 等代码可以取消固定循环。

1) G73 高速深孔加工循环

【格式】

　　G98/G99 G73 X_Y_Z_R_Q_P_K_F_L_

【说明】　　G73 用于 Z 轴的间歇进给，使深孔加工时容易排屑，减少退刀量可以进行高效率的加工。G73 指令动作循环如图 4-36 所示。

【注意】　　Z、K、Q 移动量为零时该指令不执行。

例 4　使用 G73 指令编制如图 4-36 所示深孔加工程序。设刀具起点距工件上表面 42 mm，距孔底 80 mm，在距工件上表面 2 mm 处(R 点)，由快进转换为工进，每次进给深度为 10 mm，每次退刀距离为 5 mm。

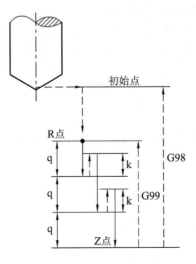

图 4-36　G73 指令动作图与 G73 编程

%0073

G92 X0 Y0 Z80

G00 G90 G98 M03 S600

G73 X100 R40 P2 Q-10 K5 Z0 F200

G00 X0 Y0 Z80

M05

M30

2) G74 反攻丝循环

【格式】

　　G98/G99 G74 X_Y_Z_R_P_F_L_

【说明】　　G74 攻反螺纹时主轴反转到孔底时主轴正转然后退回，G74 指令动作循环如图 4-37 所示。

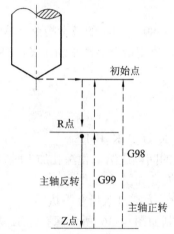

图 4-37　G74 指令动作图及 G74 编程

【注意】　　攻丝时速度倍率进给保持均不起作用，R 应选在距工件表面 7 mm 以上的地方，如果 Z 的移动量为零则该指令不执行。

例 5　使用 G74 指令编制如图 4-37 所示反螺纹攻丝加工程序。设刀具起点距工件上表面 48 mm，距孔底 60 mm，在距工件上表面 8 mm 处(R 点)由快进转换为工进。

%0074

G92 X0 Y0 Z60

G91 G00 F200 M04 S500

G98 G74 X100 R-40 P4 G90 Z0

G0 X0 Y0 Z60

M05

M30

3) G76 精镗循环

【格式】

　　G98/G99 G76 X_Y_Z_R_P_I_J_F_L_

【说明】

I：X 轴刀尖反向位移量。

J：Y 轴刀尖反向位移量。

G76 精镗时，主轴在孔底定向停止后，向刀尖反方向移动，然后快速退刀。这种带有让刀的退刀不会划伤已加工平面，保证了镗孔精度，G76 指令动作循环如图 4-38 所示。

【注意】　如果 Z 的移动量为零，则该指令不执行。

例 6　使用 G76 指令编制如图 4-38 所示精镗加工程序。设刀具起点距工件上表面 42 mm，距孔底 50 mm，在距工件上表面 2 mm 处(R 点)由快进转换为工进。

```
%0076
G92 X0 Y0 Z50
G00 G91 G99 M03 S600
G76 X100 R-40 P2 I-6 Z-10 F200
G00 X0 Y0 Z40
M05
M30
```

4) G81 钻孔循环

【格式】

G98/G99 G81 X_Y_Z_R_F_L_

G81 钻孔动作循环包括 X、Y 坐标定位快进工进和快速返回等动作，G81 指令动作循环如图 4-39 所示。

【注意】　如果 Z 的移动量为零，则该指令不执行。

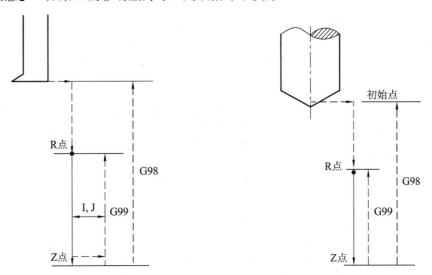

图 4-38　G76 指令动作图及 G76 编程　　　图 4-39　G81 指令动作图及 G81 编程

例 7　使用 G81 指令编制如图 4-39 所示钻孔加工程序。设刀具起点距工件上表面 42 mm，距孔底 50 mm，在距工件上表面 2 mm 处(R 点)由快进转换为工进。

```
%0081
G92 X0 Y0 Z50
```

```
G00 G90 M03 S600
G99 G81 X100 R10 Z0 F200
G90 G00 X0 Y0 Z50
M05
M30
```

5) G82 带停顿的钻孔循环

【格式】

　　G98/G99 G82 X_Y_Z_R_P_F_L_

　　G82 指令除了要在孔底暂停外，其他动作与 G81 相同，暂停时间由地址 P 给出。G82 指令主要用于加工盲孔，以提高孔深精度。

【注意】　如果 Z 的移动量为零，则该指令不执行。

6) G83 深孔加工循环

【格式】

　　G98/G99 G83 X_Y_Z_R_Q_P_K_F_L_

【说明】

Q：每次进给深度。

K：每次退刀后，再次进给时，由快速进给转换为切削进给时距上次加工面的距离。

G83 指令动作循环如图 4-40 所示。

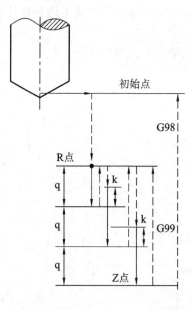

图 4-40　G83 指令动作图及 G83 编程

【注意】　Z、K、Q 移动量为零时该指令不执行。

　　例 8　使用 G83 指令编制如图 4-40 所示深孔加工程序。设刀具起点距工件上表面 42 mm，距孔底 80 mm，在距工件上表面 2 mm 处(R 点)由快进转换为工进。每次进给深度 10 mm，每次退刀后，再由快速进给转换为切削进给时距上次加工面的距离 5 mm。

%0083

G92 X0 Y0 Z80

G00 G99 G91 F200

M03 S500

G83 X100 G90 R40 P2 Q-10 K5 Z0

G90 G00 X0 Y0 Z80

M05

M30

7) G84 攻丝循环

【格式】

G98/G99 G84 X_Y_Z_R_P_F_L_

G84 攻螺纹时，从 R 点到 Z 点主轴正转，在孔底暂停后主轴反转，然后退回。G84 指令动作循环如图 4-41 所示。

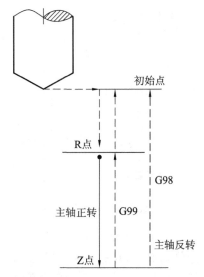

图 4-41　G84 指令动作图及 G84 编程

【注意】　攻丝时速度倍率进给保持均不起作用，R 应选在距工件表面 7 mm 以上的地方，如果 Z 的移动量为零则该指令不执行。

例 9　使用 G84 指令编制如图 4-41 所示螺纹攻丝加工程序。设刀具起点距工件上表面 48 mm，距孔底 60 mm，在距工件上表面 8 mm 处(R 点)由快进转换为工进。

%0084

G92 X0 Y0 Z60

G90 G00 F200 M03 S600

G98 G84 X100 R20 P10 G91 Z-20

G00 X0 Y0

M05

M30

8) G85 镗孔循环

G85 指令与 G84 指令相同但在孔底时主轴不反转。

9) G86 镗孔循环

G86 指令与 G81 相同但在孔底时主轴停止然后快速退回。

【注意】 如果 Z 的移动位置为零则该指令不执行，调用此指令之后主轴将保持正转。

10) G87 反镗循环

【格式】

G98/G99 G87 X_Y_Z_R_P_I_J_F_L_

【说明】

I：X 轴刀尖反向位移量。

J：Y 轴刀尖反向位移量。

G87 指令动作循环如图 4-42 所示。

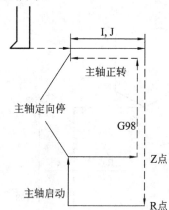

图 4-42　G87 指令动作图及 G87 编程

G87 反镗循环动作过程为：在 X、Y 轴定位→主轴定向停止→在 X、Y 轴方向分别向刀尖的反方向移动 I、J 值→定位到 R 点(孔底)→在 X、Y 轴方向分别向刀尖方向移动 I、J 值→主轴正转→在 Z 轴正方向上加工至 Z 点→主轴定向停止→在 X、Y 轴方向分别向刀尖反方向移动 I、J 值→返回到初始点(只能用 G98)→在 X、Y 轴方向分别向刀尖方向移动 I、J 值→主轴正转。

【注意】 如果 Z 的移动量为零，则该指令不执行。

例 10　使用 G87 指令编制如图 4-42 所示反镗加工程序。设刀具起点距工件上表面 40 mm，距孔底(R 点)80 mm。

```
%0087
G92 X0 Y0 Z80
G00 G91 G98 F300
G87 X50 Y50 I-5 G90 R0 P2 Z40
G00 X0 Y0 Z80 M05
M30
```

11) G88 镗孔循环

【格式】

　　G98/G99 G88 X_Y_Z_R_P_F_L_

G88 指令动作循环如图 4-43 所示。

G88 镗孔循环动作过程为：在 X、Y 轴定位→定位到 R 点→在 Z 轴方向上加工至 Z 点孔底→暂停后主轴停止→转换为手动状态手动将刀具从孔中退出→返回到初始平面→主轴正转。

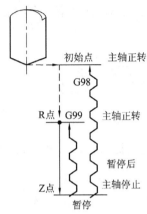

图 4-43　G88 指令动作图及 G88 编程

【注意】　　如果 Z 的移动量为零，则该指令不执行。

例 11　使用 G88 指令编制如图 4-43 所示镗孔加工程序。设刀具起点距 R 点 40 mm，距孔底 80 mm。

　　%0088

　　G92 X0 Y0 Z80

　　M03 S600

　　G90 G00 G98 F200

　　G88 X60 Y80 R40 P2 Z0

　　G00 X0 Y0 M05

　　M30

12) G89 镗孔循环

G89 指令与 G86 指令相同，但 G89 在孔底有暂停。

【注意】　　如果 Z 的移动量为零，则 G89 指令不执行，使用固定循环时应注意以下几点：

① 在固定循环指令前应使用 M03 或 M04 指令使主轴回转。

② 在固定循环程序段中，X、Y、Z、R 数据应至少指定一个才能进行孔加工。

③ 在使用控制主轴回转的固定循环(G74、G84、G86)中，如果连续加工一些孔间距比较小或者初始平面到 R 点平面的距离比较短的孔时，会出现在进入孔的切削动作前主轴还没有达到正常转速的情况。遇到这种情况，应在各孔的加工动作之间插入 G04 指令，以获得时间。

④ 当用 G00~G03 指令注销固定循环时，若 G00~G03 指令和固定循环出现在同一程序段，则按后出现的指令运行。

⑤ 在固定循环程序段中如果指定了 M，则在最初定位时送出 M 信号，等待 M 信号完成，才能进行孔加工循环。

例 12　使用 G88 指令编制如图 4-44 所示的螺纹加工程序，设刀具起点距工作表面100 mm，切削深度为 10 mm。

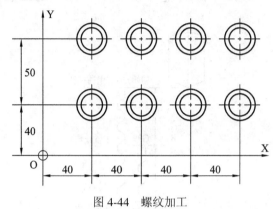

图 4-44　螺纹加工

%1000　　　　　　　　　　　　　　　　　先用 G81 钻孔

G92 X0 Y0 Z0

G91 G00 M03 S600

G99 G81 X40 Y40 G90 R-98 Z-110 F200

G91 X40 L3

Y50

X-40 L3

G90 G80 X0 Y0 Z0 M05

M30

%2000　　　　　　　　　　　　　　　　　再用 G84 攻丝

G92 X0 Y0 Z0

G91 G00 M03 S600

G99 G84 X40 Y40 G90 R-93 Z-110 F100

G91 X40 L3

Y50

X-40 L3

G90 G80 X0 Y0 Z0 M05

M30

三、华中 HNC-21/22M 立式加工中心对刀操作

立式加工中心在选择刀具后，刀具被放置在刀架上。对刀时，首先要使用基准工具在X、Y 轴方向对刀，再拆除基准工具，将所需刀具装载在主轴上，在 Z 轴方向对刀。X、Y

轴对刀方法与铣床及卧式加工中心一样，立式加工中心 Z 轴对刀时首先要将选定(且放置在刀架上)的刀具放置在主轴上，再采用与铣床及卧式加工中心类似的方法逐把对刀。

立式加工中心需采用自动加工方式将刀架上的刀具放置在主轴上。在控制面板上点击 自动 按钮，使其指示灯变亮，进入自动加工模式。起始状态下按软键 MDI F4 ，进入 MDI 编辑状态。在下级子菜单中按软键 MDI运行 F6 ，进入 MDI 运行界面(如图 4-45 所示)。

图 4-45　MDI 运行界面

点击 MDI 键盘输入"G28"，按 Enter 键确认，使 Z 轴回换刀点，此时原 CRT 界面上的第一行"G00"变为"G28"，点击 MDI 键盘输入"Zx"(x 表示任意小于等于 0 的数字)，按 Enter 键确认，告知机床通过某点回换刀点，此时 CRT 界面如图 4-46 所示。点击 循环启动 按钮，机床运行到换刀点。

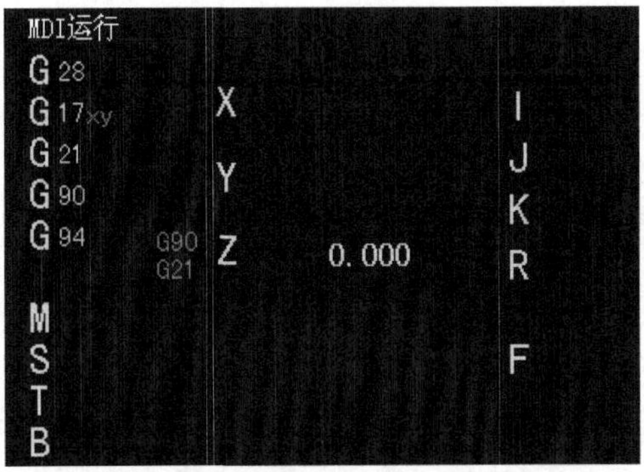

图 4-46　MDI 指令返回参考点界面

点击 MDI 键盘，输入"Tx"(x 位刀位号；如 1 号刀位，则输入"T01")，按 Enter 键确认。点击 MDI 键盘，输入"M06"，按 Enter 键确认，再点击 循环启动 按钮，刀架旋转后将指定刀位的刀具装好。

装好刀具后，可进行 Z 轴对刀(方法同铣床及卧式加工中心的 Z 轴对刀方法)，其他刀再进行对刀时只需依次重复 Z 轴对刀步骤即可。

4-4　学习迁移

1. 知识迁移

① 什么叫做起始平面、进刀平面、退刀平面、安全平面和返回平面？

② 数控铣削加工三要素有哪些？分别表示什么含义？

2. 技能迁移

① 怎样选择铣削方式？

② 试对图 4-47 所示零件进行工艺分析，并编程加工。

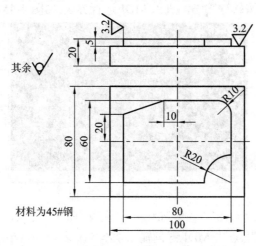

图 4-47　型芯零件

型腔零件数控编程与操作

5-1　学习目标

1. 知识技能目标

① 掌握型腔零件的结构特点和工艺规程，能正确制订型腔零件数控加工方案。

② 掌握 SIEMENS 802S/C 数控铣削系统常用指令代码及编程规则，能手工编制简单型腔零件的数控加工程序。

③ 了解数控铣床刀具的类型和选用，能用 SIEMENS 802S/C 数控铣削系统完成型腔零件的仿真加工。

2. 过程方法目标

① 学习任务下达后，能通过多种渠道收集信息，并对收集的信息进行处理、分析和概括。

② 学习制订生产工作计划和实施方案，应用已学的知识和技能去解决具体的问题，能够举一反三，具备知识迁移能力。

③ 学会优选加工方案，能修改并简化数控加工程序，可以高效独立地完成型腔零件加工、质量检测等生产任务。

3. 职业情感目标

① 通过参与情境学习活动，培养敬业意识、安全意识和质量意识。

② 养成实事求是、尊重技术的科学态度，勇于钻研，善于总结，不断提高专业技能，并具备良好的工作思维和技术革新意识。

③ 敢于提出与别人不同的意见，也勇于放弃或修正自己的错误观点，对技术精益求精。

④ 遵守规则而不迂腐守旧，善于沟通而不人云亦云，积累提高而不故步自封，树立良好的综合职业素养。

5-2　学习过程

一、情境资讯

1. 学习任务

如图 5-1 所示为型腔零件(单件生产)，毛坯为 100 mm × 80 mm × 15 mm 的长方块(六面已加工平整)，材料为 45# 钢，对零件进行工艺分析、程序编制，并运用上海宇龙数控仿真软件加工型腔零件，注意零件的尺寸公差和精度要求。

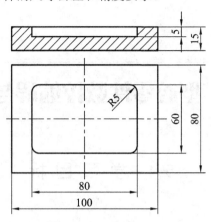

图 5-1　型腔零件

2．工作条件

1) 仿真软件

上海宇龙数控仿真软件，数控系统为 SIEMENS 802S/C。

2) 参考资料

相关数控系统手册、数控机床操作说明书、数控加工仿真系统使用手册、工艺手册和编程说明书等。

3．图样分析

本情境的型腔零件属于单件生产，材料为 45# 钢，无热处理和硬度要求。该零件包含了平面、圆弧等外轮廓，表面尺寸精度要求不高，表面粗糙度全部为 Ra3.2，没有形位公差项目的要求，为了满足精度要求，需要采用数控铣床加工。毛坯为 100 mm × 80 mm × 15 mm 的长方块(六面已加工平整)，长、宽方向的尺寸以零件的中心线为基准，高度方向的尺寸以零件的上表面为基准，均采取绝对尺寸标注。编写程序时可将编程原点设在零件上表面中心处。

4．相关知识

1) 铣削内槽的走刀路线

内槽是指以封闭曲线为边界的平底凹槽型腔。本书使用平底立铣刀加工，刀具圆角半径应符合内槽的图纸要求。图 5-2(a)和(b)分别为用行切法和环切法加工内槽。两种进给路线的共同点是：都能切净内腔中的全部面积，不留死角，不伤轮廓，同时尽量减少重复进给的搭接量。不同点是：行切法的进给路线比环切法短，但行切法会在每两次进给的起点与终点间留下残留面积，而达不到所要求的表面粗糙度；用环切法获得的表面粗糙度要好于行切法，但环切法需要逐次向外扩展轮廓线，刀位点计算稍微复杂一些。图 5-2(c)所示的进给路线是：先用行切法切去中间部分余量，最后用环切法环切一刀光整轮廓表面。采用这种方法既能使总的进给路线较短，又能获得较好的表面粗糙度。

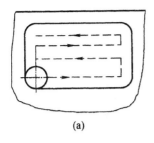 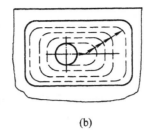 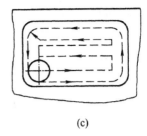

(a)　　　　　　　　　　　　(b)　　　　　　　　　　　　(c)

图 5-2　凹槽加工进给路线

2) 铣削内轮廓的切入与切出

如图 5-3 所示，铣削封闭的内轮廓表面，若内轮廓曲线不允许外延，刀具只能沿内轮廓曲线的法向切入、切出，此时刀具的切入、切出点应尽量选在内轮廓曲线两几何元素的交点处。如图 5-4 所示，当用圆弧插补铣削内圆弧时也要遵循从切向切入、切出的原则，最好安排从圆弧过渡到圆弧的加工路线，提高内孔表面的加工精度和质量。

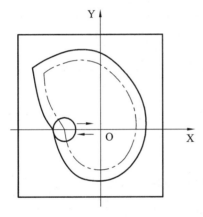 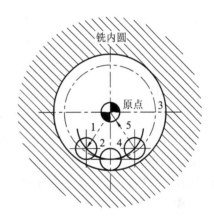

图 5-3　内轮廓加工　　　　　　　　　　图 5-4　内圆铣削

如图 5-5 所示，当内部几何元素相切无交点时，为防止刀补取消时在轮廓拐角处留下凹口，刀具切入、切出点应远离拐角。

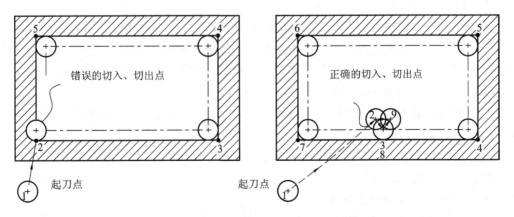

图 5-5　无交点内轮廓加工刀具的切入和切出

二、方案决策

1. 机床选用

由于零件六面已加工平整，只有内轮廓加工内容，只需单工位、单面加工即可。零件尺寸不大，一般机床的加工范围都可以满足，本书选择 SIEMENS 802S/C 数控系统仿真立式铣床。

2. 刀具选用

加工凹槽时，选用高速钢立铣刀，数控加工刀具卡如表 5-1 所示。

表 5-1　数控加工刀具卡

产品名称		零件名称	型腔零件	零件图号	
序号	刀具号	刀具			加工表面	备注
		规格名称	数量	刀具半径/mm		
1	T01	平底立铣刀	1	4	型腔轮廓	
编制		审核		批准	年　月　日	共　页	第　页

3. 夹具选用

本情境零件为单件生产，且零件外形为长方体，结构比较简单，可选用平口虎钳装夹，为了夹紧安全、可靠，工件上表面需要高出钳口 6 mm 左右。

4. 毛坯选用

学习任务中已经给出：毛坯为 100 mm × 80 mm × 15 mm 的长方块(六面已加工平整)，材料为 45# 钢。

三、制定计划

1. 编制加工工艺

在编制数控铣削加工工艺时应进行工步顺序、走刀路线的确定，下刀方式的选择，进退刀方式的定义，以及切削用量、主轴转速、进给速度等工艺参数的确定。然后进行必要的数学处理，计算出所需各个节点、基点的坐标值，最后完成数控程序的编制。

1) 确定工步顺序和加工路线

加工型台和型腔时，采用粗加工和精加工两工步，精加工时的径向切削余量为 0.5 mm。编程时采用凹槽循环指令对轮廓进行加工。在工件加工位置上方直接下刀，加工路线采用圆弧切入、切出的进退刀方式。如果用槽循环指令(宇龙仿真软件不提供该指令)，则加工路线由循环指令内部决定。

2) 选择切削用量并填工序卡

将各工步的加工内容、所用刀具和切削用量填入数控加工工序卡片中(见表 5-2)。

表 5-2　数控加工工序卡

单位			车间名称		设备名称		SIEMENS 802S 数铣
夹具	平口虎钳		产品名称		零件名称		型腔
时间定额	基本	120 min	材料名称	45#钢	零件图号		
	准备	60 min	工序名称		工序序号		

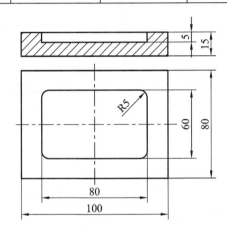

工步序号	工步名称	刀具号	切削用量		
			被吃刀量 /mm	进给速度 /(mm/min)	主轴转速 /(r/min)
1	粗铣型腔内轮廓	T01		480	2400
2	精铣型腔内轮廓	T01	0.5	480	2400
编制		审核		批准	
加工		日期		共1页	第1页

2．编制数控程序

1) 计算零件图主要节点

如图 5-6 所示，根据走刀路线，列出各节点坐标。如果用槽加工循环指令，则走刀路线在循环指令内部已指定，不需再计算主要节点。

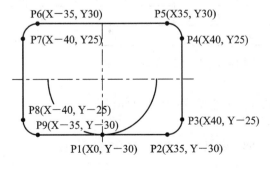

图 5-6　零件图主要节点

2) 编写程序表

铣削型腔轮廓加工一般根据工件轮廓的坐标来进行编程，并使用刀具半径补偿的方法使刀具向工件轮廓一侧偏移，以切削成形准确的轮廓轨迹。如表 5-3 所示，本学习情境以 SIEMENS 802S/C 数控系统为例编制该零件数控加工程序，切削液的开、关指令可不编入程序，在切削过程中根据需要用手动的方式打开或关闭切削液。

表 5-3 型腔零件的数控加工程序

工 步	程 序	注 释
	XQ1	程序名
	G17 G40 G54 G71 G90 G94 G258	安全程序段
	M3 S2400	启动主轴
	T1 D1	D1=4/4.5/10/16/50/55
	G0 Z100	快速到达安全高度
	X0 Y0	
	Z5	接近工件
	G1 Z-5 F480	Z 向下刀
	G41 X-30	直线插补至切入起刀点
	G3 X0 Y-30 CR=30	圆弧切入至 P1 点
	G1 X35	直线插补至 P2 点
在同一程序内，通过改变刀具半径补偿值来实现粗精切两工步切削	G3 X40 Y-25 CR=5	圆弧插补至 P3 点
	G1 Y25	直线插补至 P4 点
	G3 X35 Y30 CR=5	圆弧插补至 P5 点
	G1 X-35	直线插补至 P6 点
	G3 X-40 Y25 CR=5	圆弧插补至 P7 点
	G1 Y-25	直线插补至 P8 点
	G3 X-35 Y-30 CR=5	圆弧插补至 P9 点
	G1 X0	直线插补至 P1 点
	G3 X30 Y0 CR=30	圆弧切出至退刀点
	G40 G1 X0	直线插补至原点，并取消刀补
	Z5	Z 向退刀
	G0 Z100	刀具快速退回安全高度
	G91 G74 Y0	返回机床 Y 向零点，方便测量或取下工件
	M5	主轴停
	M2	程序结束

结合程序表，简要介绍常用指令的应用。

(1) 公、英制指令

公制单位指令为 G71，英制单位指令为 G70。

(2) 取消旋转指令

取消旋转指令为 G258，旋转指令在学习拓展中介绍。

(3) 自动返回参考点指令

自动返回参考点指令为 G74。

【格式】

　　　G91/G90 G74 X_ Y_ Z_

　　例如：G91 G74 X_Y_Z_　　　表示刀具从当前点返回参考点。

　　　　　G90 G74 X_Y_Z_　　　表示刀具经过某一点后回参考点，避免碰撞。

　　辅助功能 M、主轴功能 S、进给功能 F、直线插补 G01、圆弧插补 G02/G03 指令与数控车床指令相似，具体应用时请参阅附录或相关手册。

四、加工实施

1．选择机床

　　打开菜单"机床/选择机床…"，或者点击工具条上的小图标🖩，在选择机床对话框中，选择控制系统为 SIEMENS 802S/C 系列，机床类型选择标准铣床，按"确定"按钮，此时界面如图 5-7 所示。

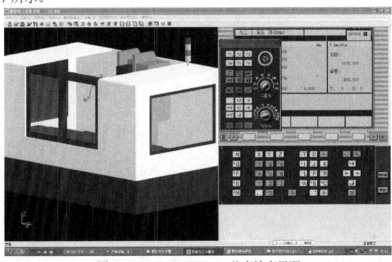

图 5-7　SIEMENS 802S/C 仿真铣床界面

2．启动系统

　　检查急停按钮是否松开至🔘状态，若未松开，点击急停按钮🔘，将其松开。点击操作面板上的"复位"按钮▨，使得右上角的▨▨▨▨▨▨标志消失，此时机床做好准备。

3．装夹工件

1) 定义毛坯

　　打开菜单"零件/定义毛坯"或在工具条上选择▱，系统打开定义毛坯对话框，在毛坯名字输入框内可以输入缺省值，也可以输入毛坯名。在"材料"下拉列表中选择"45#钢"材料，形状选择"长方形"。为使仿真装夹方便，将毛坯尺寸改为(100×80×30)mm，然后单击"确定"按钮。

2) 安装夹具

　　打开菜单"零件/安装夹具"命令或者在工具条上选择图标🪛，系统将弹出选择夹具对话框。只有铣床和加工中心可以安装夹具。在"选择零件"列表框中选择毛坯，在"选择夹具"列表框中选平口钳,移动成组控件内的按钮可调整毛坯在夹具上的位置。

3) 装夹毛坯

打开菜单"零件/放置零件"命令或者在工具条上选择图标 ,系统弹出操作对话框。

在列表中点击所需的零件,选中的零件信息加亮显示,按下"安装零件"按钮,系统自动关闭对话框,并出现一个小键盘,单击"退出"按钮,零件已经被安装在卡盘上。

4. 铣床/加工中心选刀

打开菜单"机床/选择刀具"或者在工具条中选择 ,系统弹出选择铣刀对话框(如图5-8 所示)。选好刀具,按"确认"键完成选刀,刀具被装在主轴上或按所选刀位号放置在刀架上。

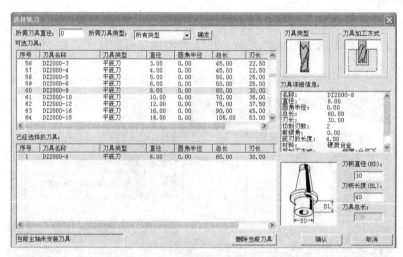

图 5-8　选择铣刀对话框

5. 回参考点

检查操作面板上"手动"和"回原点"按钮是否处于按下状态 ,否则依次点击按钮 、 使其呈按下状态,机床进入回零模式,此时 CRT 界面的状态栏上显示"手动 REF"。按住操作面板上的 +X 按钮,直到 X 轴回零,CRT 界面上的 X 轴回零灯亮。相同的办法可以完成 Y、Z 轴的回零。点击按钮 ,点击操作面板上的"主轴正转"按钮 或"主轴反转"按钮 ,使主轴回零,再次点击按钮 ,此时 CRT 界面如图5-9 所示。

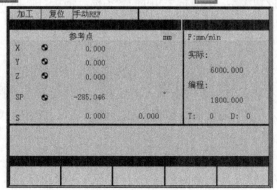

图 5-9　CRT 界面上的显示值

在坐标轴回零的过程中，若还未到达零点就已松开按钮，则机床不能再运动，CRT 界面上出现警告框 020005，此时点击操作面板上的"复位"按钮，警告被取消，可继续进行回零操作。

6. 对刀

数控程序一般按工件坐标系编程，对刀的过程就是建立工件坐标系与机床坐标系之间关系的过程。数控铣削时，一般将工件上表面中心点设为工件坐标系原点。SIEMENS 802S/C 数控机床对刀前创建刀具。点击操作面板上的主菜单 按钮，出现如图 5-10 所示的界面。

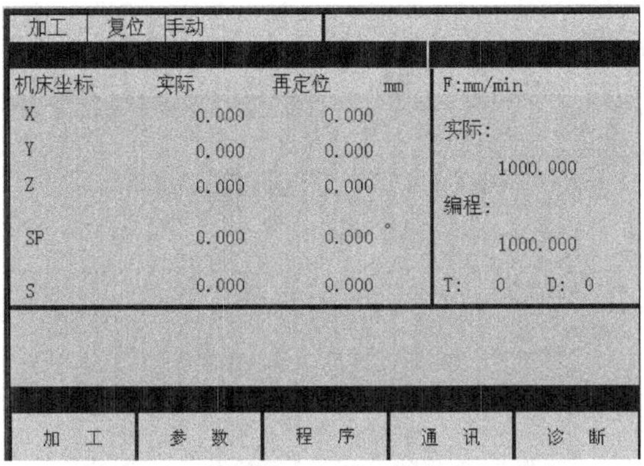

图 5-10 主菜单 CRT 显示界面

依次点击软键 参数、刀具补偿、按钮 > 及软键新刀具。

在"T-号"栏中输入刀具号(如："1")，点击 按钮，光标移到"T-型"栏中，输入刀具类型(铣刀：100、钻头：200)，按"确认"软键，完成新刀具的建立，此时进入刀具补偿设置界面(如图 5-11 所示)。可在此界面上输入刀具的长度参数、半径参数，"长度 2、长度 3"不需要设置数据。

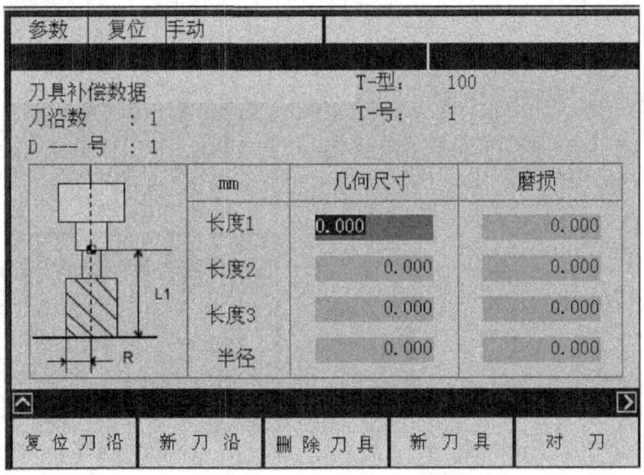

图 5-11 刀具补偿设置界面

1) X、Y 轴对刀

一般铣床及加工中心在 X、Y 轴方向对刀时有两种方法，分别是试切法和工具辅助法。在某些场合特别是工件外轮廓不允切削时，试切法会受到限制，因此本书仅介绍工具辅助法。

点击菜单"机床/基准工具…"，弹出的基准工具对话框中，左边是刚性靠棒，右边是寻边器。

寻边器由固定端和测量端两部分组成。固定端由刀具夹头夹持在机床主轴上,中心线与主轴轴线重合。在测量时,主轴以 400 r/min 旋转。通过手动方式,使寻边器向工件基准面移动靠近,让测量端接触基准面。在测量端未接触工件时,固定端与测量端的中心线不重合,两者呈偏心状态。当测量端与工件接触后,偏心距减小,这时使用点动方式或手轮方式微调进给,寻边器继续向工件移动,偏心距逐渐减小。在测量端和固定端的中心线重合的瞬间,测量端会明显地偏出,出现明显的偏心状态。这时主轴中心位置距离工件基准面的距离等于测量端的半径。

点击操作面板中的 按钮切换到"手动"方式,借助"视图"菜单中的动态旋转、动态放缩、动态平移等工具,利用操作面板上的 +x -x +Y -Y +z -z 按钮,将机床移动到如图 5-12 所示的大致位置。

图 5-12　寻边器不同轴

在手动状态下,点击操作面板上的 或 按钮,使主轴转动。未与工件接触时,寻边器测量端大幅度晃动,移动到大致位置后,通过点击点动距离按钮 调节 CRT 右上方显示的倍率1 INC、10 INC、100 INC、1000 INC,再点击 -x 按钮。也可以采用手轮方式使寻边器测量端晃动幅度逐渐减小,直至固定端与测量端的中心线重合,即认为此时寻边器与工件恰好吻合。将工件坐标系原点到 X 轴方向基准边的距离记为 X_1,将基准工件半径记为 X_2,将$-(X_1+X_2)$结果记为 X。

点击 按钮回到上级界面,依次点击软键零点偏移、测量,弹出刀号对话框(如图 5-13 所示)。使用系统面板输入当前刀具号(此处输入"1"),点击"确认"软键,进入如图 5-14 所示的界面。

图 5-13　刀号对话框

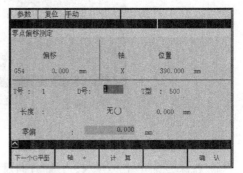

图 5-14　X 轴方向零件偏移测定

将 X 填入到"零偏"对应的文本框中,并按下 键,点击软键计 算。此时,G54 中 X 的零偏位置已被设定完成,点击软键轴 +,进一步测量 Y 轴方向的零偏,如图 5-15 所示。

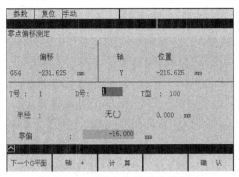

图 5-15　Y 轴方向零件偏移测定

　　Y 轴方向对刀采用同样的方法。得到工件中心的 Y 坐标，记为 Y。完成 X、Y 轴方向对刀后，点击操作面板中的 ![按钮] 按钮切换到"手动"方式；利用操作面板上的按钮 +Z，将 Z 轴提起，再点击菜单"机床/拆除工具"拆除基准工具。

　　2) Z 轴对刀

　　铣床对 Z 轴对刀时采用的是实际加工时所要使用的刀具。点击菜单"机床/选择刀具"或点击工具条上的小图标 ![图标]，选择所需刀具。点击操作面板中的 ![按钮] 按钮切换到"手动"方式，借助"视图"菜单中的动态旋转、动态放缩、动态平移等工具，利用操作面板上的 +X -X +Y -Y +Z -Z 按钮，将机床移动到工件上方。点击菜单"塞尺检查/1mm"，通过按钮 ![图标] 调节 CRT 右上方显示的倍率 1 INC 、10 INC 、100 INC 、1000 INC ，使刀具 Z 向移动，得到"塞尺检查的结果：合适"时，进入到"零点偏移测定"界面。点击软键 轴 ＋，将当前轴设为 Z 轴，记塞尺厚度为 Z，在"零偏"对应的文本框中输入−Z，点击软键 计 算、确 认之后 Z 轴方向的基准坐标就设置好了。

　　对刀校验在 MDA 模式下进行。点击操作面板上的按钮 ![图标]，使其呈按下状态 ![图标]，机床进入 MDA 模式，此时 CRT 界面出现 MDA 程序编辑窗口，如图 5-16 所示。在绿色区域内用键盘输入完一段程序后，点击操作面板上的"运行开始"按钮 ![图标]，观察运行情况并判断对刀是否正确。

　　程序输入、校验与自动加工与车床操作类似，在此不再赘述，完成加工零件如图 5-17 所示。

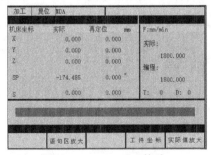

图 5-16　MDA 对刀校验

图 5-17　型腔零件仿真加工图

五、质量检查

　　工件的质量检测与学习情境四类似，在此不再赘述。

六、总结评价

根据规范化技术文件，即评分标准，填写数控加工考核表(如表 5-4 所示)。组织学生自评与互评，并根据本次实训内容，总结数控铣床加工型腔零件的全过程，完成实训报告。重点分析零件不合格原因，对生产过程与产品质量进行优化，提出改进措施。教师重点评估项目完成质量，关注学生团队合作、安全生产、文明操作、环保意识等，突出过程考核。

表 5-4　数控加工考核表

班级				姓名		
工号				总分		
序号	项目	配分	等级	评 分 细 则		得分
1	加工工艺	15	15	加工工艺完全合理		
			8～14	工艺分析、加工工序、刀具选择、切削用量1～2 处不合理		
			1～7	工艺分析、加工工序、刀具选择、切削用量3～4 处不合理		
			0	加工工艺完全不合理		
2	程序输入	25	25	程序编制、输入步骤完全正确		
			17～24	不符合程序输入规范 1～2 处		
			9～16	不符合程序输入规范 3～4 处		
			0～8	程序编制完全错误或多处不规范		
3	文明操作	30	30	安全文明生产，加工操作规程完全正确		
			11～29	操作过程 1～3 处不合理，但未发生撞车事故		
			1～10	操作过程多处不合理，加工过程中发生 1～2 次撞车事故		
			0	操作过程完全不符合文明操作规程		
4	零件质量	30	30	加工零件完全符合图样要求		
			21～29	加工零件不符合图样要求 1～3 处		
			11～20	加工零件不符合图样要求 4～6 处		
			0～10	加工零件完全或多处不符合图样要求		

5-3　学 习 拓 展

一、数控铣床/加工中心刀具

1. 数控铣刀的类型

1) 面铣刀

面铣刀主要用于较大的平面和较平坦的立体轮廓的多坐标加工。面铣刀的圆周表面和端面上都有切削刃，圆周表面上的切削刃为主切削刃，端面切削刃为副切削刃。面铣刀多制成套式镶齿结构，刀齿为高速钢或硬质合金钢，刀体为 40Cr。高速钢面铣刀按国家标准规定，直径 d=80～250 mm，螺旋角 β=10°，刀齿数 Z=10～26。

与高速钢面铣刀相比，硬质合金面铣刀的铣削速度较高，可获得较高的加工效率和加工表面质量，并可加工带有硬皮和淬硬层的工件，故得到广泛应用。按刀片和刀齿的安装方式不同，硬质合金面铣刀可分为整体焊接式、机夹焊接式和可转位式三种。由于整体焊接式与机夹焊接式面铣刀(如图 5-18 所示)难于保证焊接质量，刀具耐用度较低，重磨较费时，现在已逐渐被可转位式面铣刀所替代。

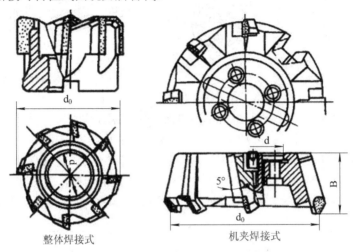

整体焊接式　　　　　　　机夹焊接式

图 5-18　整体焊接式与机夹焊接式面铣刀

可转位式面铣刀(如图 5-19 所示)是将可转位刀片通过夹紧元件夹固在刀体上，当刀片的一个切削刃用钝后，直接在机床上将刀片转位或更换新刀片。这种铣刀在提高加工质量和加工效率、降低成本、方便操作使用等方面都表现出明显的优越性，目前已得到广泛应用。

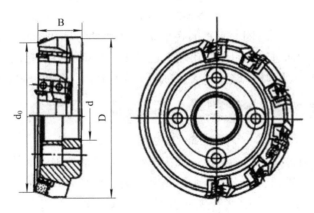

图 5-19　可转位面铣刀

2) 立铣刀

立铣刀是数控加工中用得最多的一种铣刀，主要用于加工凹槽、较小的台阶面以及平面轮廓。如图 5-20 所示，立铣刀的圆柱表面和端面上都有切削刃，它们既可以同时进行切削，也可以单独进行切削。同样，立铣刀的刀齿由高速钢或硬质合金钢制成。

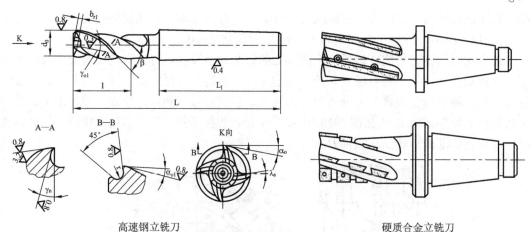

图 5-20　高速钢和硬质合金立铣刀

　　圆柱表面的切削刃为主切削刃，端面上的切削刃为副切削刃。主切削刃一般为螺旋槽，这样可增加切削的平稳性，提高加工精度。立铣刀按螺旋角大小可分为 30°、40°、60° 等几种形式。标准立铣刀的螺旋角 β=40°～45°(粗齿)和 30°～35°(细齿)，套式结构立铣刀的 β 为 15°～25°。如图 5-21 所示，波形立铣刀是一种先进的结构，其切削刃为波形，特点是排屑更流畅，切削厚度更大，利于刀具散热且提高了刀具寿命，使刀具不易产生振动。

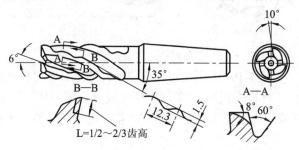

图 5-21　波形立铣刀

　　端面刃主要用来加工与侧面垂直的底平面，普通立铣刀的端面中心处无切削刃，故一般立铣刀不宜进行轴向进给。目前，市场上已推出了过中心刃的立铣刀(如图 5-22 所示为过中心四刃立铣刀)，与键槽刀类似，过中心刃立铣刀可直接进行轴向进给。

图 5-22　过中心四刃立铣刀

　　立铣刀按齿数可分为粗齿、中齿、细齿三种。为了能加工较深的沟槽，并保证有足够的备磨量，立铣刀的轴向长度一般较长。另外，为改善切屑卷曲情况，增大容屑空间，防止切屑堵塞，立铣刀的刀齿数比较少，容屑槽圆弧半径则较大。一般粗齿立铣刀刀齿数 Z=3～4，细齿立铣刀刀齿数 Z=5～8，套式结构 Z=1～20，容屑槽圆弧半径为 2～5 mm。当立铣刀直径较大时，还可制成不等齿距结构，以增强抗振作用，使切削过程平稳。

　　由于数控机床要求铣刀能快速自动装卸，而立铣刀刀柄部结构有很大不同。一般由专业厂家按照一定规范制造成统一形式、尺寸的刀柄。直径较小的立铣刀，一般制成带柄形式。φ2～φ71 mm 的立铣刀制成直柄；φ6～φ63 mm 的立铣刀制成莫氏锥柄；φ25～φ80 mm

的立铣刀制成 7∶24 锥柄，内有螺孔用来拉紧刀具。直径大于 $\phi 40\sim\phi 160$ mm 的立铣刀可制成套式结构。

3) 键槽铣刀

键槽铣刀主要用于加工封闭的键槽，键槽铣刀结构与过中心的立铣刀相近。如图 5-23 所示，圆柱面和端面都有切削刃，它只有两个刀齿，端面刃延至中心。加工时，先沿轴向进给达到键槽深度，然后沿键槽方向铣出键槽全长。

图 5-23　键槽铣刀

由于切削力引起刀具和工件的变形，一次走刀铣出的键槽形状误差较大，槽底一般不是直角。因此，通常采用两步法铣削键槽，即先用小号铣刀粗加工出键槽，然后以逆铣方式精加工四周，可得到真正的直角。直柄键槽铣刀直径 d=2～22 mm，锥柄键槽铣刀直径 d=14～50 mm。键槽铣刀直径的偏差有 e8 和 d8 两种。键槽铣刀的圆周切削刃仅在靠近端面的一小段长度内发生磨损，重磨时，只需刃磨端面切削刃，因此重磨后铣刀直径不变。

4) 模具铣刀

模具铣刀是加工金属模具型面铣刀的通称。模具铣刀可分为圆锥形立铣刀(圆锥半角＝3°、5°、7°、10°)、圆柱形球头立铣刀和圆锥形球头立铣刀三种(如图 5-24 所示)，其柄部有直柄、削平型直柄和莫氏锥柄三种结构。模具铣刀的结构特点是球部或端面上布满切削刃，圆周刃与球部刃圆弧连接，可以进行径向和轴向进给。圆柱球头铣刀适用于加工空间曲面零件，有时也用于平面类零件较大的转接凹圆弧的补加工。铣刀部分用高速钢或硬质合金钢制造。

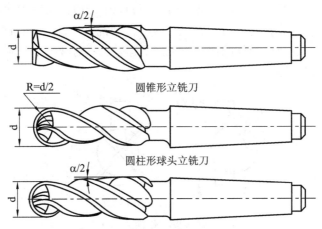

圆锥形立铣刀

圆柱形球头立铣刀

圆锥形球头立铣刀

图 5-24　模具铣刀

国家标准规定刀柄直径为 d=4～63 mm。直径较小的硬质合金模具铣刀多制成整体式结构，直径在 $\phi 16$ mm 以上的可制成焊接式或机夹可转位刀片结构。

5) 成形铣刀

成形铣刀一般都是为特定的工件或加工内容专门设计制造的，如各种直形或圆弧形的凹槽、斜角面、特形孔等。成形铣刀适用于加工平面类零件的特定形状(如角度面、凹槽面等)，也适用于特形孔或台，如图 5-25 所示为几种常用成形铣刀。

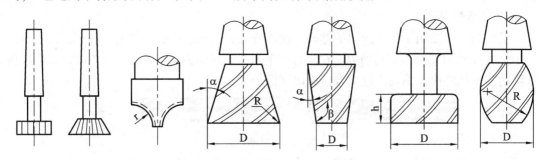

图 5-25　常用成形刀具

2. 铣削刀具的选择

1) 铣刀类型的选择

选取刀具时，要使刀具的尺寸与被加工工件的表面尺寸和形状相适应。

加工较大的平面应选择面铣刀；加工平面零件周边轮廓、凹槽、较小的台阶面应选择立铣刀；加工空间曲面、模具型腔或凸模成形表面等多选用模具铣刀；加工封闭的键槽选用键槽铣刀；加工变斜角零件的变斜角面应选用鼓形铣刀；加工立体型面和变斜角轮廓外形常采用球头铣刀、鼓形刀；加工各种直的或圆弧形的凹槽、斜角面、特殊孔等应选用成形铣刀。

2) 铣刀主要参数的选择

(1) 面铣刀主要参数的选择

标准可转位面铣刀直径为 $\phi 16 \sim 630$ mm。铣刀直径(一般比切宽大 20%～50%)应尽量包容工件整个加工宽度。粗铣时，铣刀直径应较小。精铣时，铣刀直径应较大，尽量包容工件整个加工宽度。为了获得最佳的切削效果，推荐采用不对称铣削位置(见图 5-26)。另外，为提高刀具寿命宜采用顺铣。

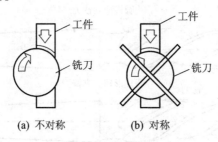

(a) 不对称　　　(b) 对称

图 5-26　铣削位置

可转位面铣刀有粗齿、中齿和密齿三种。粗齿铣刀容屑空间较大，常用于粗铣钢件；粗铣带断续表面的铸件和在平稳条件下铣削钢件时，可选用中齿铣刀；密齿铣刀的每齿进给量较小，主要用于加工薄壁铸件。

面铣刀几何角度的标注如图 5-27 所示。前角的选择原则与车刀基本相同，只是铣削时有冲击，故前角数值一般比车刀略小，尤其是硬质合金面铣刀，前角数值减小得更多些。铣削强度和硬度都高的材料可选用负前角。前角的数值主要根据工件材料和刀具材料来选择。铣刀的磨损主要发生在后刀面上，因此适当加大后角，可减少铣刀磨损。常取$\alpha_0 = 5° \sim$ 12°，若工件材料软则取大值，若工件材料硬则取小值；粗齿铣刀取小值，细齿铣刀取大值。

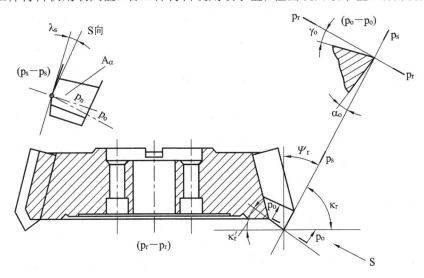

图 5-27 面铣刀的标注角度

铣削时冲击力大，为了保护刀尖，硬质合金面铣刀刃倾角常取$\lambda_s = -5° \sim -15°$。只有在铣削低强度材料时，取$\lambda_s = 5°$。

主偏角κ_r在 45° $\sim$ 90° 范围内选取，铣削铸铁常用 45°，铣削一般钢材常用 75°，铣削带凸肩的平面或薄壁零件时选取 90°。

目前用于铣削的切削刃槽形和性能均得到很大提高，很多最新刀片都有轻型、中型和重型加工的基本槽形，如图 5-28 所示。

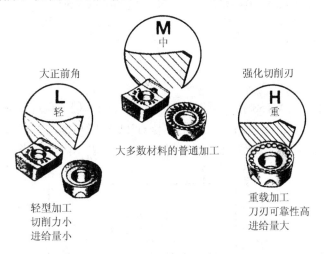

图 5-28 铣刀刀片的三种基本槽形

(2) 立铣刀主要参数的选择

立铣刀主切削刃的前角、后角的标注如图 5-28 所示，前、后角都为正值，分别根据工件材料和铣刀直径选取。为使端面切削刃有足够的强度，在端面切削刃前刀面上一般磨有棱边，其宽度b_{r1}为 0.4 $\sim$ 1.2 mm，前角为 6°。

为减少走刀次数，提高铣削速度和铣削量，保证铣刀有足够的刚性以及良好的散热条件，应尽量选择直径较大的铣刀。但选择铣刀直径往往受到零件材料，刚性，加工部位的几何形状、尺寸及工艺要求等因素的限制。如图 5-29 所示，立铣刀的刀具半径 R 应小于零件内轮廓面的最小曲率半径 ρ，一般取 R=(0.8～0.9)ρ。若槽深或壁板高度 H 较大，则应采用细长刀具，从而使刀具的刚性变差。铣刀的刚性以铣刀直径 D 与刃长 l 的比值来表示，一般取 D/l>0.4～0.5。当铣刀的刚性不能满足 D/l>0.4～0.5 的条件(即刚性较差)时，可采用直径大小不同的两把铣刀进行粗、精加工。先选用直径较大的铣刀进行粗加工，然后再选用 D、l 均符合图样要求的铣刀进行精加工。

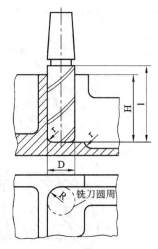

图 5-29　立铣刀尺寸

零件的加工高度 H≤(1/4～1/6)R，以保证刀具有足够的刚度。对不通孔(深槽)，选取 l=H+(5～10) mm，其中 l 为刀具切削部分长度(刃长)，H 为零件高度。加工外形及通槽时，选取 l=H+r+(5～10)mm，其中 r 为刀尖角半径。加工肋板时，刀具直径为 D=5～10 倍的肋板厚度。

铣刀端刃圆角半径 r 的选择。铣刀端刃圆角半径 r 的大小一般应与零件上的要求一致。但粗加工铣刀因尚未切削到工件的最终轮廓尺寸，故可适当选得小些，有时甚至可选为"清角"(即 r=0～0.5 mm)，但不要造成根部"过切"的现象。

二、SIEMENS 802S/C 数控铣床/加工中心指令拓展

1. 可编程的零点偏置和坐标轴旋转 G158、G258、G259

【格式】

G158 X__Y__Z__

G258 RPL=__

G259 RPL=__

如图 5-30 所示，用 G158 指令可以对所有的坐标轴编程零点进行偏移；用 G258 指令可以在当前平面中旋转一个角度；G259 指令与 G258 功能相似，不同点在于如果程序中已经有一个 G158、G258 或 G259 指令，则再用 G258 指令表示附加到当前偏置或旋转上再次

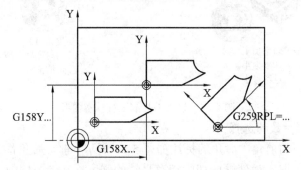

图 5-30　可编程零点和坐标轴旋转示意图

旋转。新的指令取代所有以前的可编程零点偏移指令和坐标轴旋转指令。指令后无坐标轴名表示偏移取消。

X、Y、Z：可编程偏置的坐标值。

RPL：旋转角度；单位是(°)，范围为$-360 \leqslant P \leqslant +360$，其正负号规定如图 5-31 所示。

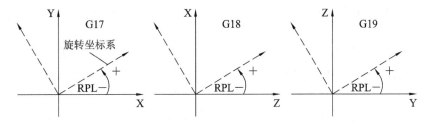

图 5-31　不同坐标平面旋转角正方向的规定

在有刀具补偿的情况下，先旋转后刀补(刀具半径补偿、长度补偿)，在有缩放功能的情况下，先缩放后旋转。G68、G69 为模态指令，可相互注销，G69 为缺省值。

例1　使用可编程零点偏置和坐标轴旋转功能编制如图 5-32 所示轮廓的加工程序。

```
N10 G17                 ; X-Y 平面
N20 G158 X20 Y10        ; 可编程零点偏移
N30 L10                 ; 子程序调用
N40 G158 X30Y26         ; 新的零点偏置
N50 G259 RPL=45         ; 附加坐标旋转 45°
N60 L10                 ; 子程序调用
N70 G158                ; 取消偏移和旋转
    ......
```

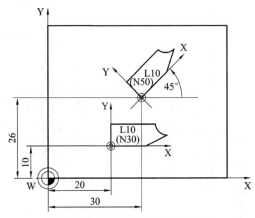

图 5-32　坐标轴偏置与旋转实例

2. 固定循环

循环是指用于特定加工过程的工艺子程序，例如用于钻削、坯料切削或螺纹切削等，只要改变参数就可以使这些循环应用于各种具体加工过程中。以下介绍几种车削和铣削需要用到的标准循环。

LCYC82：钻削、沉孔加工。

LCYC83：深孔钻削。

LCYC840：带补偿夹具的螺纹切削。

LCYC84：不带补偿夹具的螺纹切削。

LCYC85：镗孔。

LCYC60：线性孔排列。

LCYC61：圆弧孔排列。

LCYC75：矩形槽、键槽、圆形凹槽铣削。

循环中所使用的参数为 R100～R149。调用一个循环之前该循环中的传递参数必须已经赋值，不需要的参数设置为空格或零。循环结束以后传递参数的值保持不变。循环使用 R250 至 R299 作为内部计算参数，在调用循环时清零。

编程循环时不考虑具体的坐标轴。在调用循环之前，必须在调用程序中回钻削位置。如果在钻削循环中没有设定进给率、主轴转速和方向的参数，则必须在零件程序的开始设置这些值。循环结束以后 G0、G90、G40 一直有效。

只有当参数组在调用循环之前并且紧挨着循环调用语句时，才可以进行循环的重新编译。这些参数不可以被 NC 指令或者注释语句隔开。钻削循环和铣削循环的前提条件就是首先选择平面 G17、G18 或 G19，激活编程的坐标转换(零点偏置、旋转)从而定义目前加工的实际坐标系。钻削轴始终为系统的 Z 轴。在调用循环之前，平面中必须已经有一个具有补偿值的刀具生效，在循环结束之后该刀具保持有效。

1) LCYC82 钻削、沉孔加工

刀具以设置的主轴转速和进给速度钻孔，直至到达给定的最终钻削深度。在到达最终钻削深度时可以设置一个停留时间。退刀时以快速移动速度进行。调用 LCYC82 的前提条件是必须在调用程序中规定主轴转速和方向以及钻削轴进给率，必须在调用程序中回钻孔位置，选择带补偿值的相应刀具。LCYC82 钻削、沉孔加工指令的具体参数见图 5-33 和表 5-5。

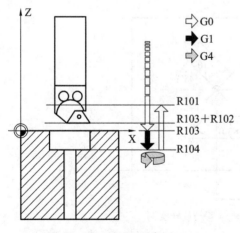

图 5-33 LCYC82 示意图

表 5-5 LCYC82 参数说明

参数	含义，数值范围
R101	返回平面(绝对坐标)
R102	安全高度(无正负号)
R103	参考平面(绝对坐标)
R104	最后钻深(绝对坐标)
R105	在最后钻削深度停留时间

返回平面(R101)是指确定循环结束之后钻削轴的抬刀位置；安全高度(R102)为相对参考平面刀具的安全抬刀距离，其方向由循环自动确定；参考平面(R103)就是图纸中所标明的钻削起始点；最后钻深(R104)，即确定钻削深度，它取决于工件零点；R105 是在最后钻削深度停留时间，单位为秒。循环开始之前的位置是调用程序最后所回的钻削位置。先用 G0 回到参考平面加安全距离处，再按照调用程序中设置的进给率以 G1 进行钻削，直至最

终钻削深度，并执行此深度停留时间，最后以 G0 退刀，回到返回平面。

　　例 2　如图 5-34 所示，使用 LCYC82 循环，程序在 X-Y 平面(X24，Y15)位置加工深度为 27 mm 的孔，在孔底停留时间 2 s，钻孔坐标轴方向安全距离为 4 mm。循环结束后刀具位置为 X24，Y15，Z110。

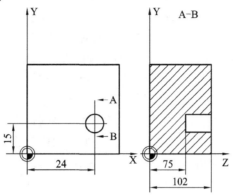

图 5-34　沉孔加工实例

```
N10 G0 G17 G90 F500
T2 D1 S500 M4                        ; 规定参数值
N20 X24 Y15                          ; 回到钻孔位
N30 R101=110 R102=4 R103=102 R104=75  ; 设定参数
N35 R105=2                           ; 设定参数
N40 LCYC82                           ; 调用循环
N50 M2                               ; 程序结束
```

　　2) LCYC83 深孔钻削

　　深孔钻削循环用于加工深孔，它通过分步钻入达到规定的最后钻深。钻削既可以在每步到钻深后，提出钻头到其参考平面加安全距离处达到排屑目的，也可以每次上提 1 mm 以便断屑。必须在调用程序中规定主轴转速和方向，钻头必须已经处于钻削开始位置并选取钻头的刀具补偿值。LCYC83 具体参数见图 5-35 和表 5-6。

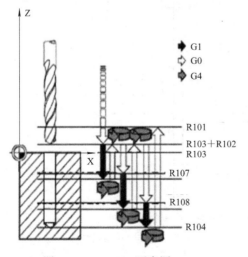

图 5-35　LCYC83 示意图

表 5-6　LCYC83 参数说明

参数	含义，数值范围
R101	返回平面(绝对坐标)
R102	安全距离，无符号
R103	参考平面(绝对坐标)
R104	最后钻深(绝对坐标)
R105	在钻削深度停留时间(断屑)
R107	钻削进给率
R108	首钻进给率
R109	在起始点和排屑时停留时间
R110	首钻深度(绝对坐标)
R111	递减量，无符号
R127	加工方式：　断屑=0 排屑=1

返回平面(R101)是指确定循环结束后的抬刀位置，此位置方便刀具移动到下一个位置继续进行钻孔。安全距离(R102)是相对参考平面而言的，循环可以自动确定安全距离的方向。参考平面(R103)就是图纸中所标明的钻削起始点，通常设为 Z 轴坐标零点。最后钻深(R104)是以绝对值设置的，与循环调用之前的状态 G90 或 G91 无关。R105 可设置在此深度处的停留时间(秒)。通过 R107、R108 这两个参数可以设置第一次钻深及其后钻削的进给率。R109 可以设置起始点停留时间；注意，只有在"排屑"方式下才执行"在起始点处的停留时间"指令。R110 可以确定第一次钻削行程的深度。R111 可以确定每刀切削量的大小，从而保证以后的钻削量小于当前的钻削量。若第二次钻削量大于所设置的递减量，则第二次钻削量应等于第一次钻削量减去递减量。否则，第二次钻削量就等于递减量。当最后的剩余量大于两倍的递减量时，则在此之前的最后钻削量应等于递减量，所剩下的最后剩余量平分为最终两次钻削行程。如果第一次钻削量的值与总的钻削深度量相矛盾，则显示报警号 61107 "第一次钻深错误定义"，从而不执行循环。加工方式 R127 参数值为 0 时，钻头在到达每次钻削深度后上提 1 mm 空转，用于断屑；为 1 时，每次钻深后钻头返回到参考平面加安全距离处，以便排屑。

循环开始之前的位置是调用程序中最后所回的钻削位置。用 G0 回到参考平面加安全距离处，用 G1 执行第一次钻深，进给率是调用循环之前所设置的进给率，执行钻深停留时间。在断屑时，用 G1 按调用程序中所设置的进给率从当前钻深上提 1 mm，以便断屑。在排屑时，用 G0 返回到参考平面加安全距离处，以便排屑，执行起始点停留时间(参数 R109)，然后用 G0 返回上次钻深，但需留出一个前置量(此量的大小由循环内部计算所得)。用 G1 按所设置的进给率执行下一次钻深切削，重复此过程，直到最终钻削深度。用 G0 返回到返回平面。

例 3 如图 5-36 所示，使用 LCYC83 循环，程序在 X-Y 平面 X70 位置加工深度为 150 mm 的孔，在孔底停留时间 0 s，钻孔坐标轴方向安全距离为 1 mm，循环递减量为 20 mm。

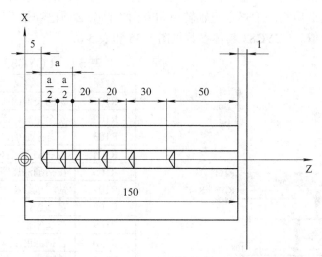

图 5-36　深孔钻削实例

```
N10 G0 G90 G17 T4 D4 S500 M3                    ; 规定一些参数值
N20 Z115
```

N30 X70 　　　　　　　　　　　　　　　　　　　; 回到钻孔位

N40 R101=155 R102=1 R103=150 R104=5 R105=0 　　　; 设定参数

R107=500 R108=400 R109=0 R110=100 R111=20 R127=1 　; 设定参数

N50 LCYC83 　　　　　　　　　　　　　　　　　; 调用循环

N60 M2 　　　　　　　　　　　　　　　　　　　; 程序结束

3) LCYC840 带补偿夹具的螺纹切削

刀具按照指定的主轴转速和方向加工螺纹，钻削轴的进给率可以由主轴转速导出。该循环可以用于带补偿夹具和主轴实际值编码器的内螺纹切削。在循环中旋转方向自动转换，主轴转速可以调节，且带位移测量系统。但循环本身不检查主轴是否带实际值编码器。在调用循环之前必须选择相应的带刀具补偿的刀具，且必须在调用程序中规定主轴转速和方向并回到钻削位置。LCYC840 具体参数见图 5-37 和表 5-7。

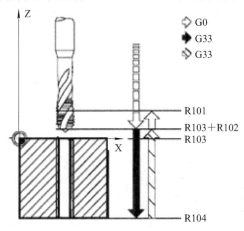

图 5-37　LCYC840 示意图

表 5-7　LCYC840 参数说明

参数	含义，数值范围
R101	返回平面(绝对坐标)
R102	安全距离
R103	参考平面(绝对坐标)
R104	最后钻深(绝对坐标)
R106	螺纹导程范围：0.001～2000.000 mm
R126	攻丝主轴旋转方向　范围：3(M3)，4(M4)

循环开始之前的位置是调用程序中最后所回的钻削位置，用 G0 回到被提前了一个安全距离量的参考平面处。用 G33 加工螺纹，直至达到最终钻削深度。用 G33 退刀至被提前了一个安全距离量的参考平面处，再用 G0 退回到返回平面。

例 4　如图 5-38 所示，在 X-Y 平面(X35，Y35)处攻丝，钻削轴为 Z 轴。必须给定 R126 主轴旋转方向参数，加工时使用补偿夹具，调用程序中给定主轴转速。

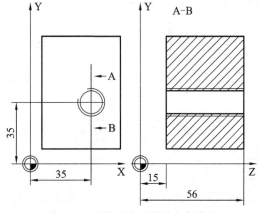

图 5-38　带补偿夹具螺纹切削实例

N10 G0 G90 G17 S300 M3 T4 D4　　　　　　　　　　　　; 规定一些参数值

N20 X35 Y35 Z40　　　　　　　　　　　　　　　　　　; 回到钻孔位

N30 R101=60 R102=2 R103=56 R104=15 R106=0.5 R1266=3　; 设定参数

N40 LCYC84　　　　　　　　　　　　　　　　　　　　; 调用循环

N50 M2　　　　　　　　　　　　　　　　　　　　　　; 程序结束

4) LCYC84 不带补偿夹具的螺纹切削

刀具以设置的主轴转速和方向钻削, 直至给定的螺纹深度。与 LCYC840 相比, 此循环运行更快更精确。尽管如此, 加工时仍应使用补偿夹具。钻削轴的进给率由主轴转速导出。在循环中旋转方向自动转换, 退刀可以另一个速度进行。主轴必须是位置控制主轴(带编码器)时才可以应用此循环。循环在运行时本身并不检查主轴是否具有实际值编码器。在调用循环之前必须在调用程序中回到钻削位置。在调用循环之前必须选择相应的带刀具补偿的刀具。必须根据主轴机床数据设定情况和驱动的精度情况使用补偿夹具。LCYC84 具体参数见图 5-39 和表 5-8。

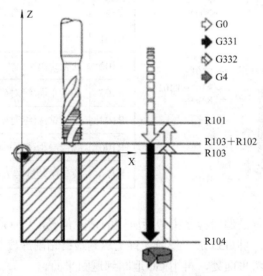

图 5-39　LCYC84 示意图

表 5-8　LCYC84 参数说明

参数	含义, 数值范围
R101	返回平面(绝对坐标)
R102	安全距离
R103	参考平面(绝对坐标)
R104	最后钻深(绝对坐标)
R105	在螺纹终点处的停留时间
R106	螺纹导程范围: 0.001~2000.000 mm, −0.001 ～ −2000.000 mm
R112	攻丝速度
R113	退刀速度

R106 用此数值设定螺纹间的距离, 数值前的符号表示加工螺纹时主轴的旋转方向。正号表示右转(同 M3), 负号表示左转(同 M4)。R112 规定攻丝时的主轴转速。R113 在此参数

下可以设置退刀时的主轴转速。如果此值设为零,则刀具以 R112 下所设置的主轴转速退刀。

循环开始之前的位置是调用程序中最后所回的钻削位置。用 G0 回到参考平面加安全距离处。在 0° 时主轴停止,主轴转换为坐标轴运行。用 G331 和 R112 下设置的转速加工螺纹,旋转方向可以由螺距(R106)的符号确定。用 G332 指令和 R113 下设置的转速退刀至参考平面处。用 G0 退回到返回平面,取消主轴坐标轴运行。

例5　如图 5-40 所示,在 X-Y 平面(X30,Y35)处进行不带补偿夹具的攻丝,钻削轴为 Z 轴。没有设置停留时间。负螺距编程,即主轴左转。

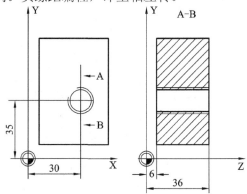

图 5-40　不带补偿夹具螺纹切削实例

N10 G0 G90 G17 T4 D4	; 规定一些参数值
N20 X30 Y35 Z40	; 回到钻孔位
N30 R101=40 R102=2 R103=36 R104=6 R105=0	; 设定参数
N40 R106=-0.5 R112=100 R113=500	; 设定参数
N50 LCYC84	; 调用循环
N60 M2	; 程序结束

5) LCYC85 镗孔

刀具以给定的主轴转速和进给率钻削,直至最终镗孔深度。如果到达最终深度,可以设置一个停留时间。进刀及退刀运行分别按照相应参数下设置的进给率速度进行。必须在调用程序中规定主轴转速和方向。在调用循环之前必须在调用程序中回到镗孔位置。在调用循环之前必须选择相应的带刀具补偿的刀具。LCYC85 具体参数见图 5-41 和表 5-9。

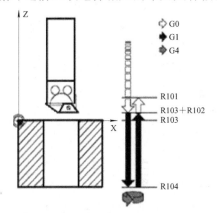

图 5-41　LCYC85 示意图

表 5-9　LCYC85 参数说明

参数	含义,数值范围
R101	返回平面(绝对坐标)
R102	安全距离
R103	参考平面(绝对坐标)
R104	最后钻深(绝对值)
R105	在此钻削深度处的停留时间
R107	钻削进给率
R108	退刀时进给率

R107 确定镗孔时的进给率大小，R108 确定退刀时的进给率大小。

循环开始之前的位置是调用程序中最后所回的镗孔位置。用 G0 回到参考平面加安全距离处。用 G1 以 R107 参数设置的进给率加工到最终镗孔深度。执行最终深度的停留时间。用 G1 以 R107 参数设置的退刀进给率返回到参考平面加安全距离处。

例 6 如图 5-42 所示，在 Z-X 平面(Z70，X50)处调用循环 LCYC85，Y 轴为镗孔轴。没有设置停留时间。

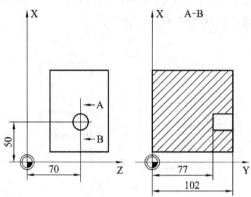

图 5-42　镗孔实例

N10 G0 G90 G18 F1000 S500 M3 T1 D1	；规定一些参数值
N20 Z70 X50 Y105	；回到钻孔位
N30 R101=105 R102=2 R103=102 R104=77	；设定参数
N35 R105=0 R107=200 R108=400	；设定参数
N40 LCYC85	；调用循环
N50 M2	；程序结束

6) LCYC60 线性孔排列

用 LCYC60 加工线性排列的钻孔或螺纹孔，其中钻孔及螺纹孔的类型由一个参数确定。在调用程序中必须按照钻孔循环和切内螺纹循环的要求设置主轴转速和方向，以及钻孔轴的进给率。同样，在调用钻孔图循环之前也必须对所选择的钻削循环和切内螺纹循环设定参数。另外，在调用循环之前必须选择相应的带刀具补偿的刀具。LCYC60 具体参数见图 5-43 和表 5-10。

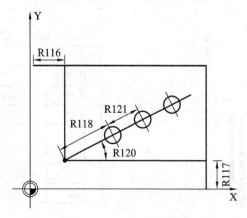

图 5-43　LCYC60 示意图

表 5-10　LCYC60 参数说明

参数	含义，数值范围
R115	钻孔或攻丝循环号：82(LCYC82), 83(LCYC83), 84(LCYC84), 840(LCYC840), 85(LCYC85)
R116	横坐标参考点
R117	纵坐标参考点
R118	第一孔到参考点的距离
R119	孔数
R120	平面中孔排列直线的角度
R121	孔间距离

R115：选择待加工钻孔或攻丝所需调用的钻孔循环号或攻丝循环号。R116/R117：在孔排列直线上确定一个参考点，用来确定两个孔之间的距离。R118：确定第一个钻孔到参考点的距离。R119：确定孔的个数。R120：确定直线与横坐标之间的角度。R121：确定两个孔之间的距离。

出发点位置任意，但需保证刀具从该位置出发可以无碰撞地回到第一个钻孔位。循环执行时刀具先回到第一个钻孔位，并按照 R115 参数所确定的循环加工孔，然后快速回到其他的钻削位，再按照所设定的参数进行接下去的加工。

例 7　如图 5-44 所示，加工 Z-X 平面上在 X 轴方向排列的螺纹孔。设出发点坐标为 (Z30，X20)，第一个孔到此参考点的距离为 20 mm，其他的钻孔相互间的距离也为 20 mm。首先执行循环 LCYC83 加工孔，然后运行循环 LCYC84 进行螺纹切削(不带补偿夹具)，螺距为正号(主轴向右旋转)，钻孔深度为 80 mm。

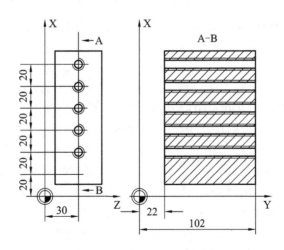

图 5-44　线性螺纹孔切削实例

```
N10 G0 G18 G90 S500 M3 T1 D1                  ;确定工艺参数
N20 X50 Z50 Y110                              ;回到出发点
N30 R101=105 R102=2 R103=102 R104=22          ;定义钻孔循环参数
N40 R106=1 R107=82 R108=20 R109=100           ;定义钻孔循环参数
```

N50 R110=1 R111=100	; 定义钻孔循环参数
N60 R115=83 R116=30 R117=20 R119=0 R118=20 R121=20	; 定义线性孔循环参数
N70 LCYC60	; 调用线性孔循环
N80 …	; 更换刀具
N90 R106=0.5 R107=100 R108=500	; 定义切内螺纹循环参数
N100 R115=84	; 定义线性孔循环参数
N110 LCYC60	; 调用线性孔循环
N120 M2	

例8 如图 5-45 所示,用 LCYC60 可以加工 X-Y 平面上 5 行 5 列排列的孔,孔间距为 10 mm。参考点坐标为(X30 , Y20),使用循环 LCYC85(镗孔)钻削。在程序中确定主轴转速和方向,进给率由参数给定。

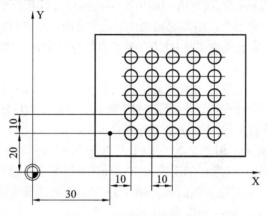

图 5-45 矩阵孔铣削实例

N10 G0 G17 G90 S500 M3 T2 D1	; 确定工艺参数
N20 X10 Y10 Z105	; 回到出发点
N30 R1=0,R101=105,R102=2,R103=102	; 确定钻孔循环参数,初始化线性孔排列
	计数器(R1)
N40 R104=30 R105=2 R106=100 R107=300	; 定义钻孔循环参数
N50 R115=85 R116=30 R117=20 R120=0 R119=5	; 定义线性孔排列循环参数
N60 R118=10 R121=10	; 定义线性孔排列循环参数
N70 MARKE1:LCYC60	; 调用线性孔排列循环
N80 R1=R1+1 R117=R117+10	; 提高线性孔计数器确定新参考点
N90 IF R1<5 GOTOB MARKE1	; 当满足条件时返回到 MARKEL
N100 G0 G90 X10 Y10 Z105	; 回到出发点位置
N110 M2	; 程序结束

7) LCYC61 圆弧孔排列

用 LCYC61 循环指令可以加工圆弧状排列的孔和螺纹。在调用该循环之前,同样要对所选择的钻孔循环和切内螺纹循环设定参数,必须要选择相应的带刀具补偿的刀具。LCYC61 具体参数见图 5-46 和表 5-11。

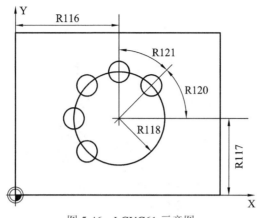

图 5-46　LCYC61 示意图

表 5-11　LCYC61 参数说明

参数	含义，数值范围
R115	钻孔或攻丝循环号：82(LCYC82), 83(LCYC83), 84(LCYC84), 840(LCYC840), 85(LCYC85)
R116	圆弧圆心横坐标(绝对值)
R117	圆弧圆心纵坐标(绝对值)
R118	圆弧半径
R119	孔数
R120	起始角，数值范围：−180°～180°
R121	角度增量

R116/R117/R118　加工平面中圆弧孔位置通过圆心坐标(参数 R116/R117)和半径(R118)定义。在此，半径值只能为正。R120/R121　这些参数确定圆弧上钻孔的排列位置。其中参数 R120 给出横坐标正方向与第一个钻孔之间的夹角，R121 规定孔与孔之间的夹角。如果 R121 等于零，则在循环内部将这些孔均匀地分布在圆弧上，从而根据钻孔数计算出孔与孔之间的夹角。

起点位置任意，但需保证刀具从该位置出发可以无碰撞地回到第一个钻孔位。循环执行时刀具先回到第一个钻孔位，并按 R115 参数所确定的循环加工孔，然后快速回到其他的钻削位，再按照所设定的参数进行接下去的加工。

例9　如图 5-47 所示，使用循环 LCYC61 加工 4 个深度为 30 mm 的孔。圆通过 X-Y 平面上圆心坐标(X70，Y60)和半径 42 mm 确定，起始角为 33°，Z 轴上安全距离为 2 mm。主轴转速和方向以及进给率在调用循环中确定。

```
N10 G0 G17 G90 F500 S400 M3 T3 D1              ;确定工艺参数

N20 X50 Y45 Z5                                 ;回到出发点

N30 R101=5 R102=2 R103=0 R104=-30 R105=1       ;定义钻削循环参数

N40 R115=82 R116=70 R117=60 R118=42 R119=4     ;定义圆弧孔排列循环

N50 R120=33 R121=0                             ;定义圆弧孔排列循环

N60 LCYC61                                     ;调用圆弧孔循环

N70 M2                                         ;程序结束
```

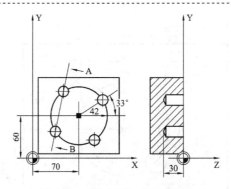

图 5-47　圆弧孔排列铣削实例

8) LCYC75 矩形槽、键槽、圆形凹槽铣削

利用 LCYC75 循环，通过设定相应的参数可以铣削一个与轴平行的矩形槽或者键槽，或者一个圆形凹槽。循环加工分为粗加工和精加工。通过参数设定凹槽长度=凹槽宽度=两倍的圆角半径，可以铣削一个直径为凹槽长度或凹槽宽度的圆形凹槽。如果凹槽宽度等同于两倍的圆角半径，则铣削一个键槽。加工时总是从 Z 轴方向的中心处开始进刀，这样在有导向孔的情况下就可以使用不能切中心孔的铣刀。在调用程序中规定主轴的转速和方向，在调用循环之前刀具必须要带补偿。LCYC75 的具体参数见图 5-48 与表 5-12。

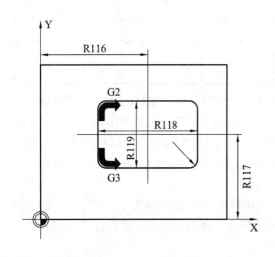

图 5-48　LCYC75 示意图

表 5-12　LCYC75 参数说明

参数	含义，数值范围
R101	返回平面(绝对坐标)
R102	安全距离
R103	参考平面(绝对坐标)
R104	凹槽深度(绝对坐标)
R116	凹槽圆心横坐标
R117	凹槽圆心纵坐标
R118	凹槽长度
R119	凹槽宽度
R120	拐角半径
R121	最大进刀深度
R122	深度进刀进给率
R123	表面加工的进给率
R124	表面加工的精加工余量
R125	深度加工的精加工余量
R126	铣削方向数值范围：2(G2)，3(G3)
R127	铣削类型 1：粗加工，2：精加工

R101 是返回平面，即确定循环结束之后钻削轴的抬刀位置。安全高度 R102 为相对参考平面刀具的抬刀安全距离，其方向由循环自动确定。参考平面 R103 就是图纸中所标明的钻削起始点。在 R104 参数下设置参考面和凹槽槽底之间的距离(深度)。用参数 R116 和 R117 确定凹槽中心点的横坐标和纵坐标。用参数 R118 和 R119 确定平面上凹槽的形状。如果铣刀半径 R120 大于设置的角度半径，则所加工的凹槽圆角半径等于铣刀半径。如果刀具半径超过凹槽长度或宽度的一半，则循环中断，并发出报警"铣刀半径太大"。如果铣削一个圆形槽(R118=R119=R120)，则拐角半径(R120)的值就是圆形槽的直径。用参数 R121 确定最大的进刀深度。循环运行时以同样的尺寸进刀。利用参数 R121 和 R104 循环计算出

一个进刀量，其大小介于 0.5 倍最大进刀深度和最大进刀深度之间。如果 R121=0 则立即以凹槽深度进刀。进刀从提前了一个安全距离的参考平面处开始。R122 是进刀时的进给率，方向垂直于加工平面。用 R123 参数确定平面上粗加工和精加工的进给率。R124 设置粗加工时留出的轮廓精加工余量。R125 参数给定的精加工余量在深度进给粗加工时起作用。在精加工时(R127=2)，根据参数 R124 和 R125 选择"仅加工轮廓"或者"同时加工轮廓和深度"。其中，选择"仅加工轮廓"时：R124>0，R125=0；选择"同时加工轮廓和深度"时：R124>0、R125>0 或 R124=0、R125=0，又或 R124=0、R125>0。用参数 R126 规定加工方向。参数 R127 确定加工方式：粗加工时，按照给定的参数加工凹槽至精加工余量；精加工的前提条件是凹槽的粗加工过程已经结束，接下去对精加工余量进行加工，在此要求留出的精加工余量小于刀具直径。

加工的出发点可以是任意位置，但需保证刀具从该位置出发可以无碰撞地回到返回平面的凹槽中心点处。粗加工 R127=1 用 G0 回到返回平面的凹槽中心点，然后再用 G0 回到参考平面与安全高度相加的参考平面处。凹槽的加工分为以下几个步骤：以 R122 确定的进给率和调用循环之前的主轴转速进刀到下一次加工的凹槽中心点处。按照 R123 确定的进给率和调用循环之前的主轴转速在轮廓和深度方向进行铣削，直至最后精加工余量。如果铣刀直径大于凹槽/键槽宽度减去精加工余量，或者铣刀半径等于凹槽键槽宽度，若有可能请降低精加工余量，通过摆动运动加工一个溜槽。加工方向由 R126 参数给定的值确定。在凹槽加工结束之后，刀具回到返回平面凹槽中心，循环过程结束。精加工 R127=2 时，如果要求分多次进刀，则只有最后一次进刀到达最后深度凹槽中心点(R122)。为了缩短返回的空行程，在此之前的所有进刀均快速返回，并根据凹槽和键槽的大小无需回到凹槽中心点才开始加工。平面加工以 R123 参数设定的值进行，深度进给则以 R122 设定的参数值运行。加工方向由参数 R126 设定的参数值确定。凹槽加工结束以后刀具运行到返回平面的凹槽中心点处，结束循环。本学习情境的学习任务若用 LCYC75 进行编程，则其程序如表 5-13 所示。

表 5-13 型腔零件程序(LCYC75)

工步	程 序	注 释
在同一程序内，通过改变刀具半径补偿值来实现粗精切两工步切削	XQ1	程序名
	G17 G40 G54 G71 G90 G94 G258	安全程序段
	M3 S300	启动主轴
	T1 D1	调用 1 号刀补
	G0 Z100	快速到达安全高度
	X0 Y0	
	Z5	接近工件
	R101=5 R102=2 R103=0 R104=-5 R116=0 R117=0 R118=80 R119=60 R120=5 R121=3 R122=100 R123=500 R124=0.5(0) R125=0(0) R126=2 R127=1	定义铣槽循环参数
	LCYC75	调用铣槽循环
	G0 Z100	刀具快速退回安全高度
	G91 G74 Y0	返回机床 Y 向零点，方便取下工件
	M5	主轴停
	M2	程序结束

例 10   如图 5-49 所示，使用 LCYC75 在 Y-Z 平面上加工一个圆形凹槽，中心点坐标为(Z50，Y50)，凹槽深 20 mm，深度方向进给轴为 X 轴。没有给出精加工余量，也就是说使用粗加工加工此凹槽。使用铣刀带端面齿，可以切削中心。

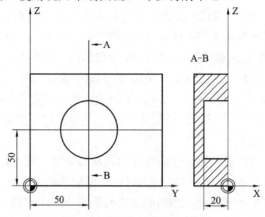

图 5-49   圆形凹槽铣削实例

N10 G0 G19 G90 S200 M3 T1 D1	；规定工艺参数
N20 Z60 X40 Y5	；回到起始位置
N30 R101=4 R102=2 R103=0 R104=-20 R116=50	；凹槽铣削循环参数设置
R117=50 R118=50 R119=50 R120=25 R121=4 R122=100	
R123=200 R124=0 R125=0 R126=0 R127=1	
N40 LCYC75	；调用循环
N50 M2	；程序结束

例 11   如图 5-50 所示，使用 LCYC75 在 Y-Z 平面的一个圆上加工 4 个键槽，互成 90°，起始角度为 45°。在调用过程中，坐标系已经作了旋转和移动。键槽的尺寸：长度为 30 mm，宽度为 15 mm，深度为 23 mm。安全距离 1 mm，铣槽方向 G2，深度进给最大 6 mm。键槽用粗加工(精加工余量为零)加工，铣刀带端面齿，可以加工中心。

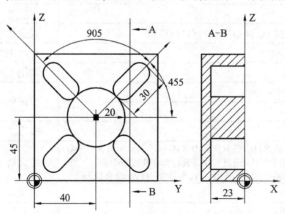

图 5-50   键槽铣削实例

N10 G0 G19 G90 S400 M3 T1 D1	；规定工艺参数
N20 Z50 X5 Y20	；回到起始位置
N30 R101=4 R102=1 R103=0 R104=-23 R116=35	；凹槽铣削循环参数设置

R117=0 R118=30 R119=15 R120=7.5 R121=6 R122=100

R123=200 R124=0 R125=0 R126=2 R127=1

N40 G158 Y40 Z45	; 可编程偏置坐标系
N50 G259 RPL45	; 旋转新坐标系 45°
N60LCYC75	; 调用循环铣削第一个槽
N70 G259 RPL90	; 继续旋转新坐标系 90°
N80 LCYC75	; 调用循环铣削第二个槽
N90 G259 RPL90	; 继续旋转新坐标系 90°
N100 LCYC75	; 调用循环铣削第三个槽
N110 G259 RPL90	; 继续旋转新坐标系 90°
N120 LCYC75	; 调用循环铣削第四个槽
N130 G259 RPL45	; 继续旋转新坐标系 45°
N140 G158 Y-40 Z-45	; 回复原坐标系
N150Y20Z50X5	; 回到起始位置
N160 M2	; 程序结束

三、SIEMENS 802S/C 数控铣床/加工中心操作技能拓展

1. 立式加工中心多把刀对刀

在选择刀具后，刀具被放置在刀架上。假设以 1 号刀为基准刀，由于基准刀的对刀方法与铣床类似，此处不再赘述，最终基准数据记录在 G54 中。对于非基准刀，此处以 2 号刀为例进行说明。

创建新刀具(2 号刀)后，用 MDA 方式将 2 号刀安装到主轴上，采用塞尺法对刀具进行对刀，在刀具补偿界面点击软键对　刀，进入如图 5-51 所示界面。在"偏移"对应的文本框中输入塞尺厚度 Z，在 G 对应的文本框中输入 54。依次点击软键计　算、确　认，2 号刀的长度偏移数据就设置好了，数据被设置在刀具补偿界面"长度 1"中，"长度 2，长度3"不需要设置数据。

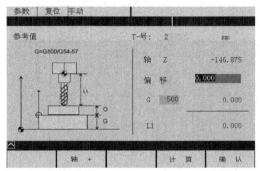

图 5-51　新刀具 Z 轴偏置

2. 手轮方式操作

点击操作面板上的手动按钮，使其呈按下状态；选择适当的点动距离。初始状态下，点击按钮，进给倍率为 0.001 mm，再次点击进给倍率为 0.01 mm，通过点击

按钮，进给倍率可在 0.001 mm 至 1 mm 之间切换。在初始界面中点击软键 手 轮 方 式 ，进入如图 5-52 所示界面，点击软键 X 、 Y 或 Z 选择当前进给轴，并点击"确认"。在系统面板的右侧点击按钮 手轮 ，打开手轮对话框。在手轮 上按住鼠标左键，机床向负方向运动，在手轮 上按住鼠标右键，机床向正方向运动。点击 按钮可以关闭手轮对话框。

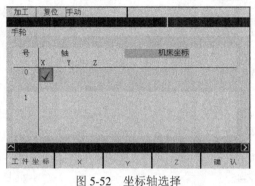

图 5-52 坐标轴选择

5-4 学习迁移

1. 知识迁移

① 比较走刀路线行切法与环切法的异同。

② 数控铣削刀具的类型有哪些？

2. 技能迁移

① 怎样选择数控铣削刀具的类型与参数？

② 试对图 5-53 所示零件进行工艺分析，并编程加工。

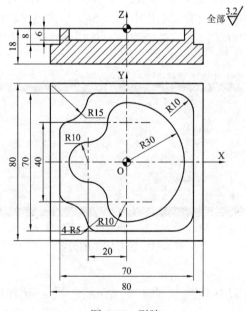

图 5-53 型腔

孔系零件数控编程与操作

6-1　学 习 目 标

1. 知识技能目标

① 掌握孔系零件的结构特点和工艺规程，能正确制订孔系零件数控加工方案。

② 掌握 FANUC 数控系统常用指令代码及编程规则，能手工编制简单孔系零件的数控加工程序。

③ 了解数控铣削用夹具的类型及选用，能用 FANUC 数控加工中心系统完成孔系零件的仿真加工。

2. 过程方法目标

① 学习任务下达后，能通过多种渠道收集信息，并对收集的信息进行处理、分析和概括。

② 学习制订生产工作计划和实施方案，会应用已学的知识和技能去解决具体的问题，能够举一反三，具备知识迁移能力。

③ 学会优选加工方案，能修改并简化数控加工程序，可以高效独立地完成孔系零件加工、质量检测等生产任务。

3. 职业情感目标

① 通过参与情境学习活动，培养敬业意识、安全意识和质量意识。

② 养成实事求是、尊重技术的科学态度，勇于钻研，善于总结，不断提高专业技能，并具备良好的工作思维和技术革新意识。

③ 敢于提出与别人不同的意见，也勇于放弃或修正自己的错误观点，对技术精益求精。

④ 遵守规则而不迂腐守旧，善于沟通而不人云亦云，积累提高而不故步自封，树立良好的综合职业素养。

6-2　学 习 过 程

孔加工的类型包括钻孔、扩孔、铰孔、镗孔以及攻螺纹孔等，既可加工单一孔，也可加工多个孔组成的孔系。实际上孔系加工比单孔加工更普遍，孔系中各个孔的分布模式可以是随意的，也可以是有规律的。

一、情境资讯

1. 学习任务

完成图 6-1 所示零件(生产 1200 件)的加工。零件材料为 45#钢，毛坯为 80 mm×80 mm ×30 mm 的长方块(六面已加工平整)，现对零件进行工艺分析、编制程序，并运用上海宇龙数控仿真软件加工各几何要素，注意零件的尺寸公差和精度要求。

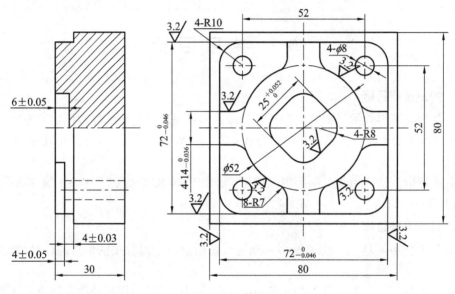

图 6-1　孔系零件

2. 工作条件

1) 仿真软件

上海宇龙数控仿真软件，数控系统为 FANUC 0i。

2) 参考资料

相关数控系统手册、数控机床操作说明书、数控加工仿真系统使用手册、工艺手册和编程说明书等。

3. 图样分析

本情境所要加工的零件属于小批量生产，材料为 45# 钢，无热处理和硬度要求。该零件包含了型台、型腔和 4 个孔，表面尺寸精度要求不高，表面粗糙度全部为 Ra3.2，没有形位公差项目的要求，为了满足精度要求，采用数控加工中心加工。毛坯为 80 mm×80 mm ×30 mm 的长方块(六面已加工平整)，长、宽方向的尺寸以零件中心线为基准，高度方向的尺寸以零件上表面为基准，采取绝对尺寸标注，编写程序时可将编程原点设在零件上表面中心处。

4. 相关知识

本情境零件的表面轮廓分布较均匀，编程时可以考虑采用坐标旋转指令，调用子程序完成加工。

二、方案决策

1. 机床选用

由于零件上表面有型台、型腔和 4 个孔加工内容，至少需要两把刀具，依据零件的形状和尺寸精度要求，可选择立式数控加工中心。

2. 刀具选用

加工凸台、凹槽时，选用高速钢立铣刀；钻孔时，选用高速钢钻头，数控加工刀具卡如表 6-1 所示。

表 6-1　数控加工刀具卡

产品名称			零件名称	孔系零件	零件图号	
序号	刀具号	刀具			加工表面	备注
		规格名称	数量	刀具半径/mm		
1	T01	平底立铣刀	1	5	型台、型腔	
2	T02	麻花钻	1	4	孔	
编制		审核		批准		年　月　日	共　页	第　页

3. 夹具选用

本情境所加工的零件外形为长方体，结构比较简单，可选用平口虎钳装夹，为了夹紧安全、可靠，工件上表面需高出钳口 12 mm 左右。

4. 毛坯选用

学习任务中已经给出：毛坯为 80 mm×80 mm×30 mm 的长方块(六面已加工平整)，材料为 45# 钢。

三、制定计划

1. 编制加工工艺

1) 确定工步顺序和加工路线

加工型台和型腔时，采用粗加工和精加工两工步，精加工时的径向切削余量为 0.5 mm。编程时采用刀具半径补偿对轮廓进行加工。孔加工时直接采用 $\phi 8$ 的钻头进行加工，不需刀具半径补偿，但需加入长度补偿，补偿值等于铣刀与钻头长度之差。

型台外轮廓加工时，采取工件外下刀、侧向进退刀加工方式；加工型腔内轮廓和孔时，在工件加工位置上方直接下刀，型腔精加工路线采用圆弧切入、切出的进退刀方式。

2) 选择切削用量

位置精度要求较高的孔，加工时需要中心钻定位。中心钻的直径较小，加工时主轴转速一般不得小于 1000 r/min。定位完毕后用高速钢麻花钻进行加工。表 6-2 给出了高速钢麻花钻的常用切削用量选择范围。

表 6-2　高速钢麻花钻的切削用量(V_c：m/min；f：mm/r)

工件材料 (σ_b/MPa)		钻头直径/mm									
		2～5		6～11		12～18		19～25		26～50	
		V_c	f	V_c	f	V_c	f	V_c	f	V_c	f
钢	490 以下	20～25	0.1	20～25	0.2	30～35	0.2	30～35	0.3	25～30	0.4
	499～686	20～25	0.1	20～25	0.2	20～30	0.2	25～30	0.2	25	0.2
	686～882	15～18	0.05	15～18	0.1	15～18	0.2	18～22	0.3	15～20	0.35
	882～1078	10～14	0.05	10～14	0.1	12～18	0.15	16～20	0.2	14～16	0.3
铸铁	118～176	25～30	0.1	30～40	0.2	25～30	0.35	20	0.6	20	1.0
	176～294	15～18	0.1	14～18	0.15	16～20	0.2	16～20	0.3	16～18	0.4
铜		<50		<50		<50		<50		<50	

3) 填写工序卡片

将各工步的加工内容、所用刀具和切削用量填入数控加工工序卡中(见表 6-3)。

表 6-3　数控加工工序卡

单位			车间名称		设备名称	FANUC 0i 加工中心
夹具	平口虎钳		产品名称		零件名称	孔系
时间定额	基本	120 min	材料名称	45# 钢	零件图号	
	准备	60 min	工序名称		工序序号	

工步序号	工步名称	刀具号	切削用量		
			被吃刀量 /mm	进给速度 /(mm/min)	主轴转速 /(r/min)
1	粗铣凸台外轮廓	T01		400	2000
2	精铣凸台外轮廓	T01	0.5	400	2000
3	粗铣型腔内轮廓	T01		400	2000
4	精铣型腔内轮廓	T01	0.5	400	2000
5	孔加工	T02		160	800
编制		审核		批准	
加工		日期		共 1 页	第 1 页

2．编制数控程序

1）计算零件图主要节点

综合考虑，编程时采用坐标旋转指令和调用子程序指令，根据走刀路线，仅列出型台外轮廓第一象限的主要节点坐标，如图 6-2 所示。

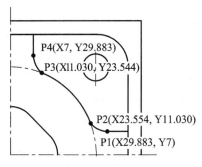

图 6-2　零件图主要节点

2）编写程序表

如表 6-4 所示，本学习情境以 FANUC 0i 数控系统为例编制粗加工程序。切削液的开、关指令可不编入程序，在切削过程中根据需要用手动的方式打开或关闭切削液。

表 6-4　孔系零件的数控加工程序

工步	程　序	注　释
凸台外轮廓	O0001	主程序名
	G17 G21 G40 G49 G54 G69 G80 G98	安全程序段
	G91 G28 Z50	回换刀点
	T01 M06	换 1 号刀
	M03 S2000	启动主轴
	G90 G00 Z50	快速到达安全高度
	X50 Y50	
	Z5	接近工件
	M98 P0002	调用子程序加工第一象限外轮廓
	G68 X0 Y0 R90	绕工件原点旋转 90°
	M98 P0002	调用子程序加工第二象限外轮廓
	G68 X0 Y0 R180	绕工件原点旋转 180°
	M98 P0002	调用子程序加工第三象限外轮廓
	G68 X0 Y0 R270	绕工件原点旋转 270°
	M98 P0002	调用子程序加工第四象限外轮廓
	G69	取消旋转
	G00 X50 Y50	轮廓外定位
	G01 Z-8 F100	Z 向下刀
	G42 X43 Y36 D01	接近工件并加入半径补偿(D01=5.5/5 mm)

工步	程　序	注　释
凸台外轮廓	X-26	切削圆角方台外轮廓
	G03 X-36 Y26 R10	
	G01 Y-26	
	G03 X-26 Y-36 R10	
	G01 X26	
	G03 X36 Y-26 R10	
	G01 Y26	
	G03 X26 Y36 R10	
	G02 X16 Y46 R10	圆弧插补至 P 点
	G01 Z5	圆弧切出至 P 点
	G40 G00 X50 Y50 Z100	快速退刀至安全点
型腔内轮廓	G00 X0 Y0	轮廓内定位
	G68 X0 Y0 R45	旋转45°
	G01 Z-6 F400	Z 向下刀
	G41 X6.5 Y-4 D01	型腔内轮廓加工(D01=5.5/5 mm)
	G03 X12.5 Y2 R6	
	G01 Y4.5	
	G03 X4.5 Y12.5 R8	
	G01 X-4.5	
	G03 X-12.5 Y4.5 R8	
	G01 Y-4.5	
	G03 X-4.5 Y-12.5 R8	
	G01 X4.5	
	G03 X12.5 Y-4.5 R8	
	G01 Y4.5	
	G03 X6.5 Y10.5 R6	
	G40 G01 X0 Y0	
	Z5	Z 向退刀
	G69	取消旋转
	M05	主轴停转
	M00	程序暂停
孔加工	G91 G28 Z50	回换刀点
	T02 M6	换 2 号刀
	M03 S800	主轴启动
	G90 G43 G00 Z50 H01	轮廓外定位，并加入长度补偿(H01=30 mm)
	X50 Y50	

续表二

工步	程　序	注　释
孔加工	G99 G83 X26 Y26 Z-35 R5 Q6 F160	钻削第一象限孔
	X-26	钻削第二象限孔
	Y-26	钻削第三象限孔
	X26	钻削第四象限孔
	G80	取消长度补偿
	G49 G00 Z100	刀具快速退回安全高度，并取消长度补偿
	G91 G28 Y0	返回机床 Y 向零点，方便测量或取下工件
	M05	主轴停转
	M30	主程序结束
凸台外轮廓第一象限加工子程序	O0002	子程序名称
	G42 G01 X42 Y7 F400 D01	轮廓外定位，并加入半径补偿(D01=5.5/5 mm)
	Z-4	Z 向下刀
	X29.8831	直线切入至 P1 点
	G02 X23.5443 Y11.0303 R7	圆弧插补至 P2 点
	G03 X11.0303 Y23.5443 R26	圆弧插补至 P3 点
	G02 X7 Y29.8831 R7	圆弧插补至 P4 点
	G01 Y40	直线切出
	G40 Y45	切除四角部分余量
	X20 Y33	
	X33 Y20	
	Y35	
	X25	
	Y50	
	Z5	Z 向退刀
	M99	子程序结束

四、加工实施

1. 选择机床

打开菜单"机床/选择机床…"，或者点击工具条上的小图标 🖥，在选择机床对话框中，选择控制系统为 FANUC 0i 系列，机床类型选择北京第一机床厂 XKA714/B 立式加工中心，按"确定"按钮，此时界面如图 6-3 所示。

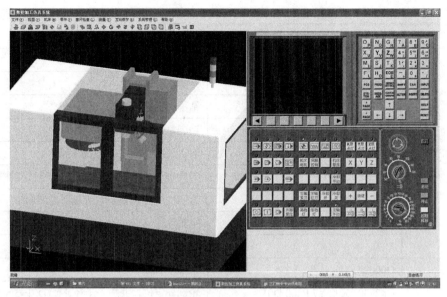

图 6-3　FANUC 0i 系统仿真加工中心界面

2. 启动系统

点击"启动"按钮![], 此时机床电机和伺服控制的指示灯变亮![]。

检查"急停"按钮是否松开至![]状态, 若未松开, 点击"急停"按钮![], 将其松开。

3. 装夹工件

1) 定义毛坯

打开菜单"零件/定义毛坯"或在工具条上选择![], 系统打开定义毛坯对话框, 在毛坯名字输入框内可以输入缺省值, 也可以输入毛坯名。在"材料"下拉列表中选择"45#钢"材料, 形状选择"长方形"。将零件尺寸改为(80×80×30) mm, 然后单击"确定"按钮。

2) 安装夹具

打开菜单"零件/安装夹具"命令或者在工具条上选择图标![], 系统将弹出选择夹具对话框。只有铣床和加工中心可以安装夹具。在"选择零件"列表框中选择毛坯。在"选择夹具"列表框中选平口钳, 移动成组控件内的按钮可调整毛坯在夹具上的位置。

3) 装夹毛坯

打开菜单"零件/放置零件"命令或者在工具条上选择图标![], 系统弹出操作对话框。

在列表中点击所需的零件, 选中的零件信息加亮显示, 按下"安装零件"按钮, 系统自动关闭对话框, 并出现一个小键盘, 通过按动键盘上的方向按钮, 可使夹具在 X 轴或 Y 轴方向上移动至合适位置, 单击旋转按钮可改变夹具的安装方向。单击"退出"按钮, 零件已经被安装在卡盘上。

4. 加工中心选刀

打开菜单"机床/选择刀具"或者在工具条中选择![], 系统弹出刀具选择对话框, 选择相应刀具如图 6-4 所示。

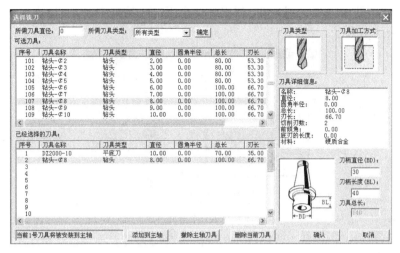

图 6-4　选择刀具

5．回参考点

检查操作面板上回原点指示灯是否亮起 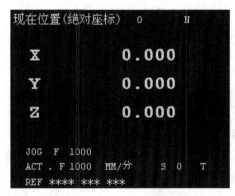，若指示灯亮起，则已进入回原点模式；若指示灯不亮，则点击"回原点"按钮，转入回原点模式。

在回原点模式下，先将 X 轴回原点，点击操作面板上的"X 轴选择"按钮，使 X 轴方向移动指示灯变亮，点击，此时 X 轴将回原点，X 轴回原点灯变亮，CRT 上的 X 坐标变为"0.000"。同样，再分别点击 Y 轴、Z 轴方向按钮、，使指示灯变亮，点击，此时 Y 轴、Z 轴将回原点，Y 轴、Z 轴回原点灯变亮。此时 CRT 界面如图 6-5 所示。

图 6-5　CRT 界面上的显示值

6．对刀

数控程序一般按工件坐标系编程，对刀的过程就是建立工件坐标系与机床坐标系之间关系的过程。数控铣削时，一般将工件上表面中心点设为工件坐标系原点。将工件上其他点设为工件坐标系原点的方法与对刀方法类似。

1）X、Y 轴对刀

一般铣床及加工中心在 X、Y 轴方向对刀时有两种方法，分别为试切法和工具辅助法。某些场合特别是工件外轮廓不允许切削时，试切法会受到限制，因此，本书仅介绍工具辅助法。

点击菜单"机床/基准工具…"，弹出的基准工具对话框中，左边是刚性靠棒，右边是寻边器，如图 6-6 所示。

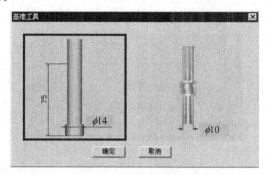

图 6-6　基准工具

寻边器由固定端和测量端两部分组成。固定端由刀具夹头夹持在机床主轴上，中心线与主轴轴线重合。在测量时，主轴以 400 r/min 旋转。通过手动方式，使寻边器向工件基准面移动靠近，让测量端接触基准面。在测量端未接触工件时，固定端与测量端的中心线不重合，两者呈偏心状态。当测量端与工件接触后，偏心距减小，这时使用点动方式或手轮方式微调进给，寻边器继续向工件移动，偏心距逐渐减小。在测量端和固定端的中心线重合的瞬间，测量端会明显地偏出，出现明显的偏心状态，这时主轴中心位置距离工件基准面的距离等于测量端的半径。

点击操作面板中的"手动"按钮，手动灯亮起，系统进入"手动"方式。点击 MDI 键盘上的 使 CRT 界面显示坐标值，借助"视图"菜单中的动态旋转、动态放缩、动态平移等工具，适当点击操作面板上的 X 、 Y 、 Z 和 + 、 − 按钮，将机床移动到如图 6-7 所示的大致位置。

在手动状态下，点击操作面板上的 或 按钮，使主轴转动。未与工件接触时，寻边器测量端大幅度晃动。

移动到图 6-7 所示大致位置后，可采用手动脉冲方式移动机床，点击操作面板上的"手动脉冲"按钮 或 ，使手动脉冲指示灯变亮 ，采用手动脉冲方式精确移动机床，点击 显示手轮控制面板 ，将手轮对应轴旋钮 置于 X 挡，调节手轮进给速度旋钮 ，在手轮 上点击鼠标左键或右键精确移动寻边器。寻边器测量端晃动幅度逐渐减小，直至固定端与测量端的中心线重合，如图 6-8 所示，即认为此时寻边器与工件恰好吻合。

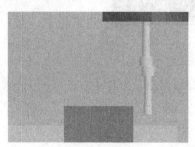

图 6-7　寻边器不同轴

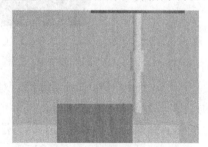

图 6-8　寻边器同轴

记下寻边器与工件恰好吻合时 CRT 界面中的 X 坐标，此为基准工具中心的 X 坐标，记为 X_1；将定义毛坯数据时设定的零件的长度记为 X_2；将基准工件直径记为 X_3(可在选择基准工具时读出），则工件上表面中心的 X 的坐标为基准工具中心的 X 坐标减去零件长度的一半再减去基准工具半径，记为 X。

Y 轴方向对刀采用同样的方法，得到工件中心的 Y 坐标，记为 Y。

完成 X、Y 轴方向对刀后，点击 Z 和 + 按钮，将 Z 轴提起，停止主轴转动，再点击菜单"机床/拆除工具"拆除基准工具。

2）Z 轴对刀

立式加工中心 Z 轴对刀时采用实际加工时所要使用的刀具。点击菜单"机床/选择刀具"或点击工具条上的小图标 ⚒，选择所需刀具。装好刀具后，点击操作面板中的"手动"按钮 ，手动状态指示灯亮起 ，系统进入"手动"方式。利用操作面板上的 X 、Y 、Z 按钮和 + 、− 按钮，将机床移到如图 6-9 所示的大致位置。

点击菜单"塞尺检查/1mm"，得到"塞尺检查：合适"时 Z 的坐标值，记为 Z_1，如图 6-10 所示。则坐标值 Z_1 减去塞尺厚度后数值为 Z 坐标原点，此时工件坐标系处于工件上表面。

图 6-9　Z 轴对刀

图 6-10　塞尺检查

塞尺有各种不同尺寸，可以根据需要调用。本系统提供的塞尺尺寸有 0.05 mm、0.1 mm、0.2 mm、1 mm、2 mm、3 mm、100 mm(量块)。

7. 参数设置

1）坐标系设定

在 MDI 键盘上点击 键，按菜单软键[坐标系]，进入坐标系参数设定界面，输入"0x"(01 表示 G54，02 表示 G55，以此类推)，按菜单软键[NO 检索]，光标停留在选定的坐标系参数设定区域内，如图 6-11 所示。

```
WORK COONDATES        O        N
   (G54)
   番号 数据          番号 数据
   00    X    0.000   02    X    0.000
  (EXT)  Y    0.000  (G55)  Y    0.000
         Z    0.000         Z    0.000



   01    X    0.000   03    X    0.000
  (G54)  Y    0.000  (G56)  Y    0.000
         Z    0.000         Z    0.000
  >
   EDIT**** *** ***
```

图 6-11　坐标系原始界面

也可以用方位键 ↑ ↓ ← → 选择所需的坐标系和坐标轴。利用 MDI 键盘输入通过对刀所得到的工件坐标原点在机床坐标系中的坐标值。设通过对刀得到的工件坐标原点在机床坐标系中的坐标值为(−500, −415, −404)，则首先将光标移到 G54 坐标系 X 的位置上，再利用 MDI 键盘输入"−500.00"，按菜单软键[输入]或按 INPUT 按钮，即可将参数输入到指定区域。按 CAN 键可逐个字符地删除输入域中的字符。点击 ↓ 将光标移到 Y 的位置，输入"−415.00"，按菜单软键[输入]或按 INPUT 按钮，即可将参数输入到指定区域。同样可以输入 Z 坐标值，此时 CRT 界面如图 6-12 所示。

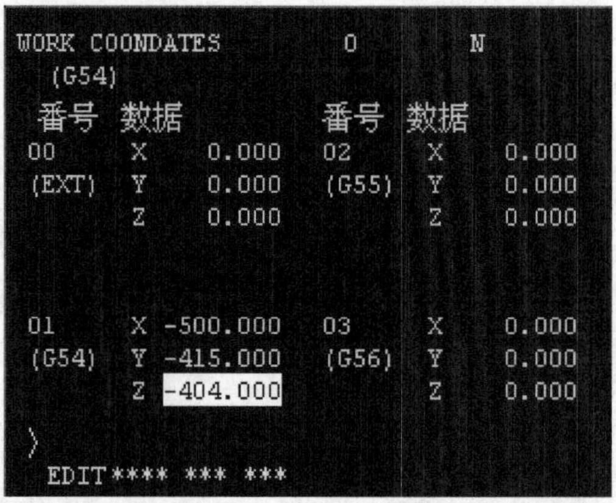

图 6-12　坐标系设置界面

若 X 坐标值为−100，则必须输入"X−100.00"，假若输入"X−100"，则系统默认为−0.100。如果按软键"+输入"，键入的数值将和原有的数值相加。

2) 刀具参数补偿

加工中心的刀具补偿包括刀具的半径补偿和长度补偿。

(1) 刀具半径补偿

FANUC 0i 的刀具半径补偿(D)包括形状补偿和磨耗补偿。在 MDI 键盘上点击 OFFSET SETTING 键，进入参数补偿设定界面，如图 6-13 所示。用方位键 ↑ ↓ 选择所需的番号，用 ← → 确定需要设定的半径补偿是形状补偿还是磨耗补偿，并将光标移到相应的区域。点击 MDI 键盘上的数字/字母键，输入刀尖直径补偿参数。按菜单软键[输入]或按 INPUT，参数输入到指定区域。按 CAN 键可以逐个字符删除输入域中的字符。

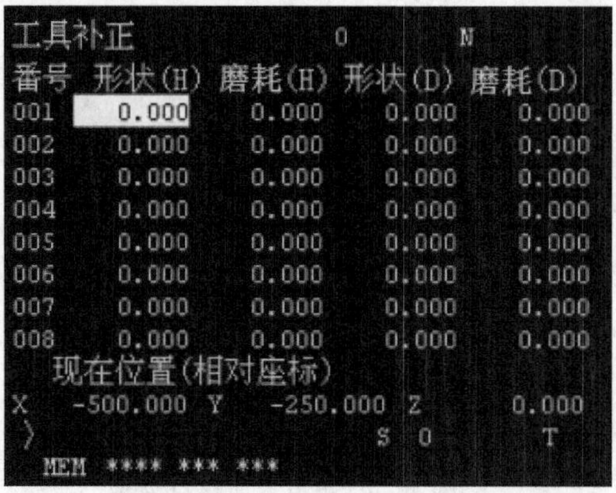

图 6-13　参数补偿设定界面

(2) 刀具长度补偿

FANUC 0i 的刀具长度补偿(H)同样包括形状补偿和磨耗补偿。进入参数补偿设定界面，用方位键 ↑ ↓ ← → 选择所需的番号，并确定需要设定的长度补偿(H)是形状补偿还是磨耗补偿，然后将光标移到相应的区域。点击 MDI 键盘上的数字/字母键，输入刀具长度补偿参数即可。补偿参数若为 4 mm，则在输入时需输入"4.000"，如果只输入"4"，则系统默认为"0.004"。

8. 第二把刀具对刀

第二把刀具与第一把刀具的对刀方法类似，只需在换刀后进行 Z 轴方向对刀即可，故本书仅介绍加工中心换刀。宇龙数控仿真系统立式加工中心换刀有两种方法，一是打开"机床/选择刀具"，在"选择铣刀"对话框内将刀具添加至主轴；二是用 MDI 指令方式将刀具放在主轴上。实际生产中采用 MDI 指令方式换刀。

点击操作面板上的 MDI 按钮 ▣，使系统进入 MDI 运行模式。点击 MDI 键盘上的 PROG 键，利用 MDI 键盘输入"G28 Z0.00"，按 INSERT 键，将输入域中的内容输到指定区域，此时 CRT 界面如图 6-14 所示。

点击 ① 按钮，主轴回到换刀点。再利用 MDI 键盘输入"T02 M06"，按 INSERT 键，将输入域中的内容输入到指定区域。点击 ① 按钮，二号刀被装在主轴上。

对刀校验、程序输入、程序校验和自动加工与车削加工时类似，进行其他刀具的对刀和参数设置时，只需将选定的刀具通过 MDI 方式放置在主轴上，再依次进行 Z 轴对刀即可，在此不再赘述。完成的加工零件如图 6-15 所示。

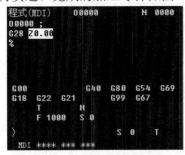

图 6-14 坐标系设置界面

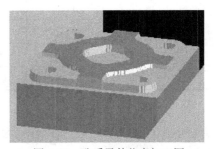

图 6-15 孔系零件仿真加工图

五、质量检查

工件的质量检测与学习情境四类似，在此不再赘述。

六、总结评价

根据规范化技术文件，即评分标准，填写数控加工考核表(如表 6-5 所示)，组织学生自评与互评，并根据本次实训内容，总结数控车床加工孔系零件的全过程，并完成实训报告。重点分析零件不合格的原因，对生产过程与产品质量进行优化，提出改进措施。教师重点评估项目完成质量，关注学生团队合作、安全生产、文明操作、环保意识等，突出过程考核。

表 6-5　数控加工考核表

班级				姓名		
工号				总分		
序号	项目	配分	等级	评 分 细 则		得分
1	加工工艺	15	15	加工工艺完全合理		
			8~14	工艺分析、加工工序、刀具选择、切削用量1~2处不合理		
			1~7	工艺分析、加工工序、刀具选择、切削用量3~4处不合理		
			0	加工工艺完全不合理		
2	程序输入	25	25	程序编制、输入步骤完全正确		
			17~24	不符合程序输入规范1~2处		
			9~16	不符合程序输入规范3~4处		
			0~8	程序编制完全错误或多处不规范		
3	文明操作	30	30	安全文明生产，加工操作规程完全正确		
			11~29	操作过程1~3处不合理，但未发生撞车事故		
			1~10	操作过程多处不合理，加工过程中发生 1~2次撞车事故		
			0	操作过程完全不符合文明操作规程		
4	零件质量	30	30	加工零件完全符合图样要求		
			21~29	加工零件不符合图样要求1~3处		
			11~20	加工零件不符合图样要求4~6处		
			0~10	加工零件完全或多处不符合图样要求		

6-3　学 习 拓 展

一、数控铣床/加工中心夹具

1. 数控铣床常用夹具

1) 机用虎钳

在数控铣削加工中，当粗加工、半精加工和加工精度要求不高时，对于较小的零件通常利用机用虎钳进行装夹。机用虎钳如图 6-16 所示，它是常用的铣床通用夹具，常用来装夹矩形和圆柱形一类的工件。机用虎钳装夹的最大优点是快捷，但其夹持范围不大。

2) 三爪卡盘

在数控铣床加工中，对于结构尺寸不大且外表面是不需要进行加工的圆形表面的零件，可以利用三爪卡盘进行装夹。三爪卡盘也是数控铣床的通用卡具，如图 6-17 所示。

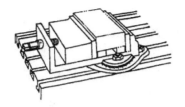

图 6-16　机用虎钳

图 6-17　三爪卡盘

3) 直接在数控铣床工作台上安装

在单件或小批量生产和不便于使用夹具夹持的情况下，常常直接在铣床工作台上安装工件。使用压板、螺母、螺栓直接在铣床工作台上安装工件时，应该注意压板的压紧点尽量接近切削处，还应该注意保持压板的压紧点和压板下面的支撑点相对应，如图 6-18 所示。

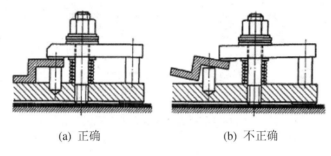

(a)　正确　　　　　　　　　　(b)　不正确

图 6-18　压紧点的选择

4) 利用角铁和 V 形铁装夹工件

角铁和 V 形铁装夹方式适合于单件或小批量生产。如图 6-19 所示，工件安装在角铁上时，工件与角铁侧面相接触的表面为定位基准面，拧紧弓形夹上的螺钉，工件即被夹紧。这类角铁常用来安装表面互相垂直的工件。

回转体工件(如轴类零件)通常用 V 形铁装夹，并利用压板将工件夹紧。V 形铁的类型和装夹方式如图 6-20 所示。

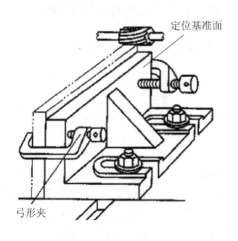

图 6-19　角铁装夹工件

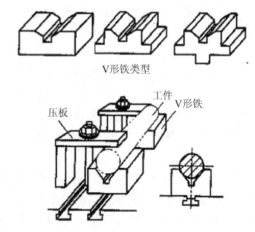

图 6-20　V 形铁装夹工件

5) 组合夹具装夹工件

组合夹具是由一套预制好的标准元件组装而成的。标准元件有不同的形状、尺寸和规格。应用时可以按照需要选取元件，并组装成各种各样的形式。组合夹具的主要特点是元件可以长期重复使用，且结构灵活多样，其装夹工件示例如图 6-21 所示。

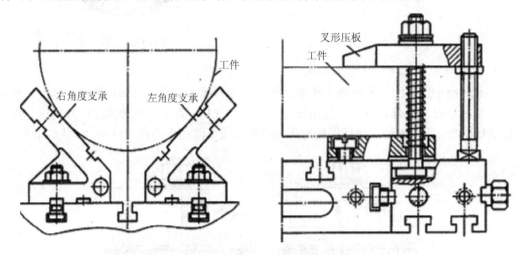

图 6-21　组合夹具装夹工件示例

2. 夹具的选用原则

在选用夹具时，通常需要考虑产品的生产批量、生产效率、质量保证及经济性，选用时可参照下列原则：

① 在生产量较小或用于研制时，应广泛采用万能组合夹具，只有在组合夹具无法解决工件装夹时才考虑采用其他夹具。

② 小批量或成批生产时可考虑采用专用夹具，但应尽量简单。

③ 在生产批量较大时可考虑采用多工位夹具和气动、液压夹具。

3. 装夹方案的确定

同普通铣床一样，在确定装夹方案时，要根据已选定的加工表面和定位基准确定工件的夹紧定位方式，并选择合适的夹具。

① 夹紧机构或其他元件不得影响进给，加工部位要敞开，要求夹持工件后夹具(或其他组件)不能与刀具运动轨迹发生干涉。

② 必须保证夹紧变形最小。工件在加工时，切削力大，需要的夹紧力也大，但又不能把工件夹压变形。因此，必须慎重选择夹具的支撑点、定位点和夹紧点。如果采用了相应措施仍不能控制零件变形，只能将粗、精加工分开，或者使粗、精加工采用不同的夹紧力。

③ 夹具结构应力求简单。由于零件在数控铣床和加工中心上的加工大都采用工序集中的原则，加工的部位较多，同时批量较小，零件更换周期短，故夹具的标准化、通用化和自动化对加工效率的提高及加工费用的降低有很大影响。因此，对批量小的零件应优先选用组合夹具。对形状简单的单件或小批量生产的零件，可选用通用夹具，如三爪卡盘、虎钳等。只有对批量较大、加工精度要求较高的零件才设计专用夹具，用以保证加工精度和

提高装夹效率。

④ 为保持零件安装方位与机床坐标系及编程坐标系方向的一致性，夹具应能保证在机床上实现定向安装，还要求能协调零件定位面与机床之间保持一定的坐标联系。

⑤ 夹具的刚性与稳定性要好。尽量不采用在加工过程中更换夹紧点的设计方案，当非要在加工过程中更换夹紧点不可时，要特别注意不能因更换夹紧点而破坏夹具或工件定位精度。

二、FANUC 数控铣床/加工中心指令拓展

FANUC 数控铣床/加工中心常用简化编程指令、固定循环指令与华中 HNC-21/22M 数控系统基本相同，在此不再赘述，具体可参阅附录或相关手册。

6-4　学习迁移

1. 知识迁移

① 简述 FANUC 0i 立式加工中心的换刀过程。

② 数控铣床常用的夹具有哪些？铣削夹具的选用原则是什么？

2. 技能迁移

① 怎样确定铣削工件的装夹方案？

② 试对图 6-22 与 6-23 所示零件进行工艺分析，并编程加工。

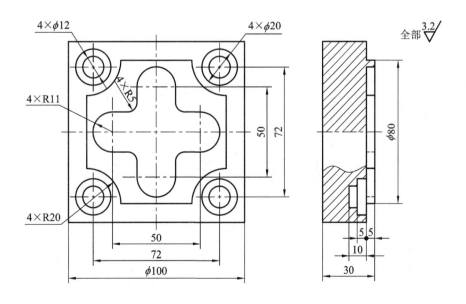

图 6-22　孔系零件 1

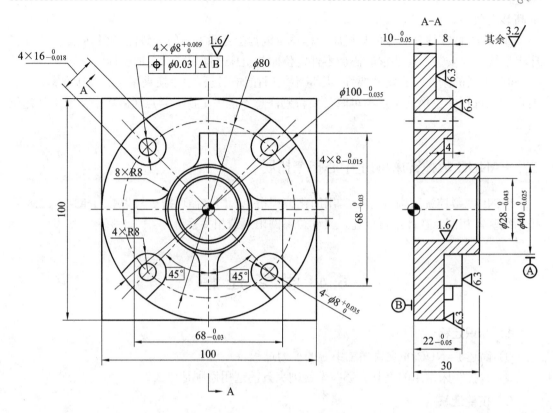

图 6-23 孔系零件 2

华中数控指令

1. 华中数控系统 G 指令列表

华中数控车床							
G00	√	G01	√	G02	√	G03	√
G04	√	G20	√	G21	√	G28	√
G29	√	G32		G36		G37	
G40	√	G41	√	G42	√	G54	√
G55	√	G56	√	G57	√	G58	√
G59	√	G65		G71	√	G72	√
G73	√	G76		G80	√	G81	√
G82	√	G90	√	G91	√	G92	√
G94	√	G95	√	G96		G97	
华中数控铣床/加工中心							
G00	√	G01	√	G02	√	G03	√
G04	√	G07		G09		G17	√
G18	√	G19	√	G20	√	G21	√
G22		G24	√	G25	√	G28	√
G29	√	G40	√	G41	√	G42	√
G43	√	G44	√	G49	√	G50	√
G51	√	G52	√	G53		G54	√
G55	√	G56	√	G57	√	G58	√
G59	√	G60		G61		G64	
G65	√	G68	√	G69	√	G73	√
G74	√	G76		G80	√	G81	√
G82	√	G83	√	G84	√	G85	√
G86	√	G87		G88	√	G89	√
G90	√	G91	√	G92	√	G94	
G95		G98	√	G99	√		

注：√表示本软件已经提供；其他指令表示华中数控系统有此功能，本软件尚未提供。

2. 华中数控车床系统 G 指令功能及格式

G 代码	分组	功 能	格 式
G00	01	快速定位	G00 X(U)_Z(W)_ X、Z：直径编程时，快速定位终点在工件坐标系中的坐标 U、W：增量编程时，快速定位终点相对于起点的位移量
√G01		直线插补	G01 X(U)_Z(W)_F_ X、Z：绝对编程时，终点在工件坐标系中的坐标 U、W：增量编程时，终点相对于起点的位移量 F：合成进给速度
		倒角加工	G01 X(U)_Z(W)_C_ G01 X(U)_Z(W)_R_ X、Z：绝对编程时，为未倒角前两相邻程序段轨迹的交点 G 的坐标值 U、W：增量编程时，为 G 点相对于起始直线轨迹的始点 A 点的移动距离 C：倒角终点 C，相对于相邻两直线的交点 G 的距离 R：倒角圆弧的半径值
G02		顺圆插补	$\text{G02 X(U)\_Z(W)\_}\begin{Bmatrix}\text{I\_ K\_}\\\text{R\_}\end{Bmatrix}\text{F\_}$ X、Z：绝对编程时，圆弧终点在工件坐标系中的坐标 U、W：增量编程时，圆弧终点相对于圆弧起点的位移量 I、K：圆心相对于圆弧起点的增加量，在绝对，增量编程时都以增量方式指定；在直径，半径编程时 I 都是半径值 R：圆弧半径 F：被编程的两个轴的合成进给速度
G03		逆圆插补	同上
G02(G03)		倒角加工	G02(G03) X(U)_Z(W)_R_RL=_ G02(G03) X(U)_Z(W)_R_RC=_ X、Z：绝对编程时，为未倒角前圆弧终点 G 的坐标值 U、W：增量编程时，为 G 点相对于圆弧始点 A 点的移动距离 R：圆弧半径值 RL=：倒角终点 C，相对于未倒角前圆弧终点 G 的距离 RC=：倒角圆弧的半径值
G04	00	暂停	G04 P_ P：暂停时间，单位为 s
G20 √G21	08	英寸输入 毫米输入	G20 X_Z_ 同上
G28 G29	00	返回刀参考点 由参考点返回	G28 X_Z_ G29 X_Z_

续表一

G 代码	分组	功　能	格　式
G32	01	螺纹切削	G32 X(U)_Z(W)_R_E_P_F_ X、Z：绝对编程时，有效螺纹终点在工件坐标系中的坐标 U、W：增量编程时，有效螺纹终点相对于螺纹切削起点的位移量 R、E：螺纹切削的退尾量，R 表示 Z 向退尾量；E 表示 X 向退尾量 F：螺纹导程，即主轴每转一圈，刀具相对于工件的进给量 P：主轴基准脉冲处距离螺纹切削起点的主轴转角
√G36 G37	17	直径编程 半径编程	
√G40 G41 G42	09	取消刀尖半径补偿 左刀补 右刀补	G40 G00(G01)X_Z_ G41 G00(G01)X_Z_ G42 G00(G01)X_Z_ X、Z 为建立刀补或取消刀补的终点，G41/G42 的参数由 T 代码指定
√G54 G55 G56 G57 G58 G59	11	坐标系选择	
G71	06	内(外)径粗车复合循环(无凹槽加工时) 内(外)径粗车复合循环(有凹槽加工时)	G71 U(Δd)R(r)P(ns)Q(nf)X(Δx)Z(Δz) F(f)S(s)T(t) G71 U(Δd)R(r)P(ns)Q(nf)E(e)F(f)S(s)T(t) Δd：切削深度(每次切削量)，指定时不加符号 r：每次退刀量 ns：精加工路径第一程序段的顺序号 nf：精加工路径最后程序段的顺序号 x：X 轴方向精加工余量 z：Z 轴方向精加工余量 f、s、t：粗加工时 G71 指定的 F、S、T 有效，而精加工时处于 ns 到 nf 程序段之间的 F、S、T 有效 e：精加工余量，其为 X 轴方向的等高距离；外径切削时为正，内径切削时为负
G72		端面粗车复合循环	G72 W(Δd)R(r)P(ns)Q(nf)X(Δx)Z(Δz)F(f)S(s)T(t) 参数含义同上
G73		闭环车削复合循环	G73U(ΔI) W(ΔK) R(r)P(ns)Q(nf)X(Δx)Z(Δz)F(f)S(s)T(t) ΔI：X 轴方向的粗加工总余量 ΔK：Z 轴方向的粗加工总余量 r：粗切削次数 ns：精加工路径第一程序段的顺序号 nf：精加工路径最后程序段的顺序号 x：X 轴方向精加工余量 z：Z 轴方向精加工余量 f、s、t：粗加工时 G71 指定的 F、S、T 有效，而精加工时处于 ns 到 nf 程序段之间的 F、S、T 有效

G 代码	分组	功　能	格　　式
G76	06	螺纹切削复合循环	G76 C(c)R(r)E(e)A(a)X(x)Z(z)I(i)K(k)U(d)V(Δdmin)Q(Δd)P(p)F(L) c：精整次数(1～99)为模态值 r：螺纹 Z 轴方向退尾长度(00～99)，为模态值 e：螺纹 X 轴方向退尾长度(00～99)，为模态值 a：刀尖角度(二位数字)，为模态值；在 80°、60°、55°、30°、29°、0°六个角度中选一个 x、z：绝对编程时为有效螺纹终点的坐标；增量编程时为有效螺纹终点相对于循环起点的有向距离 i：螺纹两端的半径差 k：螺纹高度 d：精加工余量(半径值) Δdmin：最小切削深度 Δd：第一次切削深度(半径值) p：主轴基准脉冲处距离切削起始点的主轴转角 L：螺纹导程
G80		圆柱面内(外)径切削循环 圆锥面内(外)径切削循环	G80 X_Z_F_ G80 X_Z_I_F_ I：切削起点 B 与切削终点 C 的半径差
G81		端面车削固定循环	G81X_Z_F_
G82		直螺纹切削循环 锥螺纹切削循环	G82 X_Z_R_E_C_P_F_ G82 X_Z_I_R_E_C_P_F_ R、E：螺纹切削的退尾量，R、E 均为向量，R 为 Z 向回退量；E 为 X 向回退量，R、E 可以省略，表示不用回退功能 C：螺纹头数，为 0 或 1 时切削单头螺纹 P：单头螺纹切削时，为主轴基准脉冲处距离切削起始点的主轴转角(缺省值为 0)；多头螺纹切削时，为相邻螺纹头的切削起始点之间对应的主轴转角 F：螺纹导程 I：螺纹起点 B 与螺纹终点 C 的半径差
√G90 G91	13	绝对编程 相对编程	
G92	00	工件坐标系设定	G92 X_Z_
√G94 G95	14	每分钟进给速率 每转进给	G94[F_] G95[F_] F：进给速度
G96 G97	16	恒线速度切削	G96 S_ G97 S_ G96 后面的 S 值为切削的恒定线速度，单位为 m/min G97 后面的 S 值是取消恒线速度后，指定的主轴转速，单位为 r/min；如缺省，则为执行 G96 指令前的主轴转速度

注：本系统中车床采用直径编程，√表示机床默认状态。

3. 华中数控铣床和加工中心系统 G 指令功能及格式

代码	分组	意　义	格　　　式
G00		快速定位	G00 X_Y_Z_A_ X、Y、Z、A：在 G90 时为终点在工件坐标系中的坐标；在 G91 时为终点相对于起点的位移量
√G01		直线插补	G01 X_Y_Z_A_F_ X、Y、Z、A：线性进给终点 F：合成进给速度
G02 G03	01	顺圆插补 逆圆插补	X-Y 平面的圆弧： G17 $\begin{Bmatrix} G02 \\ G03 \end{Bmatrix}$ X_　Y_ $\begin{Bmatrix} R\_ \\ I\_J\_ \end{Bmatrix}$ Z-X 平面的圆弧： G18 $\begin{Bmatrix} G02 \\ G03 \end{Bmatrix}$ X_　Z_ $\begin{Bmatrix} R\_ \\ I\_K\_ \end{Bmatrix}$ Y-Z 平面的圆弧： G19 $\begin{Bmatrix} G02 \\ G03 \end{Bmatrix}$ Y_　Z_ $\begin{Bmatrix} R\_ \\ J\_K\_ \end{Bmatrix}$ X、Y、Z：圆弧终点 I、J、K：圆心相对于圆弧起点的偏移量 R：圆弧半径，当圆弧圆心角小于 180° 时 R 为正值，否则 R 为负值 F：被编程的两个轴的合成进给速度
G02/G03		螺旋线进给	G17 G02(G03) X_Y_R(I_J_)_Z_F_ G18 G02(G03) X_Z_R(I_K_)_Y_F_ G19 G02(G03) Y_Z_R(J_K_)_X_F_ X、Y、Z：由 G17/G18/G19 平面选定的两个坐标为螺旋线投影圆弧的终点，第三个坐标是与选定平面相垂直的轴终点 其余参数的意义同圆弧进给
G04	00	暂停	G04 [P|X] 单位秒，增量状态单位毫秒
G07	16	虚轴制定	G07 X_Y_Z_A_ X、Y、Z、A：被指定轴后跟数字 0，则该轴为虚轴；后跟数字 1，则该轴为实轴
G09	00	准停校验	一个包括 G90 的程序段在继续执行下个程序段前，准确停止在本程序段的终点，用于加工尖锐的棱角
√G17		X-Y 平面	G17 选择 X-Y 平面
G18	02	Z-X 平面	G18 选择 Z-X 平面
G19		Y-Z 平面	G19 选择 Y-Z 平面
G20		英寸输入	
√G21	06	毫米输入	
G22		脉冲当量	

续表一

代码	分组	意　义	格　式
G24	03	镜像开	G24 X_Y_Z_A_ X、Y、Z、A：镜像位置
G25		镜像关	指令格式和参数含义同上
G28	00	回归参考点	G28 X_Y_Z_A_ X、Y、Z、A：回参考点时经过的中间点
G29		由参考点回归	G29 X_Y_Z_A_ X、Y、Z、A：返回的定位终点
G40	09	刀具半径补偿取消	G17(G18/G19) G40(G41/G42) G00(G01) X_Y_Z_D_ X、Y、Z：G01/G02 的参数，即刀补建立或取消的终点 D：G41/G42 的参数，即刀补号码(D00～D99)代表刀补表中对应的半径补偿值
G41		左半径补偿	
G42		右半径补偿	
G43	10	刀具长度正向补偿	G17(G18/G19) G43(G44/G49) G00(G01) X_Y_Z_H_ X、Y、Z：G01/G02 的参数，即刀补建立或取消的终点 H：G43/G44 的参数，即刀补号码(H00～H99)代表刀补表中对应的长度补偿值
G44		刀具长度负向补偿	
G49		刀具长度补偿取消	
G50	04	缩放关	G51 X_Y_Z_P_ M98 P_ G50 X、Y、Z：缩放中心的坐标值 P：缩放倍数
G51		缩放开	
G52	00	局部坐标系设定	G52 X_Y_Z_A_ X、Y、Z、A：局部坐标系原点在当前工件坐标系中的坐标值
G53		直接坐标系编程	机床坐标系编程
√G54	12		GXX
G55			
G56			
G57			
G58			
G59			
G60	00	单方向定位	G60 X_Y_Z_A_ X、Y、Z、A：单向定位终点
G61	12	精确停止校验方式	在 G61 后各程序段的编程轴都要准确停止在程序段的终点，然后再继续执行下一程序段
G64		连续方式	在 G64 后各程序段的编程轴刚开始减速时(未达到所编程的终点)就开始执行下一程序段。但在 G00/G60/G09 程序中，以及不含运动指令的程序段中，进给速度仍要减到 0 才执行定位校验

续表二

代码	分组	意义	格　　式
G65	00	子程序调用	指令格式及参数意义与 G98 相同
G68		旋转变换	G17 G68 X_Y_P_
G69	05	旋转取消	G18 G68 X_Z_P_ G19 G68 Y_Z_P_ M98 P_ G69 X、Y、Z：旋转中心的坐标值 P：旋转角度
G73	06	高速深孔加工循环	G98(G99) G73 X_Y_Z_R_Q_P_K_F_L_ G98(G99) G74 X_Y_Z_R_P_F_L_
G74		反攻丝循环	G98(G99) G76 X_Y_Z_R_P_I_J_F_L_
G76	06	精镗循环	G80
G80		固定循环取消	G98(G99) G81 X_Y_Z_R_F_L_ G98(G99) G82 X_Y_Z_R_P_F_L_
G81		钻孔循环	G98(G99) G83 X_Y_Z_R_Q_P_K_F_L_
G82		带停顿的单孔循环	G98(G99) G84 X_Y_Z_R_P_F_L_ G85 指令同上，但在孔底时主轴不反转
G83		深孔加工循环	G86 指令同 G81，但在孔底时主轴停止，然后快速退回 G98(G99) G87 X_Y_Z_R_P_I_J_F_L_
G84		攻丝循环	G98(G99) G88 X_Y_Z_R_P_F_L_
G85		镗孔循环	G89 指令与 G86 相同，但在孔底有暂停
G86		镗孔循环	X、Y：加工起点到孔位的距离
G87		反镗循环	R：初始点到 R 的距离 Z：R 点到孔底的距离
G88		镗孔循环	Q：每次进给深度(G73/G83) I、J：刀具在轴反向位移增量(G76/G87)
G89		镗孔循环	P：刀具在孔底的暂停时间 F：切削进给速度 L：固定循环次数
√G90	13	绝对值编程	G90
G91		增量值编程	G91
G92	00	工作坐标系设定	G92 X_Y_Z_A_ X、Y、Z、A：设定的工件坐标系原点到刀具起点的有向距离
G94	14	每分钟进给	
G95		每转进给	
√G98	15	固定循环返回起始点	G98：返回初始平面
G99		固定循环返回到 R 点	G99：返回 R 点平面

注：√表示机床默认状态。

4. 支持的 M 代码

代　码	意　义	格　式
√M00	程序停止	
√M02	程序结束	
√M03	主轴正转启动	
√M04	主轴反转启动	
√M05	主轴停止转动	
√M06	换刀指令(铣)	M06 T_
M07	切削液开启(铣)	
M08	切削液开启(车)	
M09	切削液关闭	
√M30	结束程序运行且返回程序开头	
√M98	子程序调用	M98 Pnnnn Lxx 调用程序号为 Onnnn 的程序 xx 次
√M99	子程序结束	子程序格式: Onnnn … M99

注:√表示本软件已经支持。

SIEMENS 802S/C **数控指令**

1. 支持的 G 代码

分类	分组	代码	意　义	格　式	备　注
插补	1	G0	快速线性移动(笛卡儿坐标)	G0 X_Y_Z_	
		G1√	带进给率的线性插补(笛卡儿坐标)	G1 X_Y_Z_	
		G2	顺时针圆弧(笛卡儿坐标,终点+圆心)	G2 X_Y_Z_I_J_K_	X、Y、Z 确定终点,I、J、K 确定圆心
			顺时针圆弧(笛卡儿坐标,终点+半径)	G2 X_Y_Z_CR=_	X、Y、Z 确定终点,CR 为半径(大于 0 为优弧,小于 0 为劣弧)
			顺时针圆弧(笛卡儿坐标,圆心+圆心角)	G2 AR=_I_J_K_	AR 确定圆心角(0°～360°),I、J、K 确定圆心
			顺时针圆弧(笛卡儿坐标,终点+圆心角)	G2 AR=_X_Y_Z_	AR 确定圆心角(0 到360°),X、Y、Z 确定终点
		G3	逆时针圆弧(笛卡儿坐标,终点+圆心)	G3 X_Y_Z_I_J_K_	
			逆时针圆弧(笛卡儿坐标,终点+半径)	G3 X_Y_Z_CR=_	
			逆时针圆弧(笛卡儿坐标,圆心+圆心角)	G3 AR=_I_J_K_	
			逆时针圆弧(笛卡儿坐标,终点+圆心角)	G3 AR=_X_Y_Z_	
		G5	通过中间点进行圆弧插补	G5 Z_X_KZ_IX_	通过起始点和终点之间的中间点位置确定圆弧的方向G5 一直有效,直到被 G 功能组中其他的指令取代为止

续表一

分类	分组	代码	意　义	格　式	备　注
插补	1	G33	加工恒螺距螺纹	G33 Z_K_	圆柱螺纹
				G33 Z_X_K_	锥螺纹(锥角小于 45°)
				G33 Z_X_I_	锥螺纹(锥角大于 45°)
				G33 X_I_	端面螺纹
				G33 Z_K_ SF=_	多段连续螺纹 SF=：起始点偏移值
暂停	2	G4	通过在两个程序段之间插入一个 G4 程序段，可以使加工中断给定的时间	G4 F_ G4 S_	G4 F_：暂停时间(秒) G4 S_：暂停主轴转速
平面	6	G17√	指定 X-Y 平面	G17	
		G18	指定 Z-X 平面	G18	
		G19	指定 Y-Z 平面	G19	
主轴运动	3	G25	通过在程序中写入 G25 或 G26 指令和地址 S 下的转速，可限制特定情况下主轴的极限值范围	G25 S_	主轴转速下限
		G26		G26 S_	主轴转速上限
X 向类别		G22	半径编程	G22	
		√G23	直径编程	G23	
增量设置	14	G90√	绝对尺寸	G90	
		G91	增量尺寸	G91	
单位	13	G70	英制单位输入	G70	
		G71√	公制单位输入	G71	
可设定的零点偏移	9	G53	取消可设定零点偏移(程序段方式有效)	G53	
	8	G500√	取消可设定零点偏移(模态有效)	G500	
		G54	第一可设定零点偏移值	G54	
		G55	第二可设定零点偏移值	G55	
		G56	第三可设定零点偏移值	G56	
		G57	第四可设定零点偏移值	G57	
进给	15	G94	进给率	F	毫米/分
		G95√	主轴进给率	F	毫米/转
切削速度		G96	恒定切削速度	S	米/分钟
		G97	主轴转速	S	转/分
可编程的零点偏移	3	G158	对所有坐标轴编程零点偏移	G158	后面的 G158 指令取代前面的可编程零点偏移指令；在程序段中仅输入 G158 指令而后面不跟坐标轴名称时，表示取消当前的可编程零点偏移

续表二

分类	分组	代码	意　义	格　式	备　注
刀具补偿	2	G74	回参考点(原点)	G74 X_Y_Z_	G74 之后的程序段原先"插补方式"组中的 G 指令将再次生效;G74 需要一独立程序段,并按程序段方式有效
		G75	返回固定点	G75 X_Y_Z_	G75 之后的程序段原先"插补方式"组中的 G 指令将再次生效;G75 需要一独立程序段,并按程序段方式有效
	7	G40√	取消刀尖半径补偿	G40	进行刀尖半径补偿时必须有相应的 D 号才能有效;刀尖半径补偿只有在线性插补时才能选择
		G41	左侧刀尖半径补偿	G41	
		G42	右侧刀尖半径补偿	G42	
	18	G450√	刀补时拐角走圆角	G450	圆弧过渡 刀具中心轨迹为一个圆弧,其起点为前一曲线的终点,终点为后一曲线的起点,半径等于刀具半径。圆弧过渡在运行下一个,带运行指令的程序段时才有效
		G451	刀补时到交点时再拐角	G451	回刀具中心轨迹交点——以刀具半径为距离的等距线交点

注：√表示机床默认状态。

2. 支持的 M 代码

代码	意　义	格　式	功　能
M0	编程停止		
M1	选择性暂停		
M2	主程序结束返回程序开头		
M3	主轴正转		
M4	主轴反转		
M5	主轴停转		
M6	换刀(缺省设置)		选择第 X 号刀,X 范围:0~32000,T0 取消刀具
		M6 TN	T 生效且对应补偿 D 生效 H 补偿在 Z 轴移动时才有效
M17	子程序结束		若单独执行子程序则此功能同 M2 和 M30 相同
M30	主程序结束且返回		

3. 其他指令

指　令	意　义	格　式
IF	有条件程序跳跃	IF expression GOTOB LABEL 或 IF expression GOTOF LABEL LABEL: IF　　　　　　跳转条件导入符 GOTOB　　　带向后跳跃目的的跳跃指令(朝程序开头) GOTOF　　　带向前跳跃目的的跳跃指令(朝程序结尾) LABEL　　　目的(程序内标号) LABEL:　　　跳跃目的；冒号后面的跳跃目的名 = =　　　　　等于 < >　不等于；> 大于；< 小于 >=　大于或等于；<=　小于或等于
COS	余弦	Cos(x)
SIN	正弦	Sin(x)
SQRT	开方	SQRT(x)
GOTOB	向后跳转	GOTOB LABEL 向程序开始的方向跳转 LABEL：所选的标记符
GOTOF	向前跳转	GOTOF LABEL 向程序结束的方向跳转 参数意义同上
LCYC82	钻削，深孔加工	R101 R102 R103 R104 R105 LCYC82 R101：退回平面(绝对平面) R102：安全距离 R103：参考平面(绝对平面) R104：最后钻深(绝对值) R105：在此钻削深度停留时间
LCYC83	深孔钻削	R101 R102 R103 R104 R105 R107 R108 R109 R110 R111 R127 LCYC83 R107：钻削进给率 R108：首钻进给率 R109：在起始点和排屑时停留时间 R110：首钻深度 R111：递减量，无符号 R127：加工方式：断屑=0，排屑=1 其他参数意义同 LCYC82

指　令	意　义	格　式
LCYC84	无补偿卡盘攻丝	R101 R102 R103 R104 R105 R106 R112 R113 LCYC84 R106：螺纹导程值 R112：攻丝速度 R113：对刀速度 例： N10 G0 G90 G17 T4 D4 N20 X30 Y35 Z40 N30 R101=40 R102=2 R103=36 R104=6 R105=0 N40 R106=−0.5 R112=100 R113=500 N50 LCYC84 N60 M2
LCYC85	镗孔	R101 R102 R103 R104 R105 R107 R108 LCYC85 R107：确定钻削时的进给率大小 R108：确定退刀时的进给率大小 其余参数意义同 LCYC82
LCYC840	带补偿夹具内螺纹切削	R101 R102 R103 R104 R106 R126 LCYC840 R106：螺纹导程值(0.001～20000.000 mm) R126：攻丝时主轴旋转方向(3 用于 M3，4 用于 M4) 其余参数意义同 LCYC82
LCYC60	行列孔	R115 R116 R117 R118 R119 R120 R121 LCYC60 R115：钻孔或攻丝循环号 R116：横坐标参考点 R117：纵坐标参考点 R118：第一孔到参考点的距离 R119：孔数 R120：平面中孔排列直线的角度 R121：空间距离
LCYC61	圆周孔	R115 R116 R117 R118 R119 R120 R121 LCYC6061 R118：孔所在圆周半径 R120：起始角度 R121：孔间角度 其余参数意义同 LCYC60

指　令	意　义	格　　式
LCYC75	矩形或圆形的套，槽	R101 R102 R103 R104 R116 R117 R118 R119 R120 R121 R122 R123 R124 R125 R126 R127 LCYC75 R104：槽深 R116：横坐标参考点 R117：纵坐标参考点 R118：槽的长度 R119：槽的宽度 R120：圆角半径 R121：最大进给深度 R122：深度进给的进给率 R123：表面加工的进给率 R124：表面加工的精加工量，无符号 R125：深度加工的精加工量，无符号 R126：铣削方向(2=G2，3=G3) R127：加工方式(1，2) 其余参数意义同 LCYC60
LCYC93	切槽循环	R100 R101 R105 R106 R107 R108 R114 R115 R116 R117 R118 R119 LCYC93 R100：横向坐标轴起始点 R101：纵向坐标轴起始点 R105：加工类型(1～8) R106：精加工余量，无符号 R107：刀具宽度，无符号 R108：切入深度，无符号 R114：槽宽，无符号 R115：槽深，无符号 R116：角，无符号(0°～83.999°) R117：槽沿倒角 R118：槽底倒角 R119：槽底停留时间
LCYC94	凹凸切削循环	R100 R101 R105 R107 LCYC94 R105：形状定义(值 55 为形状 E；值 56 为形状 F) R107：刀具的刀尖位置定义(值 1～4 对应于位置 1～4) 其余参数意义同 LCYC93

续表三

指　令	意　义	格　式
LCYC95	毛坯切削循环	R105 R106 R108 R109 R110 R111 R112 LCYC95 R105：加工类型(1～12) R106：精加工余量，无符号 R108：切入深度，无符号 R109：粗加工切入角 R110：粗加工时的退刀量 R111：粗切进给率 R112：精切进给率
LCYC97	螺纹切削	R100 R101 R102 R103 R104 R105 R106 R109 R110 R111 R112 R113 R114 LCYC97 R100：螺纹起始点直径 R101：纵向轴螺纹起始点 R102：螺纹终点直径 R103：纵向轴螺纹终点 R104：螺纹导程值，无符号 R105：加工类型(1，2) R106：精加工余量，无符号 R109：空刀导入量，无符号 R110：空刀退出量，无符号 R111：螺纹深度，无符号 R112：起始点偏移，无符号 R113：粗切削次数，无符号 R114：螺纹头数，无符号

FANUC 数控指令

1. FANUC G 指令列表

代码	0-T	0-M	代码	0-T	0-M	代码	0-T	0-M	代码	0-T	0-M	代码	0-T	0-M
G00	√	√	G21	√	√	G51		√	G70	√		G84		√
G01	√	√	G30	√	√	G52		√	G71	√		G85		√
G02	√	√	G31	√	√	G53	√	√	G72	√		G86		√
G03	√	√	G34	√		G54		√	G73		√	G88		√
G04	√	√	G40	√	√	G55		√	G74		√	G89		√
G15		√	G41	√	√	G56	√	√	G75	√		G90	√	√
G16		√	G42	√	√	G57	√	√	G76	√	√	G91		√
G17		√	G43		√	G58		√	G80		√	G92	√	
G18		√	G44		√	G59	√	√	G81		√	G94	√	
G19		√	G49		√	G68		√	G82		√	G98	√	√
G20	√	√	G50	√	√	G69		√	G83		√	G99	√	√

注：√表示本软件已经提供。

2. FANUC 数控车床系统 G 指令功能及格式

代码	分组	意　义	格　式
G00		快速进给、定位	G00 X_ Z_
G01	01	直线插补	G01 X_ Z_
G02		圆弧插补 CW(顺时针)	$\begin{Bmatrix} G02 \\ G03 \end{Bmatrix}$ X_ Z_ $\begin{Bmatrix} R\_ \\ I\_ K\_ \end{Bmatrix}$
G03		圆弧插补 CCW(逆时针)	
G04	00	暂停	G04 [X|U|P] X、U 单位为秒；P 单位为毫秒(整数)
G20	06	英制输入	
G21		米制输入	
G28	0	回归参考点	G28 X_ Z_

续表一

代码	分组	意　义	格　式
G29	0	由参考点回归	G29 X_ Z_
G34	01	螺纹切削	Gxx X|U_ Z|W_ F|E_　F 指定单位为 0.01 mm/r 的螺距； E 指定单位为 0.0001 mm/r 的螺旋
G40	07	刀具补偿取消	G40
G41	07	左半径补偿	$\begin{Bmatrix} G41 \\ G42 \end{Bmatrix}$　Dnn
G42		右半径补偿	
G50	00		设定工件坐标系：G50 X Z 偏移工件坐标系：G50 U W
G53		机械坐标系选择	G53 X_ Z_
G54	12	选择工作坐标系 1	GXX
G55		选择工作坐标系 2	
G56		选择工作坐标系 3	
G57		选择工作坐标系 4	
G58		选择工作坐标系 5	
G59		选择工作坐标系 6	
G70	00	精加工循环	G70 Pns Qnf
G71		外圆粗车循环	G71 UΔd Re G71 Pns Qnf UΔu WΔw Ff
G72		端面粗切削循环	G72 W(Δd) R(e) G72 P(ns) Q(nf) U(Δu) W(Δw) F(f) S(s) T(t) Δd：切深量 e：退刀量 ns：精加工形状程序段组的第一个程序段的顺序号 nf：精加工形状程序段组的最后一个程序段的顺序号 Δu：X 轴方向精加工余量的距离及方向 Δw：Z 轴方向精加工余量的距离及方向
G73		封闭切削循环	G73 Ui WΔk Rd G73 Pns Qnf UΔu WΔw Ff
G74		端面切断循环	G74 R(e) G74 X(U)_Z(W)_P(Δi)Q(Δk)R(Δd)F(f) e：返回量 Δi：X 轴方向的移动量 Δk：Z 轴方向的切深量 Δd：孔底的退刀量 f：进给速度

代码	分组	意　义	格　式
G75	00	内径/外径切断循环	G75 R(e) G75 X(U)_Z(W)_P(Δi)Q(Δk)R(Δd)F(f)
G76	00	复合形螺纹切削循环	G76 P(m) (r) (a) Q(Δdmin) R(d) G76 X(u)_Z(W)_R(i) P(k)Q(Δd)F(l) m: 最终精加工重复次数为 1～99 r: 螺纹的精加工量(倒角量) a: 刀尖的角度(螺牙的角度)可选择 80°、60°、55°、32°、31°、0°六个种类 m、r、a: 同用地址 P 一次指定 Δdmin: 最小切深度 i: 螺纹部分的半径差 k: 螺牙的高度 Δd: 第一次的切深量 l: 螺纹导程
G90	01	直线车削循环加工	G90 X(U)_ Z(W)_ F_ G90 X(U)_ Z(W)_ R_ F_
G92	01	螺纹车削循环	G92 X(U)_ Z(W)_ F_ G92 X(U)_ Z(W)_ R_ F_
G94	01	端面车削循环	G94 X(U)_ Z(W)_ F_ G94 X(U)_ Z(W)_ R_ F_
G98	05	每分钟进给速度	
G99	05	每转进给速度	

重要提示：本系统中车床采用直径编程。

3. FANUC 数控铣床/加工中心系统 G 指令功能及格式

代码	分组	功　能	格　式
G00	01	快速进给、定位	G00 X_ Y_ Z_
G01	01	直线插补	G01 X_ Y_ Z_
G02	01	圆弧插补(顺时针)	X-Y 平面的圆弧： G17 {G02/G03} X_ Y_ {R_ / I_ J_} Z-X 平面的圆弧： G18 {G02/G03} X_ Z_ {R_ / I_ K_} Y-Z 平面的圆弧： G19 {G02/G03} Y_ Z_ {R_ / J_ K_}
G03	01	圆弧插补(逆时针)	

代码	分组	功　能	格　　式
G04	00	暂停	G04 [P|X] 单位秒，增量状态单位毫秒，无参数状态表示停止
G15		取消极坐标指令	G15 取消极坐标方式
G16	17	极坐标指令	Gxx Gyy G16 开始极坐标指令 G00 IP_ 极坐标指令 Gxx：极坐标指令的平面选择(G17，G18，G19) Gyy：G90 指定工件坐标系的零点为极坐标的原点；G91 指定当前位置作为极坐标的原点 IP：指定极坐标系选择平面的轴地址及其值 第 1 轴：极坐标半径 第 2 轴：极角
G17	02	X-Y 平面	G17 选择 X-Y 平面；
G18		Z-X 平面	G18 选择 Z-X 平面；
G19		Y-Z 平面	G19 选择 Y-Z 平面
G20	06	英制输入	
G21		米制输入	
G28	00	回归参考点	G28 X_ Y_ Z_
G29		由参考点回归	G29 X_ Y_ Z_
G40	07	刀具半径补偿取消	G40
G41		左半径补偿	⎰G41⎱ ⎱G42⎰ Dnn
G42		右半径补偿	
G43	08	刀具长度补偿+	⎰G43⎱ ⎱G44⎰ Hnn
G44		刀具长度补偿-	
G49		刀具长度补偿取消	G49
G50	11	取消缩放	G50 缩放取消
G51		比例缩放	G51 X_ Y_ Z_ P_：缩放开始 X_ Y_ Z_：比例缩放中心坐标的绝对值指令 P_：缩放比例 G51 X_ Y_ Z_ I_ J_ K_：缩放开始 X_ Y_ Z_：比例缩放中心坐标值的绝对值指令 I_ J_ K_：X、Y、Z 各轴对应的缩放比例
G52	00	设定局部坐标系	G52 IP_：设定局部坐标系 G52 IP0：取消局部坐标系 IP：局部坐标系原点
G53		机械坐标系选择	G53 X_ Y_ Z_

代码	分组	功能	格式
G54	14	选择工作坐标系 1	GXX
G55		选择工作坐标系 2	
G56		选择工作坐标系 3	
G57		选择工作坐标系 4	
G58		选择工作坐标系 5	
G59		选择工作坐标系 6	
G68	16	坐标系旋转	(G17/G18/G19)G68 a_ b_R_：坐标系开始旋转 G17/G18/G19：平面选择，在其上包含旋转的形状 a_b_：与指令坐标平面相应的 X、Y、Z 中的两个轴的绝对指令，在 G68 后面指定旋转中心 R_：角度位移，正值表示逆时针旋转。根据指令的 G 代码(G90 或 G91)确定绝对值或增量值 最小输入增量单位：0.001° 有效数据范围：-360.000～360.000
G69		取消坐标轴旋转	G69：坐标轴旋转取消指令
G73	09	深孔钻削固定循环	G73 X_ Y_ Z_ R_ Q_ F_
G74		左螺纹攻螺纹固定循环	G74 X_ Y_ Z_ R_ P_ F_
G76		精镗固定循环	G76 X_ Y_ Z_ R_ Q_ F_
G90	03	绝对方式指定	GXX
G91		相对方式指定	
G92	00	工作坐标系的变更	G92 X_ Y_ Z_
G98	10	返回固定循环初始点	GXX
G99		返回固定循环 R 点	
G80	09	固定循环取消	
G81		钻削固定循环、钻中心孔	G81 X_ Y_ Z_ R_ F_
G82		钻削固定循环、锪孔	G82 X_ Y_ Z_ R_ P_ F_
G83		深孔钻削固定循环	G83 X_ Y_ Z_ R_ Q_ F_
G84		攻螺纹固定循环	G84 X_ Y_ Z_ R_ F_
G85		镗削固定循环	G85 X_ Y_ Z_ R_ F_
G86		退刀形镗削固定循环	G86 X_ Y_ Z_ R_ P_ F_
G88		镗削固定循环	G88 X_ Y_ Z_ R_ P_ F_
G89		镗削固定循环	G89 X_ Y_ Z_ R_ P_ F_

4．支持的 M 代码

代　码	意　义	格　式
M00	停止程序运行	
M01	选择性停止	
M02	结束程序运行	
M03	主轴正向转动开始	
M04	主轴反向转动开始	
M05	主轴停止转动	
M06	换刀指令	M06 T_
M08	冷却液开启	
M09	冷却液关闭	
M30	结束程序运行且返回程序开头	
M98	子程序调用	M98 Pxxnnnn 调用程序号为 Onnnn 的程序 xx 次
M99	子程序结束	子程序格式： Onnnn … … … M99

参 考 文 献

[1] 姜爱国. 数控机床技能实训[M]. 2 版. 北京：北京理工大学出版社，2009.

[2] 谷育红. 数控铣削加工技术[M]. 2 版. 北京：北京理工大学出版社，2009.

[3] 吴长有. 数控仿真应用软件实训[M]. 北京：机械工业出版社，2008.

[4] 李学锋. 基于工作过程系统化的高职课程开发理论与实践[M]. 北京：高等教育出版社，2009.

[5] 苑海燕. 数控加工技术教程[M]. 北京：清华大学出版社，2009.

[6] 张丽华. 数控编程与加工技术[M]. 哈尔滨：哈尔滨工程大学出版社，2009.

[7] 关颖. SIEMENS 数控车床[M]. 沈阳：辽宁科学技术出版社，2009.

[8] 孙翰英. 数控机床零件加工[M]. 北京：清华大学出版社，2010.

[9] 温锦华. 零件数控车削加工[M]. 北京：北京理工大学出版社，2009.

[10] 上海宇龙软件工程有限公司. 数控加工仿真系统华中系统系列使用手册. 2007.

[11] 上海宇龙软件工程有限公司. 数控加工仿真系统 SIEMENS 系统系列使用手册. 2007.

[12] 上海宇龙软件工程有限公司. 数控加工仿真系统 FANUC 系统系列使用手册. 2007.

[13] SIEMENS Co.SINUMERIK 802S/C base line 操作与编程：铣床. 2003.

[14] SIEMENS Co.SINUMERIK 802S/C base line 操作与编程：车床. 2007.

[15] 北京发那科机电有限公司. BEIJING-FANUC 0i Mate-TB 操作说明书. 2003.

[16] 北京发那科机电有限公司. BEIJING-FANUC 0i Mate-MB 操作说明书. 2003.

[17] 武汉华中数控股份有限公司. HNC-21/22T 世纪星车床数控系统编程说明书. 2003.

[18] 武汉华中数控股份有限公司. HNC-21M 世纪星铣削数控装置编程说明书. 2004.